**前沿技术书系** · **信息科学与工程丛书**

智 预
——装备故障预测与健康管理
全寿命周期解读与实践

胡 杨　韩丹阳　祝青钰　／　著

电子工业出版社
Publishing House of Electronics Industry
北京·BEIJING

内 容 简 介

本书系统性地阐述了装备故障预测与健康管理（PHM）技术的理论方法与全寿命周期实践，提出了涵盖需求分析、总体设计、工程研制和综合验证四大阶段的 10 类关键模型，形成了一套系统化、结构化的 PHM 方法论体系。书中明确了 PHM 每一阶段的核心任务与解决方案，从能力需求、功能架构、算法设计到验证确认等各环节均提供了深入解析与实操指导，辅以典型案例说明。同时，前瞻性地分析了人工智能等新兴技术赋能 PHM 的未来趋势，为领域内工程人员和研究者提供了全面、实用的参考路径。

未经许可，不得以任何方式复制或抄袭本书之部分或全部内容。
版权所有，侵权必究。

图书在版编目（CIP）数据

智预：装备故障预测与健康管理：全寿命周期解读与实践 / 胡杨，韩丹阳，祝青钰著. -- 北京：电子工业出版社，2025. 8. -- （前沿技术书系）. -- ISBN 978-7-121-24762-0

Ⅰ. E92

中国国家版本馆 CIP 数据核字第 20252B78V7 号

责任编辑：牛平月
印　　刷：三河市兴达印务有限公司
装　　订：三河市兴达印务有限公司
出版发行：电子工业出版社
　　　　　北京市海淀区万寿路 173 信箱　　邮编：100036
开　　本：787×1092　1/16　印张：16.25　字数：364 千字
版　　次：2025 年 8 月第 1 版
印　　次：2025 年 8 月第 1 次印刷
定　　价：98.00 元

凡所购买电子工业出版社图书有缺损问题，请向购买书店调换。若书店售缺，请与本社发行部联系，联系及邮购电话：（010）88254888，88258888。
质量投诉请发邮件至 zlts@phei.com.cn，盗版侵权举报请发邮件至 dbqq@phei.com.cn。
本书咨询联系方式：niupy@phei.com.cn。

我与本书作者胡杨的相识始于2013年,那时我正在欧洲访学,恰逢他在米兰理工大学攻读博士学位。我们初次见面是在米兰理工大学举办的关于工程系统可靠性分析的研讨会上。那时,这位身着笔挺西装却难掩书卷气的博士生,正用流利的英语阐述着基于深度神经网络的装备剩余使用寿命预测算法。那时的人工智能还远没有现在的热度,但他已经察觉到工程系统运维智能化的趋势,让我看到了一个求知欲很强的青年学者在交叉学科领域的努力探索。时光飞逝,到了2024年,胡杨加入了我领导的智慧民航科创中心,所在单位是位于杭州市的北京航空航天大学国际创新研究院。他与我的博士后韩丹阳合著了一部专著——《智预——装备故障预测与健康管理:全寿命周期解读与实践》。当胡杨请我为此书作序时,我欣然应允。思来想去,与其把推荐序写成这本书的内容摘要,我更想讲讲这部书背后,我们共同经历的那些时光,以及我所熟悉的那个充满热情、求真务实的胡杨。

自我们在米兰认识开始,我们每年至少相聚一次,我数得上的地点包括苏黎世、北京、昆明、无锡、桂林、杭州等。我们畅谈学术,深入探讨复杂系统的内涵、系统性能退化的本质、不确定性的本质及其处理方法、确信可靠性的理论基础及复杂工程系统中确信可靠性的体系性分析方法等议题。同时,我们也经常思考科研的真正价值和目标,探索如何进行真正有意义的研究,并多次触及"钱学森之问",也交流对世界、对生活的理解,每次聚会总能相谈甚欢,碰撞出许多思想的火花,彼此启发,推动了我们科研思路的创新。

记得2021年初,胡杨主导了一项故障预测与健康管理(Prognostics and Health Management, PHM)技术现状与未来发展的问卷调查,邀请我作为专家参与。这份调研问卷设计得极为"精妙"——它不是让被调查者简单地做选择题,而是要求深度回答,且问题涉及内容极为全面,几乎涵盖了PHM技术的各个方面,这些问题必须是行业里的老手才能回答。我花了整整2个小时,认真回答完他的每一个问题,也感觉将这个领域中的一系列关键问题在脑海中重塑了一遍,真的有一种自己的宝贵知识被他"榨取"了的感觉!填写完问卷后,我开玩笑地对他说:"你这个调研不是让我回答问题,而是让我给你写报告!"但正是通过这次调研,我感受到了他对PHM技术全面而深入的理解,以及他敏锐的洞察力——这种工程师+科学家的双重视角在他身上体现得淋漓尽致。

"PHM研究需要什么?模型!模型!模型!"这是我在那次问卷中反复强调的观点。胡杨深谙此道。与当前很多专注于算法细节、陷入"内卷化"的 PHM 研究不同，他始终保持着对 PHM 的内涵本质的清醒认识。受益于博士期间扎实的理论功底与型号工程中的实践经验，他知道 PHM 的价值不在于算法的先进性，而在于能否真正解决装备全寿命周期的降本增效问题；他明白 PHM 不应该仅仅是系统的整体要求，而是具体的、明确的诊断与预测要求；他更总结出 PHM 的核心，是以少量的代价换取高质量的信息与模型，并合理运用它们来减少或消除对工程系统运行过程的认知不确定性。这也是 PHM 能够实现降本增效的关键。

正是这样的学术积淀与实践锤炼，孕育出眼前这本《智预——装备故障预测与健康管理：全寿命周期解读与实践》。这本书最打动我的特质在于其"工程师+科学家"的双重视角。胡杨既保持着科学家对本质规律的执着追问，又具备工程师对落地实效的敏锐嗅觉。书中总结的基于 10 类关键模型的 PHM 系统工程方法，正是这种双重特质的完美呈现，体现了他对 PHM 领域深厚的积淀和精准的把握。书中强调的全寿命周期方法论框架，正是当今工程实践所急需的。它不仅解决了 PHM 需求捕获与分析的系统工程问题，更提供了从需求分析、总体设计、工程研制到综合验证的完整技术路径。

我深信这本书将成为 PHM 领域的重要参考。它既能为初学者提供清晰的技术路线图，也可为资深专家开辟新的思考维度，更能为装备研制决策者展示 PHM 赋能装备综合运维能力的完整图景。PHM 技术的真正价值在于其经济效益和实用效果，实践是检验真理的唯一标准！我衷心希望更多的同行和年轻学者能够从这本书中获益，感受到 PHM 技术的魅力与潜力，也期待他们像胡杨一样，保持好奇心和求知欲，在学术道路上行稳致远。

康锐

北京航空航天大学教授
2025 年 6 月

前言

想象不远的未来（2050年前后），人类社会可能发生翻天覆地的变化。为人类服务的各类人造物品，大到飞机、轮船这样的高价值复杂装备，小到剃须刀、手机等生活器具，它们几乎都有一个"万能显示器"，向外界清晰地展示其使用历程与健康状态，人类对它们几乎是"物尽其用"。也许对未来的工程师来说，浪费和故障可能是相对陌生的技术名词，因为我们对这些设备已经有了"上帝视角"，对它们的了解甚至比对自己的身体更全面、深入。而这一切，都归功于一项"古老"的黑科技——故障预测与健康管理（Prognostics and Health Management，PHM）。书中的"智预"便是对这一技术的精妙概括。通过"智能"和"预测"两个关键词，表达了PHM系统的核心技术内涵，同时通过谐音表达了"治愈"的概念，强调了PHM技术的目标——通过智能化手段，提前发现并诊断潜在故障，从而"治愈"装备，使其恢复正常运行状态。

即使回到今天，PHM也已经是一个"老概念"了，其诞生最早可追溯到1997年美国空军在F-35联合攻击战斗机的论证过程中提出的概念，之后的20多年间，PHM技术经历了从单一故障检测到全方位健康管理的演进，逐步具备综合性的装备能力。这种能力不仅包括状态监测、故障诊断、失效与剩余使用寿命预测，还涵盖了健康评估和智能决策（如快速自检、维修决策生成、保障方案优选等）。在当前工业互联网、智能制造和新质生产力的时代背景下，PHM技术再次焕发了新的活力，特别是随着人工智能和大数据技术的快速发展，PHM技术不仅在技术层面获得了显著提升，而且其使用模式、设计理念和整体架构也正在经历深刻变革。

然而，要实现装备的这个"万能显示器"功能并非易事。它需要一套系统的、全面的解决方案，这也是本书要尝试回答的问题。在本书做书稿审查时，多位专家曾问作者："PHM这个主题已经出了好多本书，你这本有什么不一样？"这是一个灵魂之问！在编写本书之前，作者广泛研读了国内外五十余本关于PHM、智能运维和工业大数据的著作。与现有PHM著作最大的不同是，本书尝试做一个PHM的"鸟瞰图"，站在PHM外部看PHM的全貌，给读者一个PHM全局视角。所以从这本书的角度出发，PHM不仅仅是监测、诊断、预测和管理（虽然PHM的概念和定义就是上述要素，当前大部分PHM相关文献也都在讨论这些问题），而是一套综合解决方案，涵盖了装备PHM的方方面面。本书采用了基于模型的系统工程理念,将PHM系统研发过程的要素提炼为10类关键模型——运行概念模型、能力需求模型、费用评估与优化模型、组织架构模型、功能-逻辑-物理架构模型、故障模式、机理、影响与危害性分析模型、系统测试性模型、状态监测、故障诊断与预测模型、基于诊断/预测信息的使用保障优化模型及效能验证模型。这些模型涵盖了从需求分析、总体设计、工程研制到综合验证的各个关键阶段,且彼此关联、互为支撑,为PHM系统的成功研制和有效应用提供了系统化、结构化的解决方案。

通过本书提出的方法,可以推断出PHM能力生成的三个关键阶段:首先,在需求分析和总体设计阶段,通过不同层级的故障模式与影响分析,可以识别装备系统所有已知的故障并进行相应设计,这决定了PHM性能的下限;其次,在工程研制过程中,通过有效执行设计方案并充分验证,确保需求和功能的无偏实现,这可以保证PHM性能达标;最后,通过对系统部署后获得的海量数据的整理挖掘,可以发现装备隐性的性能退化和故障,这些往往是需求分析和总体设计阶段认知不到的,这决定了PHM性能的上限。

为了最大限度地提高本书的可读性,作者在每个章节都采用了"总-分-总"的内容组织方式。首先总体描述每个技术要素在PHM技术体系中的定位与作用,然后分项描述技术细节,最后进行总结。在分项描述时,作者尽量将最精华的内容置于标题或每段的首尾句,便于读者高效阅读,在较短时间内掌握本书的核心内容。作者希望这本书能够成为PHM领域的入门指导和工具书,能够让PHM工程师迅速上手,找到PHM各个阶段技术要点的核心内容,如需深入,也可快速定位高质量的参考文献进行详细研究。本书的读者可以设想这样一个场景:你在一家大型企业从事装备系统的研发工作,接到了一个重要任务——负责某新型装备PHM分系统的论证和研制。你之前对PHM技术并没有深入了解,但时间紧迫,你必须带领一个5人的小团队从零开始。在这种情况下,本书将成为你的得力助手,帮助你站在全局的高度俯瞰PHM研制过程的全貌,找到各阶段的技术要点,快速形成可行的研制方案并稳步推进。

本书的编写得到了PHM领域众多专家学者的悉心指导和宝贵建议。在编写过程中,航空工业603所的聂同攀研究员提供了很多飞机PHM总体设计的工程经验与素材,北京复杂航空系统仿真实验室的苗学问正高工为本书收集了大量国内外PHM技术资料,这些高质量参考文献有力地支撑了本书的编写工作,在此特别表示感谢。韩峰岩、袁慎芳、康锐、景博、吕琛、郝晓辉、何田、代京、刘东、聂同攀、李贵江、赵春玲、吴英建、王红、张宝珍、罗鹏程、Enrico Zio、Olga Fink等专家在百忙之中抽出宝贵时间审阅书稿和相关的支撑材料,提出了许多富有洞见的意见和建议,这些意见不仅帮助提升了本书的学术质量,也为作者开拓了新的研究思路。特别是在PHM系统架构设计、算法优化及实际应用案例分析等方面,各位专家的建议为本书增添了不少亮点,在此对他们表示衷心的感谢。此外,北京复杂航空系统仿真实验室的杨西、何庆杰、董骁雄工程师,北京为益科技有限公司的付江、梁英龙，北京航空航天大学的硕士生陈昕航、魏芷寰、邓畯协助作者整理了相关材料，并绘制了本书的部分插图，在此一并表示感谢。限于作者学识和经验的局限，本书在内容的完整性和准确性方面难免存在疏漏和不足，恳请广大读者予以批评指正。

最后，让我们回到开篇的畅想。未来我们的 PHM 技术发展到很高的水平时，就可以完全实现对人造工程系统的"上帝视角"和"物尽其用"吗？很遗憾，答案很可能是不行，这里的深层原因是工程系统的复杂性。英国著名的计算机科学家、数学家斯蒂芬·沃尔夫勒姆提出的"第 30 号规则"揭示了复杂系统的计算不可约性。这一发现告诉我们，对于足够复杂的系统，我们无法跳过必要的计算步骤而提前预知结果，换言之，任何复杂系统在本质上都是不可完全预测的。不幸的是，PHM 技术服务的对象——人造工程系统，几乎无一例外地都属于复杂系统，而且随着未来技术的发展，其复杂度会不降反增，它们总会做一些让我们感到意外的事情，我们不能百分之百掌控它们。

这一认知对 PHM 技术的发展既是挑战，也是机遇。一方面，它提醒我们要谨慎看待复杂系统的预测能力，不管未来的人工智能、量子计算等技术手段发展到什么程度，我们都要对复杂系统保持敬畏；另一方面，正是因为存在复杂系统的计算不可约性，PHM 技术才有了持续的生命力。正如沃尔夫勒姆所言，在每个计算不可约系统中，总存在无数个"可约化的口袋（pockets of computational reducibility）"，即局部有效的规律，它们是对复杂系统运行过程的某种"压缩"，这样的规律总是可以找到的，但永远都找不完。PHM 技术的发展就是不断发现和利用这些局部规律的过程。虽然我们可能无法做到"物尽其用"的完美预测，但我们总是会提出一些像"按照当前的使用工况，系统剩余寿命为 8~10 小时的概率为 0.9"这样不保证绝对正确，但很可能是正确的统计意义上的预测。从这个层面上看，PHM 技术仍然有着无穷无尽的发展空间，不管未来技术进步如何奔涌向前，我们仍然可以一如既往地去探索它！

著　者

2025 年 1 月 1 日

目录

第 1 章 PHM 技术的发展概况 ... 1
1.1 PHM 的定义 ... 2
1.2 PHM 的本质 ... 4
1.3 PHM 的发展演化 ... 5
1.4 PHM 学术研究与典型应用现状 ... 8
1.4.1 PHM 学术研究现状分析 ... 8
1.4.2 PHM 工程实践现状 ... 11
1.5 PHM 相关标准体系现状 ... 14
1.5.1 PHM 相关标准组织 ... 15
1.5.2 PHM 经典标准简介 ... 18
1.6 PHM 技术的困难与挑战 ... 21
1.6.1 需求不清 ... 21
1.6.2 性能不稳 ... 22
1.6.3 支持不够 ... 23
1.7 小结 ... 25

第 2 章 基于模型的 PHM 系统工程 ... 26
2.1 PHM 全寿命周期关键活动 ... 27
2.2 PHM 全寿命周期模型概览 ... 28
2.2.1 运行概念模型 ... 31
2.2.2 能力需求模型 ... 33
2.2.3 费用评估与优化模型 ... 35
2.2.4 组织架构模型 ... 37
2.2.5 功能-逻辑-物理架构模型 ... 39
2.2.6 故障模式、机理、影响与危害性分析模型 ... 40
2.2.7 系统测试性模型 ... 42
2.2.8 状态监测、故障诊断与预测模型 ... 43

2.2.9　基于诊断/预测信息的使用保障优化模型 ... 45
2.2.10　效能验证模型 ... 47
2.3　小结 ... 50

第3章　PHM需求分析 ... 51

3.1　装备系统运行概念与保障场景分析 ... 52
　　3.1.1　装备PHM利益攸关方识别 ... 53
　　3.1.2　装备系统使用场景分析 ... 56
3.2　装备系统PHM需求映射分解 ... 59
　　3.2.1　PHM需求模型 ... 59
　　3.2.2　PHM能力指标体系 ... 65
3.3　基于仿真的PHM能力需求论证方法 ... 77
　　3.3.1　PHM仿真模型构建 ... 79
　　3.3.2　PHM仿真逻辑 ... 85
　　3.3.3　案例分析 ... 88
3.4　PHM需求确认 ... 90
　　3.4.1　PHM需求确认的基本原则 ... 91
　　3.4.2　PHM需求确认的流程 ... 92
3.5　小结 ... 94

第4章　PHM总体设计 ... 96

4.1　PHM系统总体框架设计 ... 97
　　4.1.1　PHM与装备系统总体设计的协同 ... 97
　　4.1.2　PHM研发组织模式 ... 100
　　4.1.3　PHM框架设计流程 ... 103
4.2　PHM系统功能架构设计 ... 105
　　4.2.1　PHM使用场景细化分析 ... 105
　　4.2.2　飞机PHM功能架构案例 ... 107
4.3　PHM系统逻辑架构设计 ... 111
　　4.3.1　典型PHM逻辑架构方案 ... 111
　　4.3.2　飞机PHM逻辑架构案例 ... 113
4.4　PHM系统物理架构设计 ... 115
　　4.4.1　典型PHM物理架构方案 ... 116
　　4.4.2　飞机PHM物理架构案例 ... 120
4.5　小结 ... 123

第 5 章　PHM 工程研制 124

5.1　PHM 对象的确认 125
5.1.1　系统/部件增强型故障模式和影响分析 126
5.1.2　寿命件分析 129
5.1.3　特殊事件分析 130
5.1.4　传感器选型 133
5.1.5　系统测试性模型构建与优化 135

5.2　PHM 系统框架构建 138
5.2.1　PHM 硬件构成 139
5.2.2　PHM 软件架构设计 147

5.3　PHM 数据处理与算法设计 151
5.3.1　数据预处理 152
5.3.2　状态监测/异常检测、故障诊断、寿命预测算法 155
5.3.3　运维决策支持算法 170

5.4　小结 174

第 6 章　PHM 综合验证 175

6.1　PHM 验证框架设计 176
6.1.1　PHM 验证的阶段维度 177
6.1.2　PHM 验证的层级维度 178
6.1.3　PHM 验证的实施原则 178

6.2　总体设计阶段验证 179
6.2.1　PHM 系统架构验证 180
6.2.2　专家评审验证 182

6.3　工程研制阶段验证 186
6.3.1　FMECA 验证 187
6.3.2　系统测试性模型验证 189
6.3.3　功能性能验证 193

6.4　综合集成和试验阶段验证 198
6.4.1　接口兼容性验证 198
6.4.2　跨分系统功能集成验证 199
6.4.3　PHM 综合试验台 203

6.5　部署使用阶段验证 207
6.5.1　PHM 使用全历程数据集构建 207
6.5.2　部署使用阶段的主要验证工作 211

  6.5.3 PHM 性能的持续熟化 215

6.6 小结 217

第 7 章 总结与展望 218

7.1 本书的核心内容与主要贡献 219

7.2 PHM 技术的发展趋势 224

  7.2.1 未来 PHM 技术总体展望 226

  7.2.2 未来 PHM 的可能商业模式与研发策略 231

  7.2.3 大模型、数字孪生、虚拟现实技术对 PHM 的影响 237

  7.2.4 PHM 与其他领域的交叉研究 240

参考文献 246

第 1 章 PHM 技术的发展概况

故障预测与健康管理（Prognostics and Health Management，PHM）的概念由美国国防部、美国航空航天局、美国空军等机构提出，最早应用在航空航天领域。Prognostics 一词虽直译为预测，但其内涵却包括了系统状态监测、异常检测、故障诊断、寿命预测等一系列 PHM 涉及的技术；Health（健康）泛指系统的整体状态，可以根据系统的性能、可靠性水平、功能完整性和维护需求等因素来综合评估；而 Management（管理）是 PHM 的核心目标，指计划、组织、控制装备系统和相关保障资源以实现降本增效的过程，包括使用监测、诊断和预测的结果来统筹决策装备使用过程，以提高系统的整体健康状况与使用效益。

本书标题中的"智预"一词蕴含了对 PHM 的高度概括。首先，从谐音的角度来看，"智预"与"治愈"相谐。PHM 的最终目标是"治愈"设备在运行过程中可能出现的故障或健康问题，使其恢复到最佳工作状态。这一过程与医生治疗病人的过程有着高度相似性。其次，从"智"和"预"两个字的含义来看，它们分别代表了 PHM 技术发展的两个核心方向。"智"代表智能化，意味着在 PHM 系统中广泛应用人工智能、大数据分析等前沿技术。这些技术使得 PHM 系统能够自主学习、优化，并在海量数据中提取出有价值的信息，进而为设备的健康状态提供更加精准的评估和诊断。"预"则代表预测，这是 PHM 系统最为重要的功能之一，是从传统的"事后维修"转变为"事前预防"的基础。"预"不仅仅是对未来状态的简单推测，更是基于数据驱动、模型推理和算法优化的科学预测手段，是 PHM 系统实现全寿命周期管理的重要支撑。

本章首先介绍了国内外主流权威机构对 PHM 概念的定义，并总结其共同特性，然后回顾并总结 PHM 技术的发展历史和研究现状。在此基础上，提炼出 PHM 的技术本质，并探讨当前 PHM 技术面临的困难与挑战。

1.1 PHM 的定义

PHM 技术作为一门跨学科交叉技术，涉及工程、计算机科学、统计学、人工智能等多个领域，研究范围极其广泛。这种广泛性导致了 PHM 定义的多样性和复杂性。不同国家、行业，甚至不同研究机构对 PHM 的技术理解和应用重点都存在差异，从而产生了多样化的定义。首先，PHM 的应用领域极其广泛，涵盖航空航天、制造业、能源行业、医疗健康等多个领域，每个领域都有其特定的需求和技术重点，这不可避免地导致了定义的差异化。其次，PHM 技术的发展速度很快，新的方法和工具不断涌现，使得定义需要不断更新和扩展。再次，PHM 涉及的利益相关者众多，包括设备制造商、运营商、维护人员、研究人员等，他们会从不同角度理解和定义 PHM。最后，不同国家和地区的技术发展水平、法规要求和文化背景也会影响 PHM 的定义和实施方式。表 1.1 所示为不同机构发布的 PHM 及相关技术的定义。

表 1.1 不同机构发布的 PHM 及相关技术的定义

发布机构	定义	定义来源	发布时间
电气与电子工程师协会（IEEE）	Prognostics and Health Management: an approach to protect the integrity of equipment and avoid unanticipated operational problems leading to mission performance deficiencies, degradation, and adverse effects on mission safety. Prognostics: The process of predicting an object system's Remaining Useful Life (RUL) by predicting the progression of a fault given the current degree of degradation, the load history, and the anticipated future operational and environmental conditions to estimate the time at which the object system will no longer perform its intended function within the desired specifications	IEEE Standard 1856-2017	2017
国际标准化组织（ISO）	Prognosis: estimation of time to failure and risk for one or more incipient failure modes. Prognostics: analysis of the symptoms of faults to predict future condition and residual life within design parameters	ISO 13381-1:2015	2015
国际自动机工程师学会（SAE International）	Prognostics is a capability within some health management systems that provides an estimation of RUL or time to failure and so PHM is used where this predictive element exists	ARP6275A	2021
美国国防部（DoD）	Prognostics and Health Management: is an advanced approach to minimize maintenance costs while maximizing operational availability and utilization of critical systems. PHM seeks to develop sensor hardware and algorithms to detect anomalies, diagnose problems that cause the anomalies, and compute a probability distribution of time to failure. Given this distribution along with operational constraints and objectives for the system, maintenance activities can be scheduled to achieve the optimal cost and utilization.	Condition-Based Maintenance Plus Guidebook	2024

续表

发布机构	定义	定义来源	发布时间
美国国防部（DoD）	Prognostic maintenance: utilizes the process of forecasting the time to failure. Predictive maintenance: a technique to predict the future failure point of a component, so that the component replacement can be planned at an optimal time before it fails		
军委装备发展部	利用传感器系统，借助各种智能推理算法，对系统的健康状态进行评估，在系统故障发生之前对故障进行预测，并根据预测结果采取相应的维修或修理措施	GJB 451B 装备通用质量特性术语	2021
中国国家标准化管理委员会	预测性维护是针对各行业设备或部件，以振动、图像、电流、声纹等信号分析为手段，结合新一代信息技术进行状态监测、故障诊断及剩余使用寿命预测，制定运维策略方案并安排合理维修活动的新型装备运维模式	GB/T 43555—2023 智能服务 预测性维护算法测评方法	2023
中国国家标准化管理委员会	预测性维护：强调对失效的预测，并依据设备的状态采取行动，以预防失效或劣化的维修策略	GB/T 42983.4—2023 工业机器人 运行维护 第四部分：预测性维护	2023
中国国家标准化管理委员会	预测性维护：根据观测到的状况，决定是否进行连续或间歇性的维护，以监测、诊断或预测构筑物、系统或部件的条件指标	GB/T 40571—2021 智能服务 预测性维护通用要求	2021

尽管存在多样化的定义，我们仍可以从多个角度概括 PHM 的总体关注范围。从功能导向的角度来看，PHM 旨在提高系统可靠性，降低维护成本，延长设备寿命，并优化运营决策。IEEE 的定义强调了 PHM 是"保护设备完整性并避免导致任务性能缺陷、退化和对任务安全产生不利影响的意外操作问题的方法"。从技术导向的角度来看，PHM 涉及数据采集、信号处理、故障诊断、寿命预测等多个技术领域。ISO 的定义将 PHM 分解为预测（Prognosis）和预测性分析（Prognostics）两个核心概念，强调了对故障时间和风险的估计及对未来状况的预测。从过程导向的角度来看，PHM 包括状态监测、故障检测、故障诊断、性能预测和决策支持等一系列过程。美国国防部的定义详细描述了 PHM 的实现过程，包括开发传感器硬件和算法以检测异常、诊断导致异常的问题，并计算故障时间的概率分布。从应用导向的角度来看，PHM 驱动的预测性维护被视为一种新型的设备运维模式，如中国国家标准 GB/T 43555—2023 将其描述为"一种新型装备运维模式"，涵盖了从状态监测到剩余使用寿命预测的全过程。从维护策略导向的角度来看，PHM 被定义为"强调对失效的预测，并依据设备的状态采取行动，以预防失效或劣化的维修策略"（GB/T 42983.4—2023）。

然而，上述的 PHM 定义除由定义者来源于不同领域所导致的 PHM 应用场景不同之外，其最大的区别在于 PHM 定义中重点强调的技术范围存在差异。此外，上述的定义主要从功能和目的角度出发，对 PHM 的某一层面进行定义，并没有从系统科学的角度看待 PHM 问题。因此，本书在参考了对 PHM 的众多理解后，给出了如下定义。

PHM 是一项融合多学科知识的系统工程技术，旨在通过利用系统性能、控制、运行、维修等各个方面的已有知识与监测数据，感知装备的健康状况，识别与诊断装备的性能退化或故障类型，预测装备的剩余使用寿命，并据此制定最优的运维策略，最终实现装备全寿命周期内的高可用性、高安全性和低成本运行。

1.2 PHM 的本质

PHM 的服务对象——装备系统，通常是经过强机理设计、受控运行且被精心维护的人造工程系统，但受随机不确定性（客观世界内在且无法消除的不确定性）和认知不确定性（由人类对工程系统运行规律的认知局限所导致的不确定性）的影响，其在运行过程中会出现与设计预期不符的情形。绝大部分情况下，这些情况表现为系统故障和性能退化，导致生产力下降和使用保障成本上升。部分严重的故障和性能退化甚至可能会引发安全事故和不可预期的负面影响。因此，系统的使用者和维护者需要掌握系统的运行状态，对各种非期望事件进行有效应对。我们希望系统本身就具备不断向外提供自身状态信息的能力，便于我们对系统进行监测与测试，发现故障演化的规律，掌握系统的实时状态，进而实现高效的系统运维，这就是 PHM 的原始诉求。

有了以上铺垫，我们可以总结出 PHM 的本质：通过开展科学研究实践，深化对工程系统客观运行规律的认识，通过付出一定的成本（对故障模式的研究投入、传感器的安装与维护，为实现状态监测而带来的结构/性能的妥协权衡等），获取系统的状态信息，用来减少或消除系统运行过程中的认知不确定性，进而规避突发故障，保障任务执行，优化系统运维，显著提升系统可用度、安全性并降低使用保障成本。据此，我们很容易得到几点推论。

（1）PHM 是获取并加工处理系统状态信息的"感受器"，它并不能直接降低系统的故障率或者消除故障。系统故障率是其固有属性，PHM 的部署反而可能因为增加了传感器、网络、计算单元等硬件设备，从而导致系统复杂度增加；而消除故障则需要付出一定的维修代价，PHM 的主要价值在于提供与故障相关的信息，使得我们能够在故障发生之前进行预防性维修，避免突发故障或非计划停机。这种提前干预不仅能减少故障发生，还能提升系统运行过程中的安全性。

（2）PHM 代表了工程系统保障模式的改变，从传统的以"修"为主的使用策略转变为"用修储供"一体化管理。它不仅利用 PHM 信息支持系统的维修作业，还将任务调度、维修计划、库存管理等保障活动纳入统一框架进行优化。根据任务需求，PHM 能够选择与健康状态最匹配的设备，并在最合适的时间和地点执行维修作业，同时精准控制保障资源的储备与供应，在满足需求的同时降低库存成本。

（3）我们对 PHM 的需求并不是其本身的硬件设备和软件算法（这些仅是手段工具），而是它所带来的提高系统可用度、降低维护成本的能力，如果某种工程系统或设备自身的可靠性很高，维护费用很低，或者天然具备指示自身性能状态的能力，那么无须为它研制复杂的PHM。

（4）PHM系统带来的系统状态信息的有效性也决定了其价值，如果关键的性能参数监测不到，故障诊断虚警率过高、寿命预测精准度不够，就不能有效降低系统运行过程中的认知不确定性，也就无法支持甚至会干扰系统运维，这样的PHM是无效的。

（5）如果研制、部署和使用PHM带来的成本超过了它所带来的收益，那么研制PHM是无效的。

（6）系统越复杂，认知不确定性的源头越多，使用保障的效率越低，可供PHM发挥的空间就越大，投入产出比就越高。

综上，一个工程系统的PHM必须对系统的监测需求进行充分论证与确认，在监测性能、成本和系统架构方面进行综合权衡，对监测、诊断、预测、运维支持等功能进行有效验证，方能真正实现降本增效的初衷。

1.3 PHM的发展演化

PHM的发展历程是一个典型的人类认知自然、提取抽象自然规律并利用其改造自然的过程，从20世纪50年代对工程系统故障规律和相关测试仪器的初步探索，到21世纪20年代"端-边-网-云-智"大规模集成健康管理架构，PHM经历了从被动反映故障、异常，到全面监测、主动预防、事前预测和综合规划管理的转变。这个过程既体现了人类对数学、物理、化学、计算机、通信等基础学科的一次次认知飞跃，也见证了设计思维、系统思维、数字思维等人类构造复杂工程系统的理念升级。PHM技术发展大致经历了外部测试、机内测试、综合诊断、PHM系统、智能运维5个阶段。PHM发展各个阶段的核心特征与能力如表1.2所示。

表1.2 PHM发展各个阶段的核心特征与能力

发展阶段	年代	特征	关键能力
外部测试	20世纪50—60年代	测试仪器设备	故障发生后，在装备外部利用人工或专用设备进行事后测试，结合人工经验进行故障诊断
机内测试	20世纪60—80年代	BIT电路、嵌入式传感器	在装备内部安装专用传感器，进行关键部件的性能监测与功能测试，基于定义的规则，自动判断单个部件的状态
综合诊断	20世纪80年代后期—90年代	内外结合、多源融合	综合诊断系统作为装备系统的一个重要组成部分，利用装备内/外部的测试资源和多类故障机理模型进行综合诊断
PHM系统	21世纪初—21世纪20年代前	互联互通、增强诊断	PHM系统以整个装备系统为监测对象，与系统各个部分交联，形成部件级感知，分系统级汇总，整机测试诊断信息互联互通，实时监测各个部件，感知健康状态，在不同分系统中追踪系统失效根源

续表

发展阶段	年代	特征	关键能力
PHM 系统	21 世纪初—21 世纪 20 年代前	预测	预测部分分系统、部件性能衰退与剩余使用寿命
		管理	基于诊断和预测的信息来优化维修保障工作
智能运维	21 世纪 20 年代	健康状态深度感知	从海量高维的原始监测数据中挖掘设备性能下降、磨损老化等不易察觉、不可见的隐性健康状态
		系统自主智能决策	部件、设备、系统之间进行自主通信与保障决策，实现无人值守运维
		保障作业自主执行	能够在无人或极少人工干预下实现设备运输与展开、故障自愈和修复、保障资源调度等

20 世纪 50—60 年代，装备外部测试技术开始起步发展，主要的手段是运用单一功能测试仪器（如电流表、示波器、波形发生器等）结合人工经验，在装备外部进行测试，这个过程需要的设备繁多，操作复杂，对人员的要求很高。外部测试的局限性主要体现在不能实时了解装备运行状态，这一局限性推动了机内测试技术的发展。早期的机内测试主要通过配置 BIT（Build-In Test）电路或嵌入式传感器来监测各类部件的工作时间、电压、电流等参数，并基于这些数据进行状态评估与故障检测和隔离。外部测试与机内测试主要依赖于专业的测试仪器工具，仅能解决部分关键部件的监测与测试问题，进入 20 世纪 70 年代，由于装备复杂程度与使用强度的提升，因此在使用过程中暴露出诸如故障多、排故时间长、测试虚警率高、维修保障费用高等问题，迫使装备研制方加大对装备测试性的研究。同时，传感器、计算机、通信网络等技术的发展也赋能了 BIT 向小型化、低能耗化和多功能化进一步发展，使得装备测试具备了信息化能力，逐步形成了能够监测装备系统多个关键部件，并能融合多源监测信息进行故障诊断的综合诊断系统。在这一阶段，装备在设计研制过程中强调综合考虑内部自测试性、外部测试和其他辅助手段，以最小的代价实现将故障隔离到单个 LRU（Line Replaceable Unit，外场可更换单元）或 LRM（Line Replaceable Module，外场可更换模块）。

20 世纪 90 年代，美国航空航天局提出了飞行器健康监测（Vehicle Health Monitoring，VHM）的概念，第一次以"健康"的定义来描述装备的总体状态，但随后发现对"健康"来说，仅仅用监测是不够的，关键是依据监测的结果采取的各类处置措施与管理手段来实现飞行器的高效使用，也考虑到飞行器只是复杂装备系统中的一部分，故很快用系统健康管理（System Health Management，SHM）替代了 VHM。本质上，SHM 是外部测试、机内测试、综合诊断等阶段技术的综合集成，强调从系统的角度考虑健康管理的问题，对全系统的监测数据进行融合推理，在复杂的系统中溯源故障的传播过程，在不同层级输出相应的故障诊断结果。同期，美军在 F-35 飞机项目中提出了 PHM 的概念。不同于 SHM，F-35 飞机项目中提出的 PHM 概念以战斗机自主保障过程产生的需求为研制牵引，更强调对装备保障性和经济可承受性的支持，提出要以更集成高效且成本低廉的综合诊断系统实现全机的状态监测与故障诊断,并加入部分关键分系统的剩余使用寿命预测和基于诊断、预测信息的维修计划生成功能,强化了对系统保障的管理,为视情维修、预测性维修提供有效支撑,有效降低全寿命周期的保障费用。此外,还有一些与 PHM 相似的概念也在这段时间提出,如综合交通工具健康管理(Integrated Vehicle Health Management,IVHM),健康与使用监测系统(Health and Usage Monitoring System,HUMS)等。IVHM 是一种全面的健康管理方法,涵盖从部件到系统的各个层面。它综合利用通信技术、传感器集成、工程系统和决策支持等手段,将系统数据转化为可操作的信息。IVHM 强调系统层面的集成与优化。它寻求消除功能重叠,扩展健康管理的覆盖范围,实现系统自主化设计。IVHM 的目标是建立统一的系统能力,对系统各组成部分的当前和未来健康状态进行评估,主要应用于航空航天领域,如飞机、航天器等。HUMS 聚焦于关键部件和系统的状态监测,尤其是旋转部件(如发动机、变速箱、轴等)。通过在线监测振动、温度等参数,HUMS 能够及早发现渐进性缺陷,避免其影响运行安全。HUMS 主要应用于直升机等旋翼飞行器,HUMS 的数据采集范围很大,从基本的使用参数到全面的部件健康数据,先进的 HUMS 能够实现机载数据处理和实时远程传输,大幅提高维修效率。从概念上讲,IVHM 和 HUMS 都隶属于 PHM 的范畴。PHM 是一种先进的装备健康管理方法,可将 IVHM 视为 PHM 在航空航天领域的重要应用和延伸,HUMS 是 PHM 在直升机领域的具体实践,侧重于状态监测和故障预警,为 PHM 的其他环节(如预测和维修决策)提供数据支撑[1-3]。

进入 21 世纪,PHM 技术经历了蓬勃发展,涵盖的学科专业和应用领域大幅增加,成为一项典型的跨学科交叉技术,其中总体设计是系统工程问题,数据获取是仪器、通信工程问题,故障分析与建模是机械、电子等领域知识与通用质量特性相结合的工程问题,数据处理与不确定性量化和分析是数理统计、信息论和计算机科学与工程问题,维修决策支持是运筹、调度、优化等管理科学与工程问题,PHM 成为学术界和工业界共同的热点研究问题。在这一阶段,PHM 已经建立了信息化的基础,能够可靠、实时、低成本地获取运行时间足够长、覆盖范围足够广、质量足够高的工程系统运行数据,并逐步从信息化向数字化发展,能够运用各个领域的知识和数据,对各类典型故障机理进行抽象建模,在数字域重构装备的运行过程中,模拟各类运行环境及磨损、冲击、老化等性能衰退过程,预测装备在未来可控环境中的性能变化趋势并指导装备保障实践,逐步成为复杂装备系统实现高效、安全、低成本运行的核心支撑技术,现在大部分装备系统的 PHM 正处于从信息化到数字化的过渡阶段。

随着工业互联网、工业 4.0、智能制造等概念的提出,PHM 技术也呈现出从数字化到智能化过渡的新形态。以大数据、深度学习、5G、边缘/云计算、数字孪生等新一代智能基座技术为基础,智能保障系统的概念应运而生,其核心特征是智能化的"感知"、"决策"与"作业",即能够从海量高维的原始监测数据中自动挖掘设备性能下降、磨损老化等不易察觉、不可见的隐性健康状态,感知系统未知的异常与故障,在此基础上开展系统全要素联动自主智能决策，每个重要的部件设备都能根据自身和外部环境状态自主进行信息交互，并根据生成全局优化的决策指令进行保障作业，通过使用机械臂、牵引车、装配器等智能辅助作业装备实现保障作业自主执行，能够自主应对复杂使用环境，基本不需要人工干预。智能保障系统的关注点也不仅仅是系统的故障和相关维修保障工作，而是拓展到与系统运行相关的全部要素，在掌握近乎"上帝视角"的态势信息下进行全要素、全维度、全过程的自主优化决策，为装备系统提供全寿命周期运行层面的支持。

综上，从20世纪50年代到21世纪20年代，PHM从辅助装备进行外部测试的一个简单仪器设备，经过传感器、通信网络、大数据、人工智能、边缘/云计算、数字孪生等技术的赋能，呈现出清晰的仪器化→信息化→数字化→智能化的发展趋势，逐步发展成一个地位重要、结构复杂、功能多样的智能运维系统，对复杂工程系统的设计、研制、生成、使用部署都有重要影响，已经成为绝大多数现代复杂工程系统的标配技术，对实现全寿命周期内复杂工程的经济、稳定、可靠、高效运行发挥了重要作用。

1.4 PHM学术研究与典型应用现状

作者通过查阅300余篇PHM领域的学术论文、学术专著、市场咨询报告、行业发展报告等文献，结合多位领域专家的问卷调研，总结了当前PHM技术在学术研究与工程应用中的现状。总体来看，21世纪以来PHM的学术研究主要聚焦于传感器、信号处理、材料特性、模式识别、人工智能和决策优化等方向。应用领域主要集中在航空航天、航海、交通、能源等领域。不同领域的工程系统有各自的关注点，且由于信息化、数字化、智能化水平的差异，因此PHM在不同领域的能力现状也有所不同，但总体呈现出快速且持续发展的态势。

1.4.1 PHM学术研究现状分析

根据装备PHM系统全寿命周期划分和各个阶段的研究内容，PHM在学术界的研究大致可分为PHM设计、PHM开发和PHM决策三部分，每个部分都有相应的研究主题与关键词，如表1.3所示。

表1.3 PHM学术研究现状分析

研究主题	研究关键词	涉及的学科专业	主要发表的期刊与会议
PHM设计	prognostics health management, design, prognostics health management, system engineering, prognostics health management, requirement, prognostics health management, framework, architecture, prognostics health management, verification, simulation	系统工程、工业工程、复杂系统设计、多领域工程	Prognostics And System Health Management Conference, Reliability Engineering & System Safety, IEEE Aerospace Conference

续表

研究主题	研究关键词	涉及的学科专业	主要发表的期刊与会议
PHM 开发	failure mode effect and criticality analysis, prognostics and health management, fault diagnostics feature engineering, fault diagnostics machine learning, prognostics model-based, prognostics data-driven, prognostics and health management deep learning, prognostics and health management transfer learning	机械工程、电子工程、材料工程、计算机工程、通信工程、自动化工程、数理统计、人工智能	Prognostics and System Health Management Conference, Reliability Engineering & System Safety, Mechanical Systems and Signal Processing, Applied Soft Computing, Measurement, IEEE Transactions on Industrial Electronics, Expert Systems with Applications, Sensors, Energies, Computers in Industry, IEEE Transactions on Industrial Informatics
PHM 决策	prognostics condition-based maintenance, predictive maintenance, maintenance decision optimization, prognostics multi-objective optimization, maintenance optimization reinforcement learning, maintenance operation optimization	管理工程、工业工程、多领域工程、生产制造工程、运筹学、最优化理论与方法	European Journal of Operational Research, Prognostics and System Health Management Conference, Reliability Engineering & System Safety, Expert Systems with Applications, Computers in Industry

在 PHM 设计部分，现有的学术文献主要讨论了 PHM 的概念、关键技术的需求和总体设计框架等。Elattar H M 等学者系统综述了 PHM 的重要意义，并在架构选择、前期开发准备、诊断与预测方法、典型工业案例、当前技术瓶颈与未来发展几个方面对 PHM 做了全面阐述[4]。雷亚国等学者提出了一个由数据采集、健康指标构建、健康阶段划分和剩余使用寿命预测组成的机械系统 PHM 设计框架[5]。Li R 等学者提出了一套使用 DoDAF 标准模型的 PHM 设计框架，从顶层需求与限制因素出发，通过系统功能分解、功能承载设计、物理结构设计等步骤实现 PHM 的整体设计，并通过 SysML 建模语言完成了 PHM 初始概念设计[6]。Adams S 等提出了一种名为"WEAR"的 PHM 设计四步法，包括 PHM 覆盖对象选择、PHM 架构选择、基于仿真的 PHM 效能评估和 PHM 支持下的商业模式构建，并强调需要在 PHM 系统安装之前就要将"WEAR"方法执行到位，以最大化 PHM 的效能[7]。Wang P 等学者提出了一种多层分布式的磁悬浮列车 PHM 架构，使用"整车-车厢-系统-分系统"的分解方式，自底向上搭建了分布式 PHM 系统[8]。在一些国际学术组织出版的标准规范中也有对 PHM 设计的具体指导，如 ISO 13381 系列标准，IEEE 1856 标准和 SAE ARP6407 指导文件均对 PHM 的设计流程进行了具体的描述[9-13]。

在 PHM 开发领域，目前关于 PHM 的大部分学术论文都在研究讨论这个领域的工作，许多研究者依据系统的性能退化机理、监测数据、对结果的可解释性等需求，研究了多种类型的 PHM 的开发方法。胡昌华、雷亚国、司小胜、夏唐斌等学者根据其所在的研究领域对 PHM 的不同种方法进行了一些总结和归类，大致将其分为基于模型（model-based）、数据驱动（data-driven）和两者的混合（hybrid methods）三种[14-17]。Lee G Y 等学者详细总结了现有文献中关于 PHM 系统中使用的传感器、信号类型和处理算法[18]。近年来，深度学习方法在 PHM 领域得到了广泛的应用，许多文献探讨了如何使用深度学习来提高 PHM 的综合性能。例如，Fink O 等学者分析了深度学习在 PHM 应用中的发展现状、驱动因素、未来挑战和潜在解决方案，并指出了在迁移学习、强化学习和基于物理原理的机器学习等方面的技术在 PHM 上应用的前景[19]。Khan S、雷亚国、严如强等学者系统地综述了自动编码器、深层信念网络、卷积神经网络、递归神经网络等深度学习方法在 PHM 中的应用[15,20-21]。随着大规模基础模型（Large-scale Foundation Model，LSF）的蓬勃发展，各行业都针对性地推出行业大模型和垂直大模型。在该背景下，李彦夫等人从人工智能发展范式和 PHM 行业需求出发，围绕潜在特征提取、无监督特征表示学习、多模态数据融合等核心环节，详细阐述了 Transformer、自监督学习等关键技术在 PHM 场景中的应用前景和痛点[22]。

在 PHM 决策领域，已有一批综述文献较为系统地阐述了维修优化问题的基本范式和解决方案，Alaswads 等人综述了近年来基于状态的维修策略（Condition Based Maintenance，CBM）的数学建模和优化方法，讨论了维修优化中退化模型、检查频率、检查/维修质量和人为误差的建模方法；作者特别指出，如何依据系统监测信息进行维修决策是今后研究工作的关键[23]。在维修优化方面，Syan C S 等学者建立了维修决策的多目标优化模型框架，对近百篇文献进行了系统的分析综述，发现大多数的维修优化对象集中在装备可用性、可靠性、安全性、风险与任务收益上，考虑的约束条件通常包括维修成本、时间等，此外还指出维修优化的目标应该随着装备使用的过程和资源储备情况进行动态调整[24]。Zerhouni N 等学者总结了基于 PHM 的维修优化问题框架，提出了三类维修决策支持研究：针对维修计划、针对运营活动和两者的混合，并详细分析了这三类维修决策研究的现有成果和未来发展趋势[25]。Guillén A J 等学者比较全面地综述了 PHM 技术给装备维修保障系统带来的一系列影响，包括对维修策略、修理决策与生产排班调度、人力组织、装备售后质保政策等方面，指出 PHM 的应用是对装备系统一次自底向上的全面更新，而不是简单的故障诊断与预测[26]。

从以上分析可以看出，PHM 的学术研究主要分布在工业工程、管理工程、系统工程、计算机工程等领域，文献中的大部分应用研究集中在电气电子（电池、电容、IGBT、质子交换膜等）、旋转机械（轴承、齿轮箱、电机、压缩机、透平机等）和结构部件（切割刀具、叶片、连接杆、承重件等）。值得注意的是，关于 PHM 设计和决策的论文数量较少，关于 PHM 开发，特别是信号处理、故障诊断与寿命预测算法的文献较多，这里有多方面的原因：一方面 PHM 设计是一项复杂的综合工作，涉及需求获取、性能指标定义、框架建立和关键功能/部件识别，但目前 PHM 设计的理论/方法尚未得到足够重视；另一方面，PHM 决策研究的重点不仅在于优化方法，更在于将特定维护过程建模为数学模型，这需要对工程系统有深入的了解，而这些知识往往不对学术界开放。此外，开发 PHM 设计的主力多在军工或商业企业的研发机构,涉及敏感系统,因此相关研究难以在学术论文中发表。

综上,当前学术界对 PHM 的理论研究已经基本成形,在各类工程领域中得到了成功应用[27-28]。但总体来看,在 PHM 需求论证与总体设计层面,目前的研究尚未完整建立需求能力映射→架构设计→能力验证→需求迭代的环路,针对装备 PHM 物理架构设计的研究较多,将 PHM 融入装备任务指派、维修介入、库存管理等方面广义使用维护场景的研究较少,提出 PHM 建模与描述方法的研究较多,对 PHM 进行能力评估与验证确认的研究较少。在 PHM 功能实现层面,针对"数据获取→信号处理→诊断预测→决策管理"的 PHM 功能集合研究尚有不完善的地方,对每一个环节的研究分布也不均衡,关注 PHM 前端"Prognostics"的部分,即状态监测、故障诊断、寿命预测等健康态势感知的研究较多,而对后端"Management"的部分,即如何利用 PHM 信息进行决策优化和运维管理的研究较少。要想进一步发挥 PHM 的效能,还需要进一步完善系统工程方法在 PHM 需求分析、架构设计与能力评估的具体应用,并在决策与管理这一环节加大理论研究和工程落地化应用的力度。

1.4.2　PHM 工程实践现状

PHM 的应用对象主要是高价值、高运维成本的复杂工程系统,如飞机、火箭、飞船、高铁机车、舰船、重型工程机械等,以及生产车间、发电机组、电网、油气田等重资产的工业基础设施。这些装备系统普遍由光机电软液控等复杂分系统组成,需要长时间连续工作,且对可靠性、安全性、经济性的要求很高,一旦出现意外故障或安全事故,往往会造成巨大的经济损失甚至严重的社会影响。因此,这些工程系统普遍配置了具有状态监测、异常预警、故障诊断等功能的 PHM 系统,但由于不同工程系统的使用环境与性能需求各异,因此其 PHM 系统有各自的技术特点,作者总结了航空、舰船、高铁、工程机械、加工制造、石化、风电、光伏发电等领域的 PHM 技术应用现状,主要信息如表 1.4 所示。

表 1.4　PHM 在不同应用领域的技术现状

应用领域	PHM 核心需求与特征	基本架构	技术能力现状	典型装备与平台
飞机、高铁	提高装备的安全性与可用性,推动预测性维修,节省保障的时间与人力,显著提高系统的保障效能与经济可承受性。这类装备一般集中部署,且使用频次很高,在运行中出现故障可能导致机毁人亡的重大事故,要求 PHM 系统在运行前进行关键功能自检,确保运行过程安全;任务结束后应能迅速排故并再次出动,保障装备安全持续使用	由机上/车上与地面两个相对独立的分系统组成,机上/车上分系统负责数据采集和初步处理,地面分系统负责数据深度挖掘、故障诊断预测与维修决策	机上分系统已具备较为完善的数据采集与初步处理能力,实现成员-区域-分系统级分层诊断框架,实现在复杂工况中系统的状态监测,实现 PHM 的工作量与成本较高;地面分系统具备故障增强诊断与数据深度挖掘的功能,少部分关键部件实现寿命预测	F-35 联合攻击战斗机的 PHM 与自主保障系统,波音 787 系列客机的中央维护系统(CMS),西门子公司的 Railigent 列车监测系统,霍尼韦尔公司开发的 HUMS 系统

续表

应用领域	PHM 核心需求与特征	基本架构	技术能力现状	典型装备与平台
坦克、装甲车辆、大型工程机械	提高装备的使用可用度，降低保障需求与运行成本，这类装备发生故障后通常可以随时停留等待维修，出现重大安全事故的风险相对飞机、高铁来说较低，需要根据具体的维修保障模式来精准确定 PHM 的性能需求		由于装备上安装条件的限制，因此车载分系统监测的参数数量与数据处理能力较低，目前仅监测动力、传动、结构等关键部件的状态，故障诊断与寿命预测主要依靠地面分系统进行离线数据分析，预测性维修能力尚不完善，仍以定时维修、事后维修和部分视情维修为主	美国陆军诊断改进计划（ADIP），Ricardo 公司为美国陆军开发的车辆健康管理系统
舰船	在航行期间对动力、传动、电力、控制等系统进行持续监测，需要深度绑定舰上的航线，根据规划、排故、损害管制等工作规范和舰上有限的维修资源来设计，需要 PHM 提供有效的运维支持	由舰基、岸基两个相对独立的分系统构成；舰基分系统具有完善数据采集、处理、深度挖掘与运维决策支持的功能，无须依赖岸基分系统进行深度分析；岸基分系统侧重舰队整体的数据分析与运维管理	舰上安装限制较少，能够较为完善地部署传感器、数据传输网络、计算中心等设施，舰上可以实现综合状态分析、故障诊断预测、运行决策支持等功能，无须将数据全部传输至岸基分系统，实现舰岸一体化分析，为航线、排放、油耗、姿态等运行控制调度提供支持	中船集团的智能船舶运行与维护系统（SOMS）
加工制造产业、石化、风电机组、光伏	持续监测机床、刀具、容器、管道、储罐、风机、压缩机、离心泵、发电机等关键设备的运行状况，对严重故障进行预警，减少意外停机次数和运维成本，最大化生产效益。这类装备的标准化程度较高，运行环境稳定，数据采集较容易，但意外故障会带来巨大损失，需要对异常状态与故障进行精准诊断	"端-网-云"物联网架构在设备和工业现场部署传感器采集数据，通过网关将数据上传到云端，端和云可根据实际需求灵活配置算力与存储资源	数据基础设施条件较好，设备端能够实现原始数据的快速处理与分析，提升监测和预警的及时性，云端可使用多种分析手段对运行数据进行深度挖掘，在实现故障精准诊断的同时，能够将设备健康状态信息与任务需求、环境工况、原料资源等数据进行联合分析，有效提升运维效率	三一重工的树根平台

本书将 PHM 系统的主要应用领域分为 4 类，分别以飞机/高铁、装甲车辆、舰船和加工制造产业为典型代表进行介绍。各领域对 PHM 系统的总体需求均体现在提高装备的可用性、安全性与生产力，同时降低维修保障成本，为系统高效运行提供支持。虽然这些领域的 PHM 系统的逻辑架构大多采用开放式体系架构，但由于使用场景和需求的不同，因此 PHM 系统的物理实现方式与技术水平也存在差异。

飞机、高铁这一类装备的典型特征是具有极高的安全要求和使用频率，对运维成本高度敏感，且保障需求复杂，需要在限定的时间、场地与资源条件下，快速完成出动准备、故障修复、预防性维修、常规检查等工作，既要精确掌控装备的健康状态信息，也需要统筹优化任务排班、维修计划与资源调度等工作。因此其 PHM 系统要能够采集与系统安全运行和高保障代价相关的部件数据（发动机、控制系统、关键承力结构等），能够对各种不同机理的故障进行精确诊断，并处理挖掘海量的监测数据，找出隐性的性能退化趋势。此外，飞机、高铁对传感器的安装有较为苛刻的要求，在可靠性、安全性、测量精度、维护方式、质量、体积、能耗、数据接口等方面都有严格限制，故多采用定制设计的专用传感器、BIT电路和计算存储设备，在机上/车上实现数据采集、信号处理、数据融合与区域故障推理诊断等功能，实现成员-区域-装备平台级的分层PHM框架，这使得PHM的研制与部署成本较高。在数据处理层面，由于机上/车上PHM的算力限制，因此机上不对监测数据进行深度分析，当飞机落地/列车进站时，依靠存储卡或高速数据链将原始监测数据下载至地面PHM分系统（也可以在任务过程中通过数据链/5G等手段将关键故障信息发送至地面PHM分系统），在地面上依托高算力平台、多源状态信息和智能诊断模型算法实现故障增强诊断、关键设备寿命预测、维修决策支持等功能。相比其他类型，PHM系统在这一类装备中的应用起步较早，成熟度较高，发挥出了较为显著的降本增效作用[29]。

坦克、装甲车辆和大型工程机械（挖掘机、盾构机、起重机等）在出现故障时通常可以停机等待维修，出现重大安全事故的风险较低，且无须像飞机、高铁那样需要长时间保持高强度连续使用，故这类装备的 PHM 系统的设计普遍采用了"小前台、大后台"的思路，虽然在逻辑架构上也分为机上/地面分系统，但需要与装备的总体设计进行综合考虑，无须花费高昂成本部署覆盖全面、功能完整的机上PHM分系统去实现装备全面自检、快速排故修复等飞机/高铁需要的能力，而是聚焦核心关键部件，尽量使用共用化的传感器与计算设备，实现小而精、低成本的机上状态监测。地面PHM分系统的建设与飞机/高铁相似，主要是汇总装备集群的整体态势数据，通过离线处理分析实现PHM的高级功能。相对于飞机/高铁，这类装备对PHM系统的需求全面性与紧迫性相对较低，但对PHM的安装与运维成本也有较为严苛的要求，所以其PHM的设计与部署也相对轻量化，但仍然为提升装备的可用度与降低运维成本发挥了重要作用[30-31]。

舰船，特别是大型邮轮、集装箱船、潜艇、航母等，需要长时间在海上航行较远的距离。由于海洋环境的复杂性与挑战性，因此舰船装备对其健康状况感知和故障诊断具有很高的要求。在远离母港，特别是在敌对或未知环境中，快速、精确地完成故障定位、修复和预防性维护，并根据故障与战伤情况对系统结构进行组合重构，快速完成损害管制以保障装备安全与任务成功，成了舰船PHM系统的核心需求。舰船的各种部件，如舰炮、导弹发射系统、推进系统、雷达和通信系统等，都要求PHM系统能够实时监测并对其健康状态进行精确评估。由于舰船体量空间与能源供应较充沛，对传感系统的质量、能耗限制比飞机和高铁低，但要求能够适应海洋环境的腐蚀性、湿度、盐雾等不利影响，同时舰船在海上可能长时间无法靠岸补给维修，因此舰船上的传感器必须具备高度的可靠性、防护能力和精度，并较为完善地部署传感器、数据传输网络、计算中心等设施，使得舰上可实现综合状态分析评估、故障深度诊断、关键部件寿命预测、运行决策支持等功能，无须将数据全部传输至岸基系统。相比飞机，舰船系统更加复杂，监测节点分布更广，PHM算法设计难度更大。当前舰船PHM系统的应用广度与深度还不及飞机和高铁，仍处于发展阶段，但PHM在提高舰船可用度、任务可靠度与损害管制水平，减少维护成本等方面具有广阔应用前景[32-33]。

在加工制造产业、石化、风电、光伏等领域，设备集成度和功能复杂度不如飞机、高铁、船舶高，其工作环境绝大部分都是在可预知和可掌控的范围内，机床、刀具、容器、管道、储罐、风机、压缩机、离心泵、发电机等关键设备的故障机理知识储备较为丰富。与此同时，这些设备对传感器的质量和功耗要求较低，5G、Wi-Fi6等高速无线通信技术能够大幅降低传感器部署的限制，故传感器、网关和无线通信设备可以采用货架产品，其数据采集与存储的成本较飞机、高铁等装备来说相对低廉。这类装备的PHM系统普遍采用"端网云"的混合架构，按需分配监测与计算资源，可在设备端部署轻量级的计算平台，就近对设备的数据进行短时分析，提供信号处理、状态监测、故障预警、快速排故等功能；也可在云端部署高算力集群，对全部装备的数据进行深度分析挖掘，优化运维工作。当前这类装备的数字化基础设施与运行监测数据积累是最为丰富的，但挑战在于如何有效利用海量的数据，挖掘出设备的未知隐性问题并提出运维人员尚未意识到的解决方案[34-35]。

综上所述，在各种装备领域中，PHM系统的应用和要求各异。飞机和高铁因其高频使用和严格的安全需求，需要精确的装备健康信息和优化的运维调度，因此必须使用高度定制的传感器，并依赖强大的地面数据处理能力。相比之下，坦克、装甲车辆和大型工程机械更强调轻量化和成本效益，其PHM系统聚焦核心部件，功能更为简化。大型船舶由于长时间海上作业的特性，因此对PHM系统有更高的可靠性和防护要求，系统复杂度和数据处理需求也相对更高。而加工制造产业等领域的PHM系统可以采用更为经济的传感器和数据处理技术，通过混合架构满足实时监测和深度分析的需求。可以看出，当前装备PHM系统面临的普遍矛盾是具有高性能设备与相对落后的维护保障之间的差距。未来的发展方向将是如何在满足各领域特定需求的同时，进一步提高PHM系统的普及率、准确性和效率，同时利用大数据和人工智能技术，更好地挖掘和应用设备的综合监测数据。

1.5 PHM 相关标准体系现状

为了规范 PHM 技术的应用和发展，国内外相关组织和机构开展了大量的 PHM 标准研究制定工作，逐步建立起了 PHM 相关标准体系。PHM 标准体系涵盖了从基础术语到具体应用的多个层次，主要包括基础标准、技术标准和应用标准三个方面。基础标准主要规定

PHM 的基本概念、术语和框架等内容，为 PHM 技术的统一认知和系统开发提供基础；技术标准主要规定 PHM 的具体技术方法和实现过程，包括数据获取与处理、诊断与预测方法、健康评估与决策等方面；应用标准则针对特定领域或装备的 PHM 实施要求，如航空航天、轨道交通、能源电力等领域的 PHM 应用标准。目前，PHM 标准体系已初步建立，但仍存在标准体系不够完善、标准之间协调性不足、标准更新滞后等问题，需要进一步完善和发展。本节对 PHM 相关标准体系的现状进行全面介绍，包括国内外主要标准化组织、已发布的重要标准及标准体系的发展趋势等内容。

1.5.1 PHM 相关标准组织

在国际范围内，多个权威组织和机构积极参与 PHM 相关标准的研究和制定工作。其中，国际自动机工程师学会（SAE International）是 PHM 标准化的主要推动者之一，制定了一系列重要标准。SAE International 成立了专门的 PHM 标准委员会（G-11 PHM 标准委员会），负责制定和维护 PHM 相关标准。该委员会已发布多项 PHM 标准，如 *Design&Run-Time Information Exchange for Health-Ready Components*（SAE JA6268）、*Health and Usage Monitoring Metrics Monitoring the Monitor*（SAE ARP5783）、*IVHM Design Guidelines*（SAE ARP6407）、*Guidelines for the Development of Architectures for Integrated Vehicle Health Management Systems*（SAE APR6290）等。这些标准涵盖了 PHM 系统设计、性能评估、数据管理等多个方面，为 PHM 技术的应用和发展提供了重要指导。例如，*Aircraft Gas Turbine Engine Health Management System Guide*（APR1587B-2013）和 *Aircraft Gas Turbine Engine Health Management System Development and Integration Guide*（ARP5120-2016）全面涵盖了发动机健康管理系统（Engine Health Management，EHM）的定义、优点和能力，以及设计、开发、集成、验证与确认的指导；*Health and Usage Monitoring System Data Interchange Specification*（AS5395-2018）等一系列标准全面涵盖了健康与使用监测系统（Health and Usage Monitoring System，HUMS）数据交换格式、接口、数据类型等设计和开发元素的指导。

国际标准化组织（ISO）在机械设备状态监测与诊断方面制定了一系列标准，这些标准为 PHM 技术的应用奠定了基础。ISO/TC 108/SC 5 分技术委员会负责制定状态监测与诊断相关标准，已发布的重要标准包括 ISO 13374 系列 *Condition monitoring and diagnostics of machines—Data processing, communication and presentation*、ISO 13379 系列 *Condition monitoring and diagnostics of machines—Data interpretation and diagnostics techniques*、ISO 18436 系列 *Condition monitoring and diagnostics of machine systems — Requirements for certification of personnel* 等。这些标准规定了状态监测与诊断系统的数据处理、通信和显示等通用要求，以及机械设备状态监测与诊断的一般方法和人员资格认证要求，为 PHM 技术的标准化应用提供了重要支撑。

IEEE 在电子系统 PHM 标准化方面做出了重要贡献，制定了多项与 PHM 相关的标准，如 IEEE 1856-2017 *IEEE Standard Framework for Prognostics and Health Management of Electronic Systems*，该标准定义了电子系统 PHM 的架构框架，为 PHM 的设计和实现提供了指导。此外，IEEE 还制定了一系列与测试诊断相关的标准，如 IEEE Std 1232《人工智能交换和服务标准》、*IEEE Standard for Software Interface for Maintenance Information Collection and Analysis*（IEEE Std 1636）等，这些标准为 PHM 技术在电子系统中的应用提供了技术支持。

机械信息管理开放系统联盟（Machine Information Management Open System Alliances，MIMOSA）是一个非营利性行业联盟，致力于开发和推广资产管理信息标准。MIMOSA 制定了一系列开放标准，如 OSA-CBM（Open System Architecture for Condition-Based Maintenance，开放系统架构-基于状态的维修）和 OSA-EAI（开放系统架构-企业应用集成）等，这些标准为 PHM 系统的数据集成和信息交换提供了重要支持。MIMOSA 的标准在工业设备健康管理领域得到了广泛应用，促进了 PHM 技术的标准化和产业化发展。

美国航空无线电标准（Aeronautical Radio Incorporated，ARINC）组织制定了一系列与航空电子设备维修系统相关的标准，这些标准对航空领域 PHM 技术的应用具有重要指导意义。例如，ARINC 624《飞机机载维护系统设计指南》规定了飞机机载维护系统的设计要求和功能，ARINC 604《机内测试设备设计和使用指南》规定了机内测试设备的设计和使用要求。这些标准为航空装备 PHM 系统的设计和实施提供了重要参考。

此外，英国民航局（CAA）和美国国防部（DoD）等政府机构也参与了 PHM 相关标准的制定工作。CAA 发布了一系列与航空适航、维修相关的指导文件，如 *Civil Aircraft Airworthiness Information and Procedures*（CAP 562），其中包含了对航空器健康管理系统的要求。美国国防部制定了多项与 PHM 相关的军用标准，如 MIL-STD-1309《定义、测试和评估健康及使用监测系统的标准实践》、MIL-STD-3034《可靠性中心维修（RCM）过程》等，这些标准为军用装备 PHM 技术的应用提供了规范和指导。

在国内，PHM 相关标准的研究和制定工作也在积极推进。国家标准化管理委员会已经发布了一些与 PHM 相关的国家标准。军委装备发展部组织制定了一系列 PHM 相关的中国国家军用标准（GJB 标准）。这些标准主要针对军用装备的健康管理需求，涵盖了 PHM 系统设计、数据采集、故障诊断与预测等多个方面。由于军用标准的保密性质，因此具体内容未对外公开，但这些标准对我国军用装备 PHM 技术的发展和应用起到了重要的规范和指导作用。

在行业标准方面，工业和信息化部发布了一系列的中国航空行业标准（HB 标准），其中包含了与 PHM 相关的内容。例如，HB 8536《民用飞机辅助动力装置（APU）健康管理要求》明确规定 APU 中健康管理系统的功能、组成、测量参数、分析事件和接口等核心元素，为辅助动力装置的 PHM 系统设计和实施提供了重要指导。这些行业标准的制定和实施推动了 PHM 技术在我国航空领域的应用和发展。

此外，我国一些大型企业和科研院所也在积极开展 PHM 相关企业标准的研究和制定工作。例如，中国航空工业集团有限公司正在制定与 PHM 相关的企业标准，以满足航空装备健康管理的特殊需求。这些企业标准虽然适用范围相对有限，但对推动 PHM 技术在特定领域的应用和创新具有重要作用。表 1.5 所示为国内外 PHM 标准制定组织简介，表中概述了各个 PHM 相关标准组织和机构的名称、主要研究内容及它们的标准出版物。

表 1.5 国内外 PHM 标准制定组织简介

名称	主要研究内容	标准出版物示例
国际自动机工程师学会（SAE International）	航空航天、汽车行业的 PHM 标准制定与研究	SAE AS、SAE ARP、SAE AIR 系列等
国际标准化组织（ISO）	国际通用的 PHM 标准制定	ISO 17359、ISO 13372、ISO 13374 系列等
电气与电子工程师协会（IEEE）	电子系统、测试与诊断的 PHM 标准制定	IEEE 1856、IEEE 1149.1、IEEE 1671 系列等
机械信息管理开放系统联盟（MIMOSA）	工业资产管理系统的 PHM 标准制定	OSA-CBM、OSA-EAI 等
美国航空无线电标准（ARINC）	航空电子设备的 PHM 标准制定	ARINC 604、ARINC 624 等
英国民航局（CAA）	民航领域的 PHM 标准研究	CAP 753 等
美国国防部（DoD）	军事装备的 PHM 标准研究	MIL-STD-470B、MIL-STD-154C、MIL-STD-305 等
中国国家标准（GB）	中国国家标准中的 PHM 相关标准制定	GB/T 20921、GB/T 25742、GB/T 19873、GB/T 40571—2021 系列等
中国国家军用标准（GJB）	军用 PHM 标准制定	GJB 451A、GJB5682—2006、GJB3385A—2020 系列等
中国航空行业标准（HB）	航空领域的 PHM 标准研究	HB/Z 286、HB 8485、HB 8536 系列等
中国航空工业集团有限公司标准（AVIC）	航空工业集团内部的 PHM 标准制定	QAVIC 05035、Q/AVIC 30406、Q/AVIC DM 1706 等

总的来说，国外在健康监测与管理领域的标准化工作蓬勃发展，制定了大量的标准、设计指南和规范，在需求分析、架构开发、方案设计、状态监测、故障诊断、寿命预测、数据处理、通信与表达等方面取得了显著进展。在 ISO 标准体系中，机器状态监测与诊断已经形成完整的标准体系；而 SAE International 的 PHM 标准则涉及飞行器综合健康管理（IVHM）、结构健康监测（SHM）及直升机健康与使用监测系统（HUMS）多个专业领域。与国外相比，国内在健康管理标准化方面起步较晚，整体处于跟踪和学习阶段，相关的标准规划、研究和制定成果相对匮乏。

1.5.2 PHM 经典标准简介

本节重点介绍 ARP6407-2019、GB/T 22393—2015 和 OSA-CBM 三项标准，它们分别代表了各自领域中的权威指南。ARP6407-2019 作为飞行器健康管理系统设计的推荐标准，以其系统性、模块化和开放式架构特点，为航空航天工程师提供了一套飞行器健康管理的全面技术规范。GB/T 22393—2015 为机器状态监测与诊断提供了一般性指导，其普遍性和指导性特点，使其成为机械工程领域内的重要参考。OSA-CBM 标准以其开放系统架构和模块化设计，推动了基于条件的维护技术在工业资产管理系统中的应用，促进了维护策略的优化和成本效益的提升。这三项标准不仅在技术层面上引领着行业的发展，更在战略层面上为 PHM 领域的发展和国际合作奠定了基础。

ARP6407-2019《IVHM 设计指南》是由 SAE International 发布的航空推荐实践标准。IVHM 系统作为现代航空器的重要组成部分，其性能直接影响飞机的安全性、可靠性和经济性。ARP6407-2019 的制定填补了 IVHM 系统设计领域的空白，为航空业提供了一个统一的设计框架和方法论，主要包括以下三个关键部分。

（1）IVHM 开发过程概述。

标准首先概述了 IVHM 的整体开发过程，强调 IVHM 设计应该作为系统工程任务的一部分，与整体系统设计紧密结合。开发过程从确定组织目标开始，然后进行需求分析、系统架构设计，最后进行详细的系统设计和实施。标准强调了在整个过程中进行多次"现实检查"的重要性，以确保设计与之前步骤的约束条件保持一致，这自然会导致过程的迭代。

（2）组织目标对 IVHM 设计的影响。

标准详细讨论了组织目标如何影响 IVHM 设计。它指出 IVHM 通常旨在最大化产品安全性、可用性或运营效率的一个或多个方面，同时需要降低总体系统所有权成本。标准建议，必须通过严格的过程来合理分配财务和技术资源，以最佳方式满足系统可用性要求，同时优化寿命周期成本（LCC）。

（3）分系统、平台、集群级别的健康管理与集成。

标准详细讨论了不同层级 IVHM 设计的方法，具体包括:

① 分系统 IVHM 设计分析。

② 分系统 IVHM 模型的开发。

③ 新系统设计和改装系统设计的分系统 IVHM 设计流程。

④ 平台 IVHM 设计流程（新系统和改装系统）。

⑤ 平台级故障推理方法。

⑥ 平台级 IVHM 设计的架构考虑。

⑦ 新项目和改装项目的集群级 IVHM 设计流程。

⑧ 集群级 IVHM 处理设计考虑因素。

⑨ 不同层级 IVHM 功能的典型实现。

ARP6407-2019 的一个重要特点是它提供了一个系统化的 IVHM 设计框架，涵盖了从分析阶段到概念阶段再到综合阶段的整个设计过程。这个框架可以应用于新系统设计和现有系统的改装设计。它特别强调了 IVHM 设计与整体系统设计的集成，这反映了一种系统工程的观点，即虽然长期以来人们已经认识到系统工程对系统 PHM 的好处，但在大多数工程组织中，将系统健康管理需求提升到与其他系统设计目标相同的优先级水平仍然是一个很困难的事。标准建议，即使在 IVHM 解决方案必须在"遗留"系统框架内实施的情况下，IVHM 方法仍然必须以共生的方式集成到现有系统设计中。

除 ARP6407-2019 之外，APR6883-2019、APR6290-2023、APR6887-2024 也从不同的角度描述了 IVHM 各环节需要遵从的标准。*Guidelines for Writing IVHM Requirements for Aerospace Systems*（APR6883-2019）提供了 IVHM 系统开发需求编写的指南，提供了一种系统化的方法描述 IVHM 能力，以定义更好的系统开发需求，以及指导需求收集过程；*Guidelines for the Development of Architectures for Integrated Vehicle Health Management Systems*（APR6290-2023）提供了 IVHM 系统架构设计的指导，包含了数据监测、数据处理、装备健康管理与恢复的工具开发流程；*Verification and Validation of Integrated Vehicle Health Management Systems*（APR6887-2024）为 IVHM 验证与确认的计划与执行提供指导，特别包含了 IVHM 验证与确认中的特殊目标和执行动作，已实现 IVHM 系统端到端的评估。

GB/T 22393—2015《机器状态监测与诊断 一般指南》是由国家市场监督管理总局和国家标准化管理委员会发布的一项国家标准，旨在为机器状态监测方案的制定提供一般程序指南，主要是针对所有类型机器的状态监测与诊断制定的一般性指导文件。它不仅适用于各种工业设备，还涵盖了从振动监测到数据处理等多个方面。该标准的主要目的是通过系统化的监测和诊断方法，提高设备的运行效率和安全性，减少意外停机时间，延长设备寿命。此外，该标准还强调了在监测过程中需要遵循的相关国际和国内标准，以确保监测结果的准确性和可靠性，其主要内容包括以下几个方面。

（1）状态监测的目的和重要性：标准首先明确了状态监测的目的是评估机械设备的健康状况、预防故障的发生、延长设备的使用寿命，并提高生产效率。

（2）监测技术的选择：标准提供了多种状态监测技术的选择指南，包括振动分析、温度监测、油液分析、声学分析等，以适应不同类型的机械设备和应用场景。

（3）数据采集与处理：详细描述了数据采集的要求，包括传感器的选择、安装位置、数据采样频率和采集周期等。同时，对数据的预处理、特征提取和分析方法进行了规范。

（4）状态特征的分析：标准介绍了如何从监测数据中识别和分析机器的状态特征，包括正常状态、异常状态及故障发展的征兆。

（5）故障诊断流程：提供了从数据解释到故障原因确定的系统化诊断流程，包括故障模式的识别、故障影响的评估和故障根源的分析。

GB/T 22393—2015 标准的特点在于其全面性和实用性,它不仅适用于传统的机械设备,而且适用于现代的自动化设备和智能设备,其全面的内容和明确的指导对于提高机械设备的运行可靠性、优化维护策略、降低故障率和维修成本具有重要的指导意义。通过实施该标准,可以帮助企业和组织建立起一套科学、系统的状态监测与诊断流程,提高机械设备的运行效率和生产安全性,同时也为机械设备的技术创新和行业发展提供了坚实的基础。随着工业 4.0 和智能制造的推进,机械设备的智能化、网络化趋势日益明显,GB/T 22393—2015 标准也需要不断更新和完善,以适应新的技术发展和应用需求。例如,在物联网、大数据、人工智能等新技术的应用下,状态监测与诊断的方法和工具也在不断创新,标准的更新将有助于指导这些新技术在机械设备健康管理领域的应用。

OSA-CBM 是一个开放式系统架构标准,旨在规范基于状态的维修系统的设计和数据交换。该标准由 MIMOSA 与多家企业共同制定,基于国际标准化组织的 ISO 13374 标准进行了进一步完善和细化。OSA-CBM 标准的核心目标是提高基于状态的维修系统的互操作性、降低成本、增加竞争力,并促进行业内的合作。它通过定义标准化的功能模块和接口,简化了 CBM 系统的集成过程,使得不同供应商的硬件和软件组件能够更容易地集成和互换,从而推动 CBM 组件的自由市场发展。

OSA-CBM 标准定义了一个七层功能架构,包括数据获取层、数据处理层、状态监测层、健康评估层、故障预测层、决策支持层和人机接口层。每一层都有明确定义的功能和数据接口。例如,数据处理层负责信号处理、特征提取等任务;状态监测层将处理后的数据与基准线进行比较,得出异常信息;健康评估层进行故障诊断和健康等级评估;故障预测层评估未来健康状态和剩余使用寿命;决策支持层则根据前面各层的输出生成维修决策建议。标准使用统一建模语言(UML)定义了每层的结构及层间的数据接口和通信协议,确保了系统内部不同功能模块的互操作性和互换性。此外,OSA-CBM 标准还规定了数据交换格式、模块配置组织形式和基本数据类型,为实现跨平台、跨语言、跨协议的系统架构奠定了基础。

OSA-CBM 标准的应用对象广泛,涵盖了工业、商业和军事领域中需要实施基于状态维修的各类系统。在航空航天领域,它被用于飞机和发动机健康管理系统的架构设计。在制造业,它可用于各类机械设备的故障诊断和预测性维护系统。标准的实施能够显著降低系统开发和集成成本,因为开发者不需要重新构建专有架构。同时,由于标准支持模块化和组件化设计,因此系统更易于升级和扩展。例如,在航空发动机监测系统中,不同型号的发动机只需更换发动机模型而无须重建整个系统,先进算法也可以独立替换和升级。

OSA-CBM 标准为基于状态的维修系统提供了一个全面、灵活且开放的框架,推动了预测性维护技术的发展和应用。然而,标准的实施仍面临挑战,如不同行业和应用场景对系统性能和可靠性要求的差异,以及如何在保持标准统一性的同时满足特定应用需求等问题。未来，随着人工智能和大数据技术的进步，OSA-CBM 标准可能需要进一步演进，以适应更复杂的故障预测和决策支持需求。

1.6 PHM 技术的困难与挑战

从 1.1 节中 PHM 的本质可以看出，PHM 要实现降本增效，必须满足一系列前提条件，诸如清晰合理的需求、可用有效的监测信息、落地化的运维支持、可控的研发部署成本等要素缺一不可。回顾分析从 20 世纪 90 年代以来各类工程系统 PHM 的应用情况，其中 PHM 效果不理想的原因几乎都能从上述几个要素中得到解释，作者根据近 10 年的 PHM 研究经验，将目前困扰 PHM 技术落地化实现的困难与挑战总结为三个方面：需求不清、性能不稳和支持不够，如图 1.1 所示。

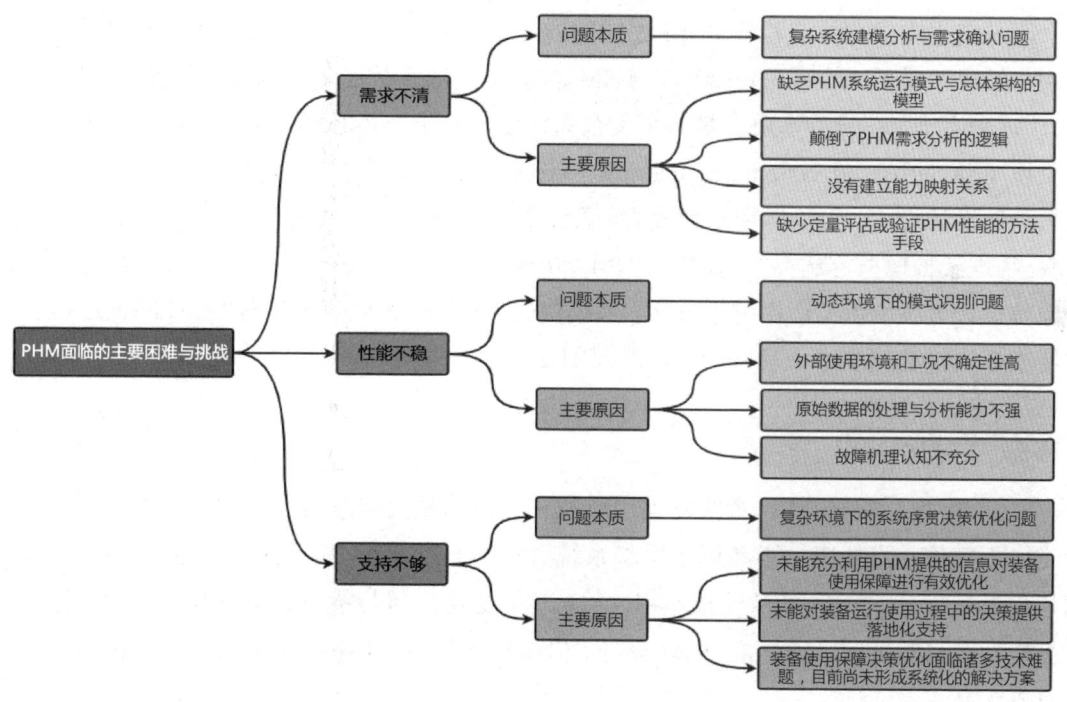

图 1.1 PHM 面临的主要困难与挑战

1.6.1 需求不清

"需求不清"是指在工程系统立项论证阶段或设计阶段没有明确需要建立"什么样的 PHM"，主要体现为没有从工程系统的真实使用需求出发，根据使用场景、运行强度、使用可用度、运行保障费用等方面的要求，以及自身结构特性，对 PHM 的使用场景、能力指标、接口协议、验证方法做出系统分析与规划。需求不清有如下几个典型现象。

一是 PHM 系统正向设计工作不扎实，缺乏 PHM 系统运行模式与总体架构的模型，没有用标准的建模语言，清晰、无偏、务实地描述 PHM 如何与各个分系统进行交联，如何影响工程系统的使用保障过程，如何调度配置保障资源等，导致研制出的 PHM 对工程系统的保障效能提升不明显。

二是颠倒了 PHM 需求分析的逻辑，没有用工程系统真实的使用保障需求去牵引生成 PHM 的能力，而是采用了"拿着工具改设计"的反向逻辑，用一些特定的 PHM 解决方案（特定的传感器、计算机、算法等）去硬套甚至更改工程系统的 PHM 需求与方案设计，必然导致需求不匹配和使用不顺畅。

三是没有建立一个能力映射关系，把工程系统的使用保障需求（使用可用度、任务成功率、维修成本等）科学合理地映射到 PHM 具体的能力指标（故障诊断率、虚警率、预测正确率与精度等）上去，导致分系统或底层部件的 PHM 性能存在分配不均衡和能力无法追溯验证的情况。

四是缺少定量评估或验证 PHM 性能的方法手段，导致一些 PHM 设计中的问题不能在早期被暴露，或无法合理可信地确认 PHM 的设计方案是否能真正满足使用需求。

"需求不清"在技术本质上是一个复杂系统建模分析与需求确认问题，而基于模型的系统工程（Model-Based System Engineering，MBSE）是应对这类问题的有力工具。在系统论证与总体设计阶段，可以运用运行概念模型、能力需求模型、费用评估与优化模型、功能-逻辑-物理架构模型等从不同角度对 PHM 系统进行全面、无偏、务实的标准化描述，并在论证与设计过程中持续运用解析分析、系统仿真、多目标优化等方法对 PHM 的使用模式与性能指标进行迭代改进，具体的方法详见第 2、3 章。

1.6.2 性能不稳

"性能不稳"即 PHM 在真实的使用过程中输出的系统状态信息与故障诊断预测结果不稳定、不精确、不托底，不能可靠反映系统真实的健康状态，如装备在不同环境或不同使用场景下运行时，PHM 的故障检测率、隔离率、虚警率等指标有显著的波动，相同型号的同批次装备虽然装配了同样的 PHM 系统，但实际性能的差异很大。造成性能不稳的主要原因有以下几点。

一是外部使用环境和工况不确定性高，导致装备系统自身的状态及 PHM 系统的传感器、通信网络等硬件性能均会因为外部环境工况变化发生不可忽略的波动，出现诸如数据漂移偏差、噪声增强、片段丢失、传输延迟增大等现象，对性能监测、故障诊断与寿命预测产生不利影响。

二是原始数据的处理和分析能力不强，现代复杂工程系统的监测数据具有大数据的特点，如体量大、来源多、信息密度低。这些数据中包含了异常模式和故障特征等关键信息，隐藏在在线监测、操作记录、过程控制和维修日志等多源数据中。此外，由于装备的可靠性不断提高，故障和失效事件变得极为罕见，因此导致大多数数据都是反映装备正常运行的重复性信息。真正能够揭示故障特征和性能退化的数据非常少，造成健康数据与故障数据之间极度不平衡。这种不平衡限制了深度学习、大模型等数据驱动的诊断和预测模型在泛化能力和工程适用性上的表现。目前，很难找到一种通用且有效的算法或模型，能够全面、系统、稳定地处理这种不平衡的多源数据。

三是故障机理认知不充分，近年来科研人员虽然在材料、机械等领域有很多关于性能退化、疲劳等方面的研究，但由于各类假设限制和真实世界的复杂性，因此在实际工程中的应用并未推广落地，很多系统的底层部件性能退化规律、故障的发生原理与演化过程仍然是"一知半解"的灰色状态，即使使用数据驱动方法，仍只能建立在规定环境条件下的状态监测、故障诊断与预测模型，不能完全满足工程需求；与此同时，系统级的PHM涉及各个部件之间的交联关系、相互的诱发环境等因素带来的涌现效应，用简单的数学模型或纯粹的机器学习算法很难描述，也加大了系统级故障机理的研究难度。

"性能不稳"本质上是一个动态环境下的模式识别问题。在PHM领域，面对这一迫切需求，学术界和工业界对这类问题也开展了多种研究，提出了丰富的解决方案。例如，新型传感器与部署优化、具有自主学习和环境自适应功能的故障诊断与寿命预测算法、多源信息融合的联合诊断方法等，其中有些是对经典方法的改进升级，有些是当前技术的工程应用与调优，有些是全新技术或方法的探索。由于PHM的应用领域广泛且场景复杂，尽管我们已有许多工具和技术手段应对各种技术难题，但仍需要具备探索精神和全局视野的优秀科研与工程人员，将各类方法进行灵活组合调优，以解决具体问题。

1.6.3 支持不够

"支持不够"即未能充分利用PHM提供的信息来全面、系统地指导装备在长周期使用过程中的保障工作。在诸多装备PHM系统的研制过程中，过多关注了"P"部分，即状态感知、故障诊断和寿命预测，而对"M"部分，即健康管理与运维决策，关注不够。这种偏重导致很多PHM系统仅实现了装备健康状态的"感知"能力，尚不具备装备运行保障"决策"能力，而决策恰恰是PHM发挥其降本增效效能的核心环节。PHM支持不够主要体现在以下几点。

一是未能充分利用PHM系统提供的信息对装备使用保障进行有效优化。很多装备的使用保障决策规划仅考虑了维修阈值、换件策略、库存控制、备件资源采购、随机环境影响、多部件维修影响、维修经济性约束等方面的因素，并未将性能监测、故障诊断和寿命预测的结果纳入装备运行保障决策考虑范围内，大部分情况下依靠人工判读PHM信息并依据经验做出停机、检查、复工、维修、采购等运维决策。

二是未能对装备运行使用过程中的决策提供落地化支持。装备使用保障过程中需要根据装备动态变化的任务需求、装备的健康状态及各类维修保障设施与资源的可用情况，实时做出连续具体的保障行动决策，以保证装备在规定的时间与保障成本约束下具有良好的任务执行能力。典型的运维决策内容包括任务指派（从装备集群中选择健康状态最符合当前任务需求的装备个体来执行任务）、维修介入（根据装备集群的健康状态决定哪个装备于何时在哪个维修场所进行何种维修作业）和库存管理（根据保障资源的消耗情况决定何时从供应商采购或申领何种资源）等，最重要的是所做的决策要统筹协调当前任务收益与装备在未来长周期的运行保障效益，但当前大部分 PHM 系统尚且不能给出上述具体的运维决策支持建议。

　　三是装备使用保障决策优化面临诸多技术难题，目前尚未形成系统化的解决方案。首先是装备运维决策变量规模庞大且交联关系高度复杂，以军用飞机为例，一个机队通常涉及几十架飞机和几百种保障资源（包括各类保障设备工具、航材备件和其他消耗品），执行多达几十类作战任务，每类任务对飞机健康状态的要求和保障资源的需求均不同，且会随着任务执行进度而变化，前期所做的各类 PHM 行动决策会对后期机队健康状态有"滚雪球"式的累加影响，很难精确描述某个或某些决策对整个机群未来状态的影响。其次，装备集群运维决策的反馈是高度稀疏且滞后的，一个机队一般要执行一个月或一个季度后才能收集到足够多的数据，从而进行有效的保障效能指标评估，导致在该时段内需要做成千上万个运维行动决策后方能得到数量很少的准确反馈（机队使用可用度、运行成本、任务成功率等运行指标是否达标），大大增加了决策优化的难度。再次，装备决策场景复杂多变，在不同的任务需求和机群状态条件下，决策的策略有很大差别。例如，在平时的训练场景下，需要优先考虑飞行安全和降低保障成本，在执行重要任务时，需要配置冗余的飞机与保障资源来确保任务成功率，特殊情况下可不计一切保障成本，在执行紧急任务时，需要根据故障情况来决策优先执行任务还是放弃任务进行修复等，且各个场景之间的界限很模糊，需要根据具体情况灵活决策。

　　"支持不够"本质上是一个复杂环境下的系统序贯决策优化问题。虽然目前学术界和工业界已经重视 PHM 决策偏弱的问题，运用解析寻优法、启发式搜索法、仿生算法，以及强化学习等新一代决策优化方法，解决了一些 PHM 决策场景中的问题，但鲜有研究从装备真实使用保障决策的场景需求出发，将装备整体使用过程作为对象进行全局统筹优化，考虑以动态变化的任务需求、PHM 系统信息、维修资源情况为输入端，以任务指派、维修介入、库存管理等落地化的运维保障行动指令为输出端，开展"端到端"的落地化运维保障决策优化研究。此外，在处理大规模装备集群的运维保障决策时，运维指令常常需要跨部门、跨组织、跨地域执行，涉及不同层级和不同颗粒度的运维工作，PHM 系统的决策指令必须能够快速适应装备运维组织的动态变化，且具备自更新、自学习的能力，能够根据变化场景的决策需求做调整，这些都需要研发更高效且支持人在环路决策的技术来实现。

1.7 小结

本章对PHM系统的技术本质、发展演化、研究与应用现状、标准体系现状和发展挑战做了介绍。总体来看，PHM系统适用于高价值、高维护成本、高安全性要求的装备系统，其技术本质是通过付出一定的代价来获取装备运行过程的信息，用来消除/减少工程系统使用过程中的不确定性，进而优化装备运维保障过程，提高使用效益。如果付出的代价小于消除不确定性带来的收益，那么PHM系统就是有价值的；反之，PHM系统就没有实现"信息增益"的作用，失败的PHM案例都可以从这个角度来解释。

提质降本增效是PHM系统的最本质动力。PHM系统现有的理论研究和技术框架已成形，在物联网、大数据、人工智能等新一代基座技术的加持下，已经具备了支撑复杂装备运维保障的技术基础。与此同时，当前我国航空航天、船舶、能源、交通等领域的很多装备系统尚未具备完善的PHM能力，很多维护保障工作的效率不高，运维成本有很大的优化空间，这也为未来PHM技术的发展提供了广阔舞台。

第 2 章

基于模型的 PHM 系统工程

在 PHM 系统的研制过程中，MBSE 方法论提供了一种系统化、结构化的解决方案。MBSE 的核心思想是通过建立和使用系统模型来支持系统的需求分析、设计、验证和确认等活动，从而实现对系统全寿命周期的管理和控制。与传统的基于文档的系统工程方法相比，MBSE 通过模型来表达系统的需求、功能、行为和性能，能够有效地管理系统的复杂性，提高系统设计的质量和效率。可以说，模型就是 PHM 的 DNA，它提供了一系列规范和基本流程，按照模型的要求进行研制，就能保证研制质量和进度，并有很强的复用性。MBSE 的关键技术包括系统建模语言、模型管理工具、仿真和分析工具、需求管理工具及与其他工具和系统的集成。这些技术共同构成了 MBSE 的技术基础，使工程师能够捕获、分析和优化复杂系统，从而实现更准确、更高效的设计。

MBSE 方法论的应用不仅仅局限于系统的设计阶段，还贯穿于系统的整个寿命周期。在 PHM 系统的全寿命周期管理中，MBSE 方法论的应用尤为重要。PHM 系统需要在装备的使用过程中实时监测、诊断和预测故障，并提供相应的健康管理措施，以提高装备的可靠性和可用性，降低全寿命周期费用。通过 MBSE 方法论，工程师可以建立一系列关键模型，系统地描述 PHM 系统的功能–逻辑–物理架构，支持 PHM 系统的设计、实现和验证。当开展 PHM 系统详细设计时，一般会将其细分，分解成各个功能模块，而每个功能模块还可以细分，直到最后去研究每个监测信号的处理算法。但在这个过程中，很多工程人员并不十分清楚装备的 PHM 原始需求是什么，负责每个模块的研究人员可能不了解整体 PHM 系统是如何运行和如何分解的，也不了解各个层级之间是什么关系。这就自然会导致研制内容脱节，开发的 PHM 功能在实际场景中效能不达标，PHM 整体的设计指标不能实现等问题。而 MBSE 不仅能够提高 PHM 系统的设计质量和效率，还能够确保系统在各个阶段的设计和实现能够相互协调和优化，从而实现对 PHM 系统全寿命周期的有效管理。

2.1 PHM 全寿命周期关键活动

为了更好地描述 PHM 系统的全寿命周期的关键活动，本章引入 V 模型的概念。V 模型是一种经典的系统工程模型，能够清晰地描述系统从需求分析到综合验证的全过程。V 模型的左侧是需求分析和总体设计阶段，底部是系统的实现阶段，右侧是系统的验证和确认阶段，如图 2.1 所示。通过 V 模型，我们可以系统地描述 PHM 系统在各个阶段的主要活动和关键任务。V 模型的左侧包括需求分析和总体设计阶段，这一阶段的主要任务是明确 PHM 系统的需求和功能，建立系统的逻辑和物理模型，为后续的实现和验证提供基础。具体活动包括理解并明确装备使用环境和 PHM 需求，进行 PHM 系统的功能分析和分解，设计 PHM 系统的逻辑架构和物理架构，以及进行 PHM 算法的选型和设计。值得一提的是，V 模型左侧有一个嵌套的小微模型，在需求域、功能域和物理域进行循环验证，这个过程强调顶层需求需要和系统整体需求进行统筹协调论证，并不断调整迭代，以确保 PHM 系统的顶层设计是合理的、可行的。

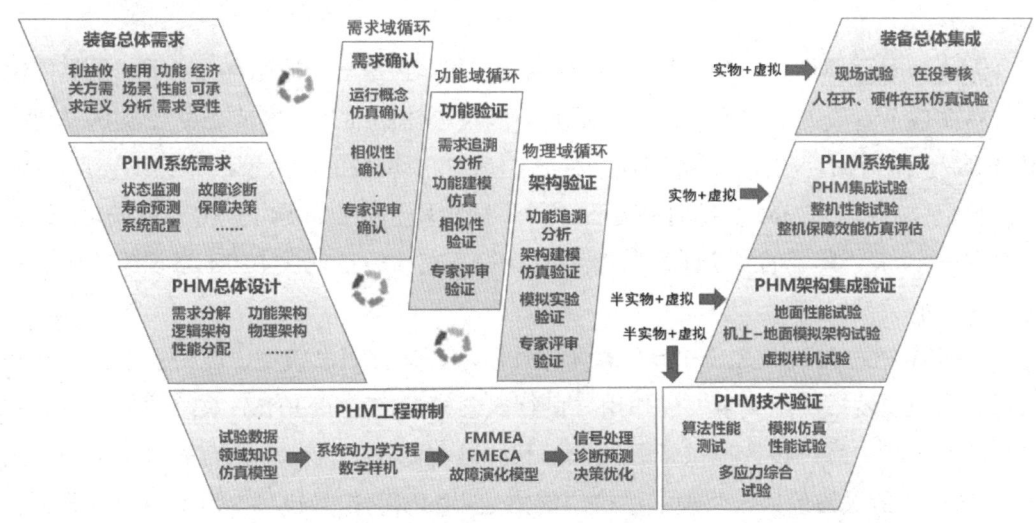

图 2.1　PHM 全寿命周期 V 模型示意图

在 V 模型的底部是系统的实现阶段，包括 PHM 软/硬件的开发和编码、PHM 单元的测试和验证，以及 PHM 系统的集成和联调。这一阶段的主要任务是将设计阶段的模型转化为实际的系统，实现 PHM 系统的各项功能，并进行初步的测试和验证。通过这一阶段的活动，确保 PHM 系统的各个组件能够按照设计要求正常工作，并为后续的系统集成和验证奠定基础。在 V 模型的右侧，系统的验证和确认阶段包括 PHM 系统的单元/分系统级验证、PHM 系统的系统级验证、PHM 系统的装备级集成验证，以及 PHM 系统的实际应用评估。这一阶段的主要任务是对 PHM 系统进行全面的验证和确认，确保系统满足设计需求和性能要求，并在实际应用中发挥预期的作用。

PHM 也是一个典型的装备系统，遵循一般的 MBSE 研发流程，模型的重要性不言而喻。通过 V 模型，我们可以系统地描述 PHM 系统在全寿命周期中的各个阶段，明确各阶段的主要活动和关键任务，确保 PHM 系统的设计、实现和验证过程有序进行。V 模型不仅提供了一种结构化的过程描述方法，还强调了各阶段之间的相互关系和反馈机制，确保系统在各个阶段的设计和实现能够相互协调和优化。要将 PHM 这样一个复杂系统的整体关系建立起来，就需要用到系统工程的方法论，核心要定性和定量相结合，尤其对一些机理半透明的灰盒系统的复杂问题。综上所述，MBSE 方法论和 V 模型为 PHM 系统的全寿命周期管理提供了系统化、结构化的解决方案。通过建立和使用系统模型，MBSE 能够有效地管理 PHM 系统的复杂性，提高系统设计的质量和效率；通过 V 模型，我们可以系统地描述 PHM 系统在各个阶段的主要活动和关键任务，确保系统的设计、实现和验证过程有序进行。

2.2　PHM 全寿命周期模型概览

PHM 全寿命周期的 V 模型是一个顶层概念模型，且是一个通用描述模型，虽然能够把全寿命周期各个阶段的工作说清楚，但是并不涉及具体的细节，本节在 V 模型的基础上，提出 PHM 全寿命周期的 10 个关键模型，它们是对 V 模型的深入解读和具体实现。这 10 个关键模型分别针对 PHM 系统研制过程中的不同阶段和关键问题，提供了系统化、结构化的解决方案，与 V 模型的各个阶段紧密对应、相互支撑，是确保 PHM 系统成功研制和实现预期效能的关键。

在 V 模型的左侧，即需求分析和总体设计阶段，运行概念模型、能力需求模型和费用评估与优化模型发挥着至关重要的作用。运行概念模型描述了 PHM 系统的整体概念和运行机制，为后续的系统设计提供了总体框架和标准化的描述方法。能力需求模型则刻画了 PHM 系统所需的关键能力，明确了系统的能力边界和研制指导原则，为系统功能分解和设计提供了依据。费用评估与优化模型是在工程研制之初，评估 PHM 系统的投入产出效益，论证了 PHM 研制的必要性和可行性，为项目立项提供了决策支持。

在 V 模型的底部，即系统的实现阶段，组织架构模型，功能-逻辑-物理架构模型，故障模式、机理、影响与危害性分析模型及系统测试性模型起着关键作用。组织架构模型定义了 PHM 系统研制过程中的组织分工、职责边界和协作机制，为复杂系统的研制过程提供了组织保障。功能-逻辑-物理架构模型是 PHM 系统设计的核心，它定义了 PHM 系统的功能结构、逻辑结构和物理结构之间的映射关系，是后续软/硬件开发和测试的基础。故障模式、机理、影响与危害性分析模型和系统测试性模型则分别从故障分析和数据获取的角度，为 PHM 算法的设计和实现提供了依据和保障。状态监测、故障诊断与预测模型是 PHM 系统的核心输出，直接决定了 PHM 系统的性能和效能。基于诊断/预测信息的使用保障优化模型则是 PHM 系统的落地应用，它研究如何将 PHM 系统的输出结果应用于装备的使用保障实践，并持续优化。在 V 模型的右侧，即系统的验证和确认阶段，之前提到的各类模型都有相应的运用，尤其是 PHM 效能验证模型，它贯穿于 PHM 系统的整个研制和使用过程，是验证 PHM 系统是否满足设计要求和性能指标的关键依据，也是后续 PHM 系统迭代优化的重要参考。PHM 全寿命周期 10 类关键模型概览如表 2.1 所示。

表 2.1 PHM 全寿命周期 10 类关键模型概览

模型名称	地位作用	运用阶段	模型类型	解决的问题	问题本质
运行概念模型	总体设计，全局规划	总体论证、设计	架构模型、逻辑模型	PHM 是什么样的	复杂系统的标准化描述
能力需求模型	能力边界，研制指导	总体论证、设计	架构模型、逻辑模型	需要什么性能的 PHM	能力需求识别与分解问题
费用评估与优化模型	效益基准，启动依据	总体论证、设计	数学模型、仿真模型	PHM 是否有价值	系统全寿命周期效费评估分析
组织架构模型	资源分配，责任分工	设计、研制、生产	架构模型	谁来研制 PHM	复杂系统研制过程中的分工、责任与协作关系
功能-逻辑-物理架构模型	框架基准，平台基座	设计、研制、生产、部署使用	架构模型、逻辑模型	PHM 怎么设计	系统功能分解与承接映射
故障模式、机理、影响与危害性分析模型	处理对象，性能下限	设计、研制、生产、部署使用	逻辑模型	PHM 的处理对象是什么	系统故障模式识别与筛选问题
系统测试性模型	技术基础，信息获取	设计、研制、生产	数学模型、仿真模型	PHM 需要的输入数据怎么获取	测试策略优化问题
状态监测、故障诊断与预测模型	分析大脑，核心输出	研制、部署使用	数学模型、仿真模型	PHM 的输出结果怎么计算	动态环境下的模式识别问题
基于诊断/预测信息的使用保障优化模型	落地运用，决策支持	研制、部署使用	数学模型、仿真模型	怎么用 PHM 的输出指导运维实践	决策优化问题
效能验证模型	验收准绳，能力评估	全寿命周期	数学模型、仿真模型	PHM 需求是否合理，性能是否达标	系统需求确认与效能评估分析问题

PHM 全寿命周期 10 类关键模型在 V 模型中的位置如图 2.2 所示。

需要指出的是，MBSE 要求使用正式模型来描述系统，而不是传统的自然语言、图片或文字，后者只能作为正式模型的补充与解释。与 PHM 相关的正式模型可分为计算模型和描述模型两大类。计算模型主要以定量的方式描述系统运行要素之间的关联关系，提取出与 PHM 密切相关的信息，包括描述系统状态变化的动态模型（如系统电热液分析、健康指标趋势分析、装备系统使用过程仿真等），以及系统可靠度评估、故障树分析等静态分析模型。描述模型则以定性描述为主，通常用图形化的建模语言来表达，用于描述系统和设计特性，包括能力需求模型、运行概念模型、组成架构模型等。此外，上文提到的 PHM 全寿命周期的 10 类关键模型，虽然并不能完全覆盖 PHM 系统研制过程中所有的建模需求，但它们反映了全寿命周期中最关键的 10 个环节，对于指导 PHM 系统的成功研制和实现预期效能具有重要意义。本章将这 10 类模型的精髓和本质做简要介绍，在后续的第 3～6 章还会对这 10 类模型展开详细阐述。

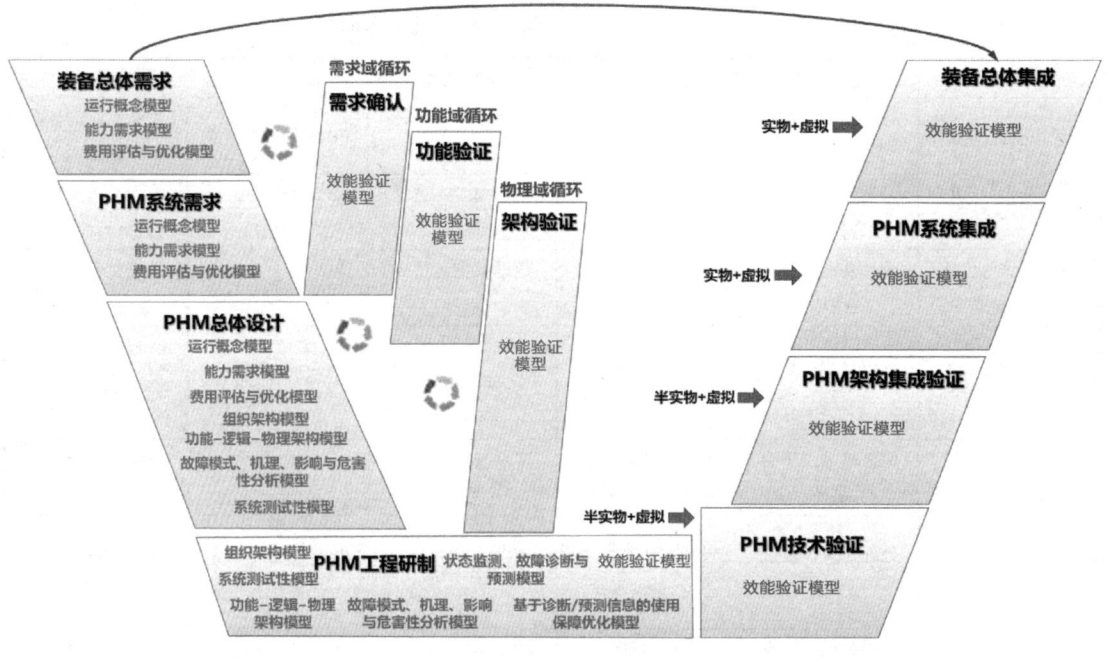

图 2.2　PHM 全寿命周期 10 类关键模型在 V 模型中的位置

模型类别分类示意图如图 2.3 所示。

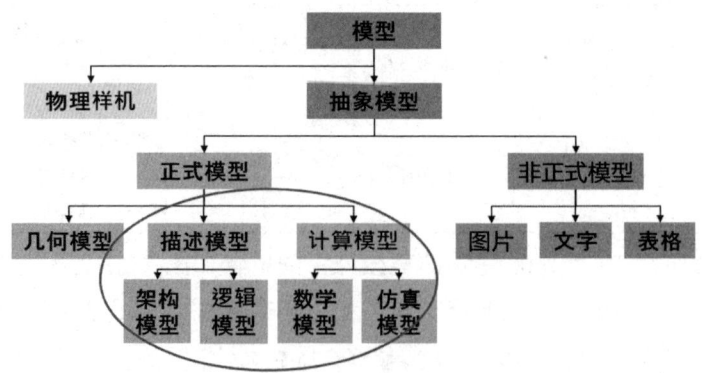

图 2.3　模型类别分类示意图

2.2.1 运行概念模型

PHM 运行概念模型是 PHM 系统研制过程中的首要模型，它在 PHM 系统的需求论证、总体设计和全局规划中发挥着至关重要的作用。PHM 运行概念模型属于架构模型和逻辑模型的范畴，一般采用视图模型（场景视图、流程视图、逻辑视图等）描述，主要解决"PHM 是什么样的"这个根本问题，其本质是对 PHM 这个复杂系统进行标准化描述。PHM 运行概念模型的建立遵循标准的建模语言和框架，如美国国防部体系架构框架（DoDAF）。DoDAF 提供了开发和表达架构描述的规则和指南，定义了表示、描述和集成 DoD 范围内众多架构的标准方法，确保架构描述可比较、可评估，为对体系进行理解、比较、集成和互操作提供了共同的架构基础。需要强调的是，DoDAF 等架构框架指导如何描述架构，但对于如何构建/实现特定架构，如何开发、获取系统，架构框架并不提供指南，这取决于具体需求和开发组织。换言之，架构框架提供了描述 PHM 运行的方法和要素，但具体的 PHM 模型还是取决于实际情况，是"授人以渔"，但具体"钓上来的鱼是什么样的"则取决于建模人员。在运行概念建模过程中，需要始终保持抽象思维，尽量不受已有 PHM 解决方案或特定设计的约束，应从装备全寿命周期使用需求和装备系统整体角度，对 PHM 系统的运行概念进行分析。该分析应针对装备进行定制化设计，不受其他约束影响。

具体而言，PHM 运行概念模型需要回答以下几个关键问题。

（1）PHM 的目标是什么？即 PHM 系统需要实现哪些功能，达到什么样的性能指标，为装备全寿命周期管理提供哪些价值。

这个问题可以通过 DoDAF 的 OV-1（High Level Operational Concept Graphic，高层次作战概念图）和 OV-5a（Operational Activity Decomposition Tree，作战活动分解树）来表达。OV-1 通过图形化的方式，描绘了 PHM 系统在装备全寿命周期管理中的总体构想、目标和运行机制，清晰地展示了 PHM 系统的价值主张和功能定位。OV-5a 则以树状图的形式，系统分解 PHM 的各项功能和任务，并明确了各项功能的性能指标和评估准则。通过 OV-5a，我们可以清晰地看到 PHM 系统需要具备哪些核心功能，以及这些功能对装备全寿命周期管理的价值贡献。

（2）PHM 的边界在哪里？即 PHM 系统覆盖装备系统的哪些部分，与装备的其他系统（如控制系统、任务系统等）是什么关系，PHM 的功能在装备全寿命周期的哪些阶段发挥作用。

这个问题可以通过 DoDAF 的 OV-2（Operational Resource Flow Description，作战资源流描述）和 OV-5b（Operational Activity Model，作战活动模型）来表达。OV-2 通过描述 PHM 系统与装备其他系统（如控制系统、任务系统等）之间的信息流和资源流，明确了 PHM 系统的边界和接口。通过 OV-2，我们可以清晰地看到 PHM 系统覆盖了装备系统的哪些部分，以及与其他系统之间的交互关系。OV-5b 则以活动图的形式，描述了 PHM 系统在装备全寿命周期各个阶段的运行机制和活动流程。通过 OV-5b，我们可以清晰地看到 PHM 功能在装备全寿命周期的哪些阶段发挥作用，以及与其他活动之间的逻辑关系。

（3）PHM 的运行机制是什么？即 PHM 系统的总体架构是什么，各组成部分之间是什么逻辑关系，如何协同工作以实现 PHM 的整体功能，PHM 系统与装备的其他系统之间是如何交互的。

这个问题可以通过 DoDAF 的 OV-2、OV-5b 和 OV-6c（Event-Trace Description，事件追踪描述）来表达。OV-2 描述了 PHM 系统内部各组成部分之间的信息流和资源流，展示了 PHM 系统的总体架构和内部逻辑关系。OV-5b 描述了 PHM 系统各组成部分在运行过程中的活动流程和协同机制，展示了 PHM 系统如何通过各部分的协同工作来实现其整体功能。OV-6c 则以时序图的形式，描述了 PHM 系统在运行过程中的关键事件序列和信息交互过程，进一步细化了 PHM 系统与装备其他系统之间的动态交互机制。

（4）PHM 对资源的需求是什么？即 PHM 系统正常运行所需的传感器、数据、算力、通信、人员等资源需求是什么，对装备平台提出了哪些要求。

这个问题可以通过 DoDAF 的 OV-2 和 OV-3（Operational Resource Flow Matrix，作战资源流矩阵）来表达。OV-2 描述了 PHM 系统运行所需的各类资源（如传感器、数据、算力、通信、人员等）与 PHM 系统各功能模块之间的供需关系。OV-3 则以矩阵的形式，进一步量化了 PHM 系统对各类资源的需求，明确了资源需求对装备平台提出的具体要求。

（5）PHM 的效能如何度量？即 PHM 系统的性能如何评估，量化 PHM 系统带来的任务保障效能、经济效益提升等价值，为项目立项论证提供依据。

这个问题可以以 OV-5a 和 OV-6a（Operational Rules Model，作战规则模型）为基础，设计相应的保障效能和经济效益指标，通过仿真模拟的方式对 PHM 的效能进行初步评估。

PHM 顶层概念视图 OV-1 如图 2.4 所示。

PHM 运行概念模型在 PHM 系统的研制过程中处于统领全局的地位，决定了 PHM 系统能否成功研制和交付。通过对相关问题的分析，PHM 运行概念模型从整体上描述了 PHM 系统的"样子"，明确了 PHM 系统研制的目标和边界，规划了 PHM 系统的功能和实现路径，为后续设计和建模提供了基础和指南。尽管 PHM 运行概念模型只是对 PHM 系统的一个概念化描述，但它对 PHM 系统成功研制至关重要。一个好的 PHM 运行概念模型应具备以下特点。

① 全局性：立足装备全寿命周期，从整体上描述 PHM 的运行机制和效用，而不是局限于某一具体功能或分系统。

② 开放性：为各种可能的 PHM 技术方案留出足够的空间，不过度限定具体的实现路径，为后续设计留出想象空间。

③ 清晰性：对 PHM 的定位、边界和功能等进行清晰的表达，避免模棱两可的概念，

为项目成员提供明确的理解基础。

④ 可论证性：提出的 PHM 目标和性能应可度量、可论证，避免脱离装备实际而提出不切实际的目标。

⑤ 可扩展性：PHM 运行概念模型应为后续 PHM 能力的迭代升级留出接口和空间，避免对 PHM 系统形成过度约束。

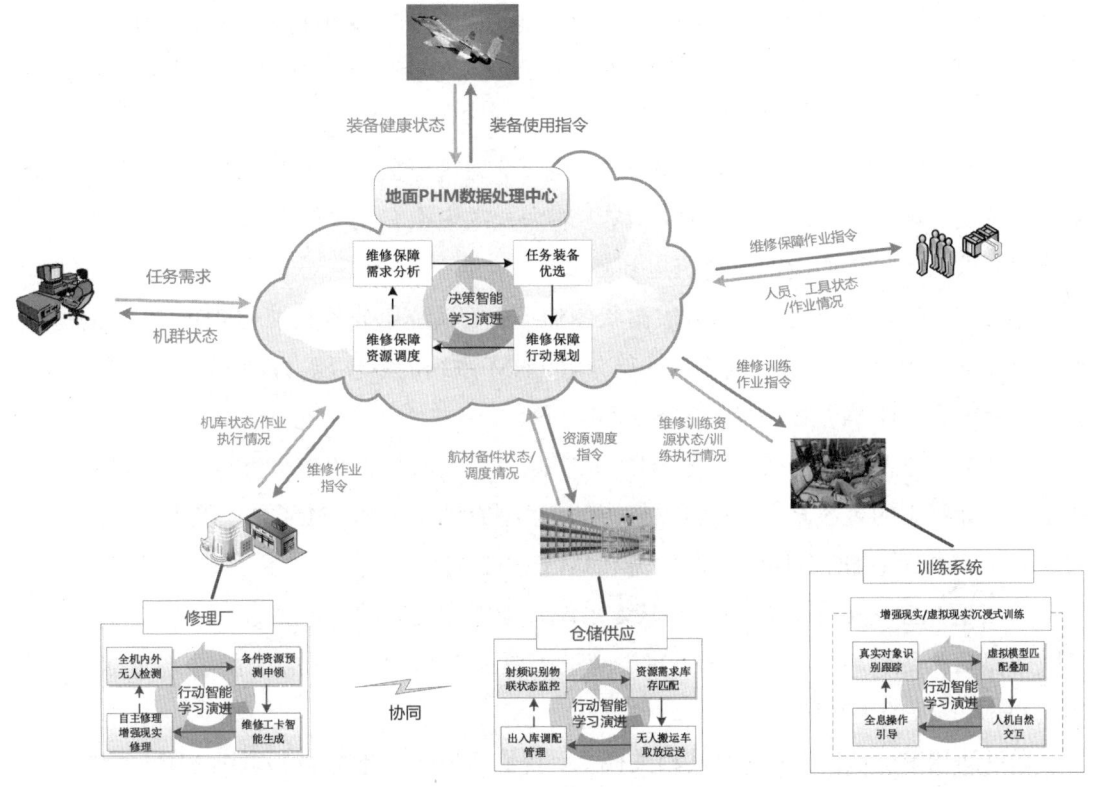

图 2.4　PHM 顶层概念视图 OV-1

总之，PHM 运行概念模型虽然只是 PHM 系统研制过程的第一步，但也是至关重要的一步。PHM 运行概念模型的质量直接决定了 PHM 系统研制的成败，一个高质量、可落地的 PHM 运行概念模型是 PHM 系统成功研制的先决条件和重要保障。因此，在 PHM 系统的研制过程中，必须高度重视 PHM 运行概念建模，投入足够的时间和精力，广泛吸收各方意见，反复论证优化，最终形成一个全局性、开放性、清晰性、可论证性和可扩展性俱佳的 PHM 运行概念模型，为后续工作奠定坚实的基础。

2.2.2　能力需求模型

能力需求模型在 PHM 运行概念模型基础上，进一步明确 PHM 系统所需的关键能力及性能要求。它在 PHM 系统的总体论证和设计阶段发挥着关键作用，是 PHM 系统研制的重要指导依据。能力需求模型属于架构模型和逻辑模型的范畴，主要解决"需要什么性能的 PHM"的问题，其本质是 PHM 系统能力需求的识别与分解。

在构建能力需求模型时，我们可以借鉴 DoDAF（美国国防部体系架构框架）的 CV（Capability Viewpoint，能力视点）。CV 主要用于描述系统需要具备的能力，以实现组织的愿景和目标。CV 包含了一系列的模型，如 CV-1 能力视觉模型、CV-2 能力分类模型、CV-3 能力阶段模型、CV-4 能力依赖模型、CV-5 能力到组织映射模型、CV-6 能力到作战活动映射模型、CV-7 能力到服务映射模型等。在 PHM 能力需求建模过程中，我们可以重点利用 CV-1、CV-2、CV-3 和 CV-4 等模型。

① CV-1 能力视觉模型：通过图形化的方式，直观地展示 PHM 系统需要具备的关键能力，以及这些能力之间的关联关系。CV-1 能力视觉模型有助于快速理解和沟通 PHM 系统的能力需求，为后续的能力分解奠定基础。

② CV-2 能力分类模型：以分层树状图的形式，系统地分解和细化 PHM 系统的能力需求。CV-2 能力分类模型自顶向下、逐层分解 PHM 系统的总体能力，形成一个完整的 PHM 能力分类体系，明确了各项能力的内涵和边界。

③ CV-3 能力阶段模型：描述 PHM 系统能力的当前状态和未来目标状态，以及从当前状态到目标状态的过渡路径。CV-3 能力阶段模型有助于理解 PHM 系统能力的发展脉络，合理规划 PHM 系统的迭代演进，确保 PHM 能力的持续提升。

④ CV-4 能力依赖模型：分析 PHM 系统各项能力之间的依赖关系，识别能力之间的制约因素和瓶颈环节。CV-4 能力依赖模型有助于厘清 PHM 系统的能力结构，优化能力配置，提高 PHM 系统的整体效能。

通过运用 DoDAF 的 CV 及其相关模型，我们可以系统地分析和刻画 PHM 系统需要具备的关键能力，并明确这些能力需要达到的性能水平。这一过程的核心是要从装备全寿命周期管理的角度出发，结合装备的任务需求、故障模式、使用环境等因素，提炼出对 PHM 系统能力的具体要求。同时，还要综合考虑技术可行性、经济合理性等因素，确保提出的 PHM 能力需求切实可行、经济高效。

能力需求模型的建立，需要广泛吸收各领域专家的意见，并与装备研制、使用、保障等部门密切沟通，形成一致的理解和共识。一个高质量的能力需求模型应具备以下特点。

① 全面性：能够涵盖 PHM 系统在装备全寿命周期管理中的各项关键能力需求，不遗漏重要的能力要素。

② 层次性：能够合理分解和组织 PHM 系统的各项能力需求，形成清晰的层次结构和逻辑关系。

③ 可度量性：对 PHM 系统的各项能力需求进行定量或定性的描述，提出明确的性能指标和评估准则。

④ 可追溯性：能够建立 PHM 能力需求与装备任务需求、故障模式等之间的对应关系，确保 PHM 能力需求的合理性和必要性。

⑤ 可演进性：能够适应装备任务需求和技术条件的变化，为 PHM 系统能力的迭代升级提供依据和指引。

结合 CV 模型，作者设计了一个 PHM 总体能力描述表，汇总了 CV 模型的能力上下级关系、内容描述、能力实现阶段等方面的信息，如表 2.2 所示。

表 2.2 PHM 能力需求描述表

编号	上一级需求	下一级需求	内容描述	所有者	优先级	能力实现阶段	实施状态	验证方法
1	无	1.1，1.2	PHM 应能提高飞机安全性与出动能力，推动预测性维修，实现自主保障，显著提高飞机保障效能与经济可承受性	F-35 联合项目办公室	高	列装 3 年后	在役考核、仿真评估	地面试验、飞行试验
1.1	1	无	PHM 应能实时监测飞机关键部件的健康状态，及时发现潜在故障，避免严重事故发生	飞机设计所	高	设计阶段	仿真验证	地面试验、飞行试验
1.2	1	无	PHM 应能准确预测关键部件的剩余使用寿命，制订最优维修计划，减少不必要的停机时间	机务保障单位	高	列装后 1 年	试点验证	在役考核、大数据分析
2	无	2.1	PHM 应能覆盖飞机 80%以上的关键部件，监测与诊断准确率达到 95%以上	总体设计单位	高	方案设计阶段	未验证	仿真评估、地面试验
2.1	2	无	PHM 应能通过机载传感器采集飞机关键部件的振动、温度、压力等状态参数	机载设备研制单位	中	详细设计阶段	试验验证	地面试验、环境试验

能力需求模型是 PHM 系统研制过程中的重要里程碑，它明确了 PHM 系统需要具备的关键能力和性能要求，为后续的 PHM 系统设计、开发、测试和应用提供了基本依据。构建一个高质量的能力需求模型，需要广泛征求各方意见，并与装备的实际需求紧密结合。只有建立了务实、清晰、完整、可度量的能力需求模型，才能为后续 PHM 系统的研制才奠定成功的基础。

2.2.3 费用评估与优化模型

费用评估与优化模型在 PHM 系统论证与设计过程中发挥着"决策者"的重要作用，它的结论往往决定了 PHM 是否要立项研制。该模型属于数学模型和仿真模型的范畴，主要解决"PHM 是否有价值"这一核心问题，其本质是对 PHM 系统全寿命周期的效费进行评估和分析。通过费用评估与优化模型，我们可以对输入数据进行分析和仿真计算，系统地分析 PHM 系统在全寿命周期内的成本投入和效益产出，为 PHM 系统的立项和研制提供科学的决策依据。在构建费用评估与优化模型时，我们需要综合考虑 PHM 系统在研制、生产、使用和维护等各个阶段的费用组成，输出 PHM 系统的全寿命周期成本和效益分析结果。费用评估与优化模型的评估要素示意图如图 2.5 所示。

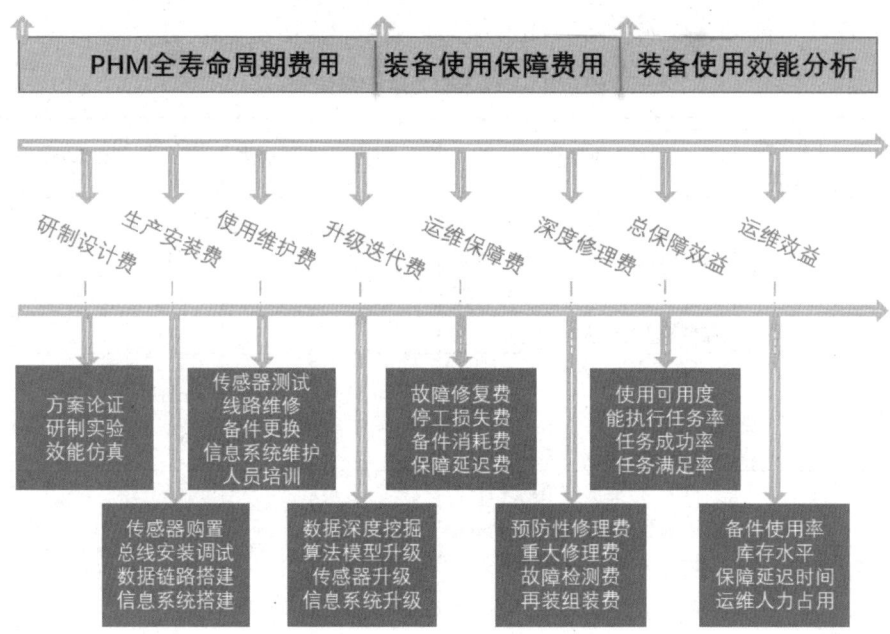

图 2.5 费用评估与优化模型的评估要素示意图

费用评估与优化模型主要考虑 PHM 本身的综合费用、装备有了 PHM 之后的使用保障费用及 PHM 为装备带来的保障效益等，具体包括如下几个方面的费用。

（1）PHM 全寿命周期费用。

① 研制设计费：包括方案论证、研制试验、效能仿真等费用。这些费用反映了 PHM 系统从概念设计到详细设计阶段的成本投入。研制设计费的主要输入为设计方案、试验数据、仿真结果等，输出为研制设计阶段的总费用。

② 生产安装费：包括传感器购置、总线安装调试、数据链路搭建、信息系统搭建等费用。这些费用反映了 PHM 系统从设计到实际生产和安装阶段的成本投入。生产安装费的主要输入为设备采购清单、安装调试记录等，输出为生产安装阶段的总费用。

③ 使用维护费：包括传感器测试、线路维修、备件更换、信息系统维护、人员培训等费用。这些费用反映了 PHM 系统在实际使用过程中的维护保障成本。使用维护费的主要输入为维护记录、备件消耗数据、培训记录等，输出为使用维护阶段的总费用。

④ 升级迭代费：包括数据深度挖掘、算法模型升级、传感器升级、信息系统升级等费用。这些费用反映了 PHM 系统在使用过程中，为了保持和提升系统性能所需的升级迭代成

本。升级迭代费的主要输入为升级方案、实施记录等，输出为升级迭代阶段的总费用。

（2）装备使用保障费用。

① 运维保障费：包括故障修复费、停工损失费、备件消耗费、保障延迟费等。这部分费用主要用于装备在使用过程中因故障维修、停工等产生的费用。

② 深度修理费：包括预防性修理费、重大修理费、故障检测费、再装组装费等。这部分费用主要用于装备在使用过程中进行的深度维修和大修。

（3）装备使用效能分析。

① 总保障效益：包括使用可用度、能执行任务率、任务成功率、任务满足率等指标。这些指标反映了 PHM 系统对装备任务保障能力的提升。

② 运维效益：包括备件使用率、库存水平、保障延迟时间、运维人力占用等指标。这些指标反映了 PHM 系统对装备运维效率的提升。

通过对上述各项费用和效益进行量化分析，费用评估与优化模型能够全面评估 PHM 系统的经济价值。费用评估与优化模型通常采用全寿命周期费用估算方法、费用效益分析法、投资回报率分析法、风险分析法和多目标优化法等经典的理论方法和评估流程。首先收集 PHM 系统和装备使用数据，然后通过上述方法对全寿命周期费用进行估算，并与效益进行对比分析；接着结合风险分析结果，通过多目标优化获得最优的 PHM 系统配置方案；最后形成决策报告，计算 PHM 系统的成本收益、投资回报率等指标，评估 PHM 系统的总体经济价值，为 PHM 系统的立项论证提供支持。整个过程需要充分考虑不确定性因素的影响，并根据实际情况选择合适的评估方法。

综上，一个高质量的费用评估与优化模型应具备全面性、准确性、可操作性和可扩展性等特点，能够涵盖 PHM 系统全寿命周期内的各项费用和效益，为投资决策提供具体的参考依据。此外，费用评估与优化模型为 PHM 系统的研制和实施提供了成本控制的依据。通过对各阶段费用的详细分析，费用评估与优化模型能够识别出费用的主要构成和影响因素，帮助研制团队优化设计方案，控制研制成本，并适应装备任务需求和技术条件的变化，为 PHM 系统的持续改进和能力提升提供依据和指引。构建一个高质量的费用评估与优化模型，需要综合考虑各阶段的费用组成，运用科学的分析和仿真方法，确保模型的准确性和可靠性。

2.2.4 组织架构模型

PHM 组织架构模型在 PHM 系统的设计、研制和生产阶段发挥着关键作用，旨在解决"谁来研制 PHM"的问题，其本质是复杂系统研制过程中的分工、责任与协作关系设计。由于 PHM 是一个跨学科、多领域的复杂系统，因此其成功研制需要多个专业团队的紧密协作。

目前，PHM 组织模式存在一些普遍问题：作为一个新兴专业领域，PHM 在装备设计部门内通常难以设立独立的团队，往往由通用质量特性或总体设计部门的人员兼任。此外，装备系统设计和 PHM 设计过程常常相对独立，缺乏有效的交互与反馈，导致了"两张皮"问题。为解决这些问题，需要建立一种合理的 PHM 组织架构模型，明确各方职责分工，促进跨领域协作。在调研多型装备研制部门现有 PHM 组织架构后，作者提出了一种标准的 PHM 组织架构模型概念，涵盖了 PHM 研制过程中的各个关键角色及其交互关系。

（1）PHM 总体设计团队。

该团队由 PHM 总师、系统工程师、架构工程师和仿真工程师等组成。其中，PHM 总师负责 PHM 系统的整体架构设计和技术路线规划，统筹协调各专业团队，制定 PHM 系统的设计标准和验证准则。

（2）分系统 PHM 设计团队。

各个装备分系统（如电子分系统、机械分系统、动力分系统等）均配备相应的 PHM 设计团队，由系统工程师、硬件工程师、软件工程师和测试工程师等组成。他们负责分系统内部的 PHM 功能设计，与 PHM 总体设计团队紧密协作。

此外，通用质量特性设计团队的可靠性工程师、维修性工程师、测试性工程师等也是 PHM 设计团队的成员，他们的主要工作是分析装备系统的故障模式和机理，装备系统的维修策略和资源需求，设计 PHM 系统的故障检测和预测算法，并参与 PHM 系统的效能验证和评估工作。PHM 组织架构模型示意图如图 2.6 所示。

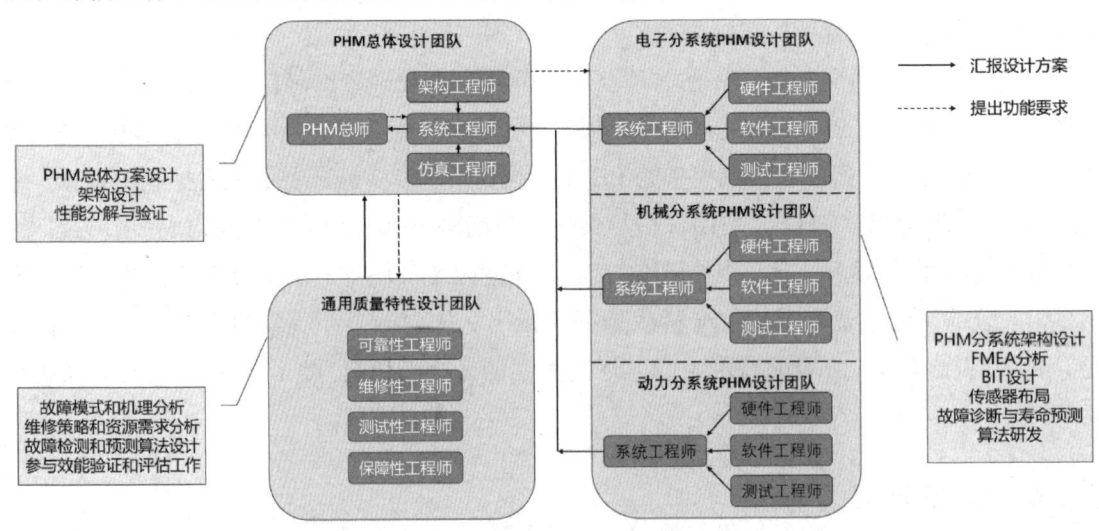

图 2.6　PHM 组织架构模型示意图

在这种组织架构模型下，PHM 总体设计团队承担着系统顶层设计和统筹协调的职责，各专业团队分工协作，共同推进 PHM 系统的研制工作。分系统 PHM 团队负责具体的分系统级设计，并与总体团队保持紧密联系。可靠性、维修性和测试性工程师从各自的专业角度，为PHM算法设计、维修决策优化和系统集成测试提供支撑。

该组织架构模型体现了PHM系统作为一个复杂系统所需的多学科交叉与整体设计的特点。通过明确的分工和协作机制，可以充分发挥各个专业团队的优势，实现PHM系统设计的高度融合，从而提高PHM系统的适用性和可靠性。同时，该模型也为现代工程系统的研制生产提供了一种有效的组织模式，有助于解决主机厂商与供应商之间的"两张皮"问题，促进跨机构、跨领域的协同创新。

在这个模型中，PHM总师的角色非常重要，通常由装备的副总师或总师级别的资深专家担任。PHM总师在整个架构中处于领导和统筹的地位，需要具备卓越的系统工程能力和管理协调能力，能够整体把控PHM系统的设计进程，协调各专业团队的工作，并与装备总体设计团队保持密切沟通。在PHM总师的领导下，各个团队之间需要建立高频度的交互机制，定期召开设计交流会、工作协调会等，确保设计方案在多轮修改与迭代中不断优化。关于PHM组织架构的具体细节，会在本书4.1.2节中详细描述。

2.2.5 功能-逻辑-物理架构模型

功能-逻辑-物理架构模型在PHM系统的设计、研制、生产和部署使用阶段发挥着穿针引线的桥梁作用，是PHM系统总体设计的框架基准和平台基座。它属于架构模型和逻辑模型的范畴，主要解决"PHM怎么设计"的问题，其本质是系统功能分解与承接映射。在构建功能-逻辑-物理架构模型时，可以借助系统建模语言SysML及其相应的建模工具。SysML提供了一整套标准化的建模元素和建模包，能够有效支持PHM系统的架构设计工作。

功能架构模型明确了PHM系统需要具备的各项功能，是PHM系统设计的基础。功能架构模型通过对能力需求模型进行分解，将PHM系统的总体能力划分为一系列具体的功能单元，并对每个功能单元的输入、输出、约束条件等进行定义。随着装备的使用和相关技术的进步，PHM的使用需求会不可避免地变化，而响应这些需求变化的起点就是PHM功能模型。如果初始版本的PHM功能模型具有良好的模块化、开放式、松耦合等特性，那么在迭代升级的过程中即可根据新的需求快速定位需要改进的系统功能与对应的物理组件，替换或升级为新的分系统，从而大大简化并加速系统的升级过程。在SysML中，可以使用"用例图"和"活动图"等功能建模元素，将PHM系统的总体能力逐层分解为具体的功能单元。同时，SysML的"需求图"可以将能力需求模型与功能架构进行有效映射，确保功能设计与需求的一致性。功能架构模型为后续的逻辑架构模型和物理架构模型的设计奠定了基础。

逻辑架构模型在功能架构模型的基础上，进一步明确了各个功能单元之间的逻辑关系和交互机制。逻辑架构模型描述了PHM系统各功能单元如何协同工作以实现整体功能，定义了它们之间的控制流程、数据流程和时序关系。逻辑架构模型为PHM系统的软件设计和算法实现提供了指导，可以使用 SysML 中的"内部块图""状态机图"等逻辑建模元素，描述 PHM 系统各功能单元如何协同工作以实现整体功能。此外，SysML 的"参数图"可以对 PHM 系统的性能参数和约束条件进行建模，为后续的物理架构设计提供依据。

物理架构模型在功能架构和逻辑架构的基础上，确定了 PHM 系统在物理层面的实现方式。物理架构模型描述了 PHM 系统所需的硬件资源、传感器布局、通信网络等物理部署方案，将逻辑架构映射到实际的硬件平台上。物理架构模型为 PHM 系统的硬件集成和工程实现提供了依据。在 SysML 中，可以使用"块定义图""内部块图"等物理建模元素，将逻辑架构映射到实际的硬件平台上，描述 PHM 系统所需的硬件资源、传感器布局、通信网络等物理部署方案。同时，SysML 的"参数图"也可以用于对 PHM 系统硬件的性能参数进行建模。

需要强调的是，在功能-逻辑-物理架构模型的设计过程中，必须遵循需求牵引的原则。功能架构设计要完全服从于能力需求模型，不能受到后续架构的影响；逻辑架构设计只关注功能单元之间的逻辑关系，不涉及物理实现细节；物理架构设计则在功能和逻辑架构的基础上，结合实际的硬件平台和资源条件进行部署。这种自顶向下、分层独立的设计方式，可以确保 PHM 系统的最终设计方案能够最大限度地满足需求。在实际的 PHM 系统设计过程中，需要根据具体情况对 SysML 进行适当的扩展，以满足特殊的建模需求。同时，功能-逻辑-物理架构模型的建立也需要多学科团队的紧密协作，将不同领域的专业知识有机融合，共同推进 PHM 系统的总体设计与研制。

2.2.6 故障模式、机理、影响与危害性分析模型

故障模式、机理、影响与危害性分析（Failure Mode, Mechanism, Effects and Criticality Analysis, FMMECA）模型在 PHM 系统的设计、研制、生产和部署使用阶段使用，是确定 PHM 系统处理对象和性能下限的关键。它属于逻辑模型的范畴，主要解决"PHM 的处理对象是什么"的问题，其本质是系统故障模式的识别与筛选。FMMECA 模型源于经典的 FMEA（Failure Mode and Effects Analysis）方法，是对 FMEA 的拓展和改进。在传统 FMEA 中，分析重点放在故障模式及其对系统的影响上。而 FMMECA 模型则进一步要求分析故障发生的根本机理，从而更准确地预测故障行为，并为故障诊断和剩余使用寿命预测提供依据。在 PHM 领域，FMMECA 模型被进一步拓展为 Enhanced FMMECA（简称 EFMMECA）。相比于传统 FMMECA 模型，EFMMECA 模型不仅可以分析故障模式、机理和影响，还将故障诊断、剩余使用寿命预测及相应的传感器和算法需求纳入考量范围。这使得 EFMMECA 模型成为 PHM 系统设计的重要工具，能够从故障分析的角度明确 PHM 系统的处理对象和性能要求。EFMMECA 模型中，表头包含了以下主要信息。

① 故障模式：描述系统或组件可能发生的各种故障形式，如断裂、磨损、腐蚀等。

② 故障机理：分析导致故障发生的物理、化学或机械过程，如疲劳、应力腐蚀、磨损等。

③ 故障影响：评估故障对系统性能、可靠性和安全性的影响，如功能失效、性能下降、系统停机等。

④ 危害性分析：评估故障的严重程度和发生概率，确定故障的危害等级，为故障的优先处理提供依据。

⑤ 诊断方法：描述如何通过传感器和诊断算法检测和识别故障。

⑥ 预测方法：描述如何通过传感器和预测算法估算系统或组件的剩余使用寿命。

⑦ 传感器：描述用于故障诊断和寿命预测的传感器类型、布置位置和数据采集方法。

编制 FMMECA 表是一项系统性、专业性很强的工作，需要获取大量来源于实际系统运行的数据和信息。这些信息包括系统设计文档、故障历史记录、现场检查和测试数据、专家经验、实验数据及模拟分析结果。通过对这些信息的全面收集和深入分析，我们可以了解系统的功能、结构和工作原理，识别常见的故障模式，发现潜在的故障隐患，并预测潜在的故障模式及其影响。系统设计文档为我们提供了系统的基本信息，包括功能需求、结构布局和工作原理等，这是编制 FMMECA 表的基础。故障历史记录则反映了系统在实际运行过程中曾经发生过的各种故障，通过对这些历史数据进行分析，我们可以识别出系统中常见的故障模式。现场检查和测试数据则能够揭示系统当前的运行状态，帮助我们发现潜在的故障隐患。此外，经验丰富的工程师和维修人员的专业知识也是不可或缺的重要信息来源。

除了上述来自实际系统运行的信息，我们还需要通过加速老化试验、环境试验等方式获取故障数据，以补充实际运行数据的不足。同时，利用计算机模拟和仿真技术，我们可以预测潜在的故障模式及其对系统的影响，为 FMMECA 表的编制提供有力支持。

编制高质量的 FMMECA 表需要一个多学科的专业团队，包括系统设计师、可靠性工程师、维修工程师和 PHM 专家等。这些团队成员需要具备扎实的系统知识，对系统的功能、结构和工作原理有深入的了解，才能准确识别故障模式，分析故障机理和影响。同时，他们还需要具备良好的故障分析能力和风险评估能力，能够对故障的严重程度和发生概率进行合理评估，熟悉故障诊断、寿命预测和传感器技术等 PHM 相关知识，并熟悉 FMEA/FMMECA 的相关标准和工具，如 IEC 60812、MIL-STD-1629A、GJB 1391—2006 等，同时也需要结合 PHM 的特点，对这些传统方法进行适当扩展和改进，以满足 PHM 系统设计的需求。整个团队成员之间需要具备良好的团队协作能力，能够与不同专业背景的成员进行有效沟通和协作，确保 FMMECA 表的编制过程高效、顺畅。一份高质量的 FMMECA 表不仅是 PHM 系统设计的重要输入，也是提高系统可靠性和维修性的关键手段，在复杂系统的全寿命周期管理中发挥着重要作用，它应该具备以下特点。

① 故障覆盖面广泛：模型应当尽可能全面地识别和分析系统中所有潜在的故障模式，这需要长期的数据积累和专家经验沉淀，它决定了 PHM 性能的"天花板"。

② 故障传播链条完整：模型需要描述故障发生的前因后果，包括故障的触发条件、传播路径、阻碍因素等，为故障诊断和预测奠定基础。

③ 改进措施明确：模型的价值在于为系统设计提供改进建议，如优化测试策略、提高可靠性等，使 EFMMECA 模型真正发挥作用。在实际工程中，对 EFMMECA 模型完成质量的一个重要评价就是它对系统设计一共提供了多少条有效反馈，有多少条反馈被采纳，在系统设计中做了更改。

④ 重要故障模式验证：对于系统中的关键故障模式，需要通过不同层次的验证活动（如分析、模拟、试验等）进行确认。

⑤ 自动化支持工具：借助特定的工具手段与历史数据，将 EFMMECA 模型与其他模型（如功能模型、逻辑模型等）集成，实现自动化分析和数据复用。

需要指出的是，FMMECA 模型虽然为 PHM 系统设计奠定了基础，明确了 PHM 需要处理的故障对象及其性能要求，但在实际应用中仍存在一些不足。首先，FMMECA 模型主要关注单个故障模式及其影响，难以充分反映故障模式之间的相互作用和耦合关系。其次，FMMECA 模型在描述恶劣环境条件、不当操作行为等非故障模式的影响因素时存在不足。这些因素虽然不直接导致系统故障，但却可能加速系统性能退化，缩短系统寿命。为了弥补 FMMECA 模型的不足，在 PHM 系统设计中，我们还需要引入 FTA（Fault Tree Analysis，故障树分析）模型进行辅助。

FTA 通过构建故障树，系统地分析导致顶部事件（系统故障）的各种原因及其逻辑关系。它能够揭示故障模式之间的因果关系和逻辑关系，纳入各种非故障模式的影响因素，提供一个更全面的系统失效情景。通过对故障树的定量分析，我们可以识别出对系统可靠性影响最大的关键事件，并据此优化传感器布置和诊断策略。FTA 模型的构建过程本身也是一个系统安全分析的过程，可以帮助我们及早识别和消除系统设计中的潜在缺陷，提高系统的本质安全性。和 FMMECA 模型一样，FTA 模型的构建需要大量的专家知识和经验，对分析人员的专业能力要求较高。对于大型复杂系统，其故障树的规模可能非常庞大，给分析带来困难。因此，在实际应用中，我们需要根据具体问题的特点，选择适当的 FTA 建模粒度和范围，并辅以其他可靠性分析技术，以取得最佳的分析效果。

2.2.7 系统测试性模型

系统测试性模型在 PHM 系统的设计、研制和生产阶段发挥着重要作用，是 PHM 系统研制的技术基础和信息获取的关键。它属于数学模型和仿真模型的范畴，主要解决"PHM 需要的输入数据怎么获取"的问题，本质上是测试策略优化问题，主要用于描述系统组件、故障模式、测试点和它们之间的关系，目的是优化测试策略，以便在 PHM 系统中高效获取所需的输入数据。因此，合理布置传感器、优化测试策略对于获取高质量的 PHM 输入数据至关重要，其中如何描述测试关系、如何衡量测试效果、如何优化传感器布局等，成为必须回答的问题。系统测试性模型就是用来分析和优化装备系统的可测试性，为 PHM 系统的数据采集提供支撑。系统测试性模型的数学要素包括如下内容。

设 $S=\{s_1,s_2,...,s_n\}$ 表示系统中的 n 个组件，$F=\{f_1,f_2,...,f_m\}$ 表示 m 个可能的故障模式，$T=\{t_1,t_2,...,t_k\}$ 表示 k 个测试点。系统测试性模型的输入包括组件故障概率向量 $P=[p_1,p_2,...,p_n]$，其中 p_i 表示组件 s_i 的故障概率；故障-测试依赖矩阵 $D_{\{m\times k\}}=\left[d_{\{ij\}}\right]$，其中 d_{ij} 表示故障 f_i 对测试 t_i 的相关性。模型的输出包括故障检测率、隔离率、虚警率等测试性能指标。故障-测试依赖矩阵 D 是系统测试性模型的核心，基于矩阵 D 可以开展一系列分析与优化工作。构建和应用系统测试性模型以优化 PHM 系统的测试策略通常包括系统分析与分解、数据收集与参数估计、构建故障-测试依赖矩阵、测试性能评估和测试策略优化 5 个步骤。

（1）系统分析与分解：全面理解目标系统结构、功能和潜在故障模式。包括功能结构分析（使用功能分解树）、物理结构分析（利用系统原理图、结构图）、EFMMECA、测试点初步识别和系统边界定义。这个步骤可以为后续建模奠定基础，确保对系统有全面的认识。

（2）数据收集与参数估计：获取模型所需参数，如组件故障概率、测试成本等。方法包括历史数据分析、专家评估（如德尔菲法）、相似系统类比、加速寿命试验和贝叶斯估计。通过综合应用这些方法，获得准确的模型参数，为建模提供数据支持。

（3）构建故障-测试依赖矩阵：描述故障模式与测试点关系。步骤包括故障模式分析、测试点分析、故障-测试关系判断（基于物理原理、仿真、实验和专家知识）、矩阵填充和优化。此矩阵是系统测试性模型的核心，反映系统测试特性。

（4）测试性能评估：通过计算故障检测率、故障隔离率、虚警率和测试成本等指标，量化测试策略有效性，全面评估当前测试策略，为优化提供方向。

（5）测试策略优化：寻找最佳测试方案。包括定义优化目标、设定约束条件、选择优化算法（如遗传算法、粒子群优化等）、实现与调优算法、分析优化结果和进行敏感性分析。通过这些步骤，得到满足性能要求且成本最低的测试策略。

需要注意的是，通过上述步骤构建系统测试性模型并优化是一个迭代的过程，随着系统运行数据的积累和新知识的获取，应当不断更新和完善模型，以确保其持续有效性。

2.2.8 状态监测、故障诊断与预测模型

状态监测、故障诊断与预测模型是核心功能的关键组成部分，在 PHM 系统的研制和部署过程中起着至关重要的作用。它属于数学模型和仿真模型的范畴，主要解决"PHM 的输出结果怎么计算"的问题，其本质是动态环境下的模式识别问题。从数学本质上来说，故

障诊断与寿命预测模型可以用一个通用函数来表达：

$$Z_t = F_A\left(X_{1,2,\cdots,t-1}, Y_{1,2,\cdots,t-1}, S\right) + \varepsilon$$

式中，F_A 是待建立的通用模型；Z_t 是诊断或预测的输出结果，可以是离散值（如故障类型）或连续值（如剩余使用寿命）；X_t 是系统的控制变量，如扭矩、油门开度、转速等；Y_t 是系统的状态参数，包括工作环境参数和系统内部状态参数；S 是系统的属性参数，如系统结构、材料特性等固有属性；ε 是模型的误差项。

状态监测、故障诊断与预测模型示意图如图 2.7 所示。

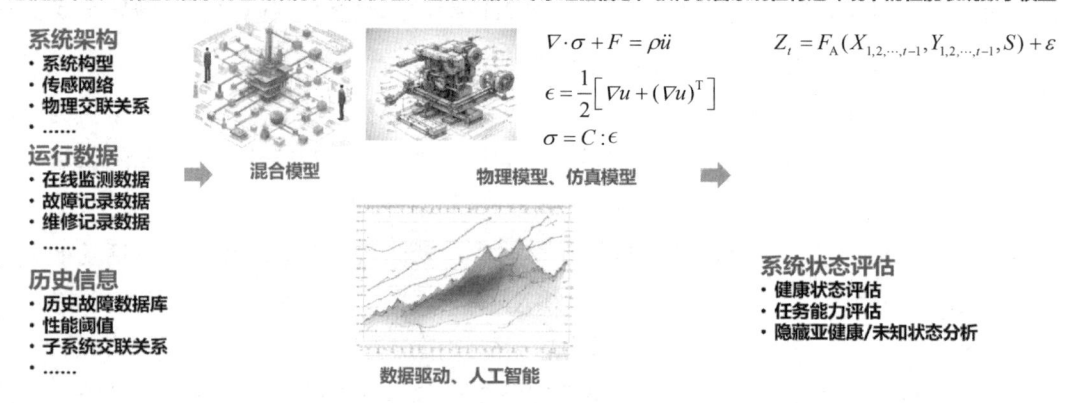

图 2.7　状态监测、故障诊断与预测模型示意图

开发状态监测、故障诊断与预测模型的目标是构建 F_A，使其能够通过对过去和现在的系统状态参数、控制变量和属性参数的分析，输出所需的诊断或预测结果 Z_t。构建 F_A 需要对系统进行深入的理解和抽象建模。这个过程通常包括以下几个关键步骤。

① 特征提取：从原始的状态参数和控制变量中，提取出对故障诊断和寿命预测最有意义的特征，如振动频谱、温度曲线、工作周期等。这一步骤对后续模型的精度和效率至关重要。

② 模型训练：利用历史数据和专家知识，训练 F_A 的参数，使其能够精确映射特征模式到故障诊断或寿命预测结果。常用的模型包括物理模型、数据驱动模型、混合模型等。

③ 模型验证：在新的数据集上验证模型的精度和稳健性，必要时进行模型调整和迭代优化，确保模型能够适应各种工作条件。

④ 在线更新：在装备实际运行过程中，持续收集新的数据，并定期更新 F_A 的参数，使其能够随时适应系统的演化和退化过程。

在学术界，针对如何构建 F_A 已经有了大量的研究成果，常见的方法包括如下几种。

① 物理模型驱动方法：基于系统的物理原理和机理知识，构建解析模型或有限元模型，用于故障诊断和寿命预测。这类方法具有很强的解释性，但需要大量的先验知识。

② 专家知识驱动方法：利用领域专家经验和知识，显式表示故障行为或症状，通常结合故障树分析、规则引擎等技术，预测装备潜在故障。这类模型的准确性高度依赖专家知识的质量和完整性，以及模型训练数据的代表性。

③ 数据驱动方法：利用统计模型、机器学习、深度学习等技术，从历史数据中自动发现数据统计规律和退化模式，无须太多先验知识。常见的模型有贝叶斯网络、马尔可夫模型、支持向量机、随机森林、深度学习模型等。这类方法具有很强的适应性，但缺乏解释性。

④ 混合模型方法：将物理模型和数据驱动模型相结合，发挥两者的优势。典型的做法是先构建一个简化的物理模型，然后利用数据驱动模型对其进行校正和完善。

⑤ 其他方法：如基于模糊逻辑的方法、基于统计相似度的方法、基于随机过程的方法等，都可以用于构建 F_A。

无论采用何种具体方法，状态监测、故障诊断与预测模型的建立都需要大量的历史数据、领域知识和算法支持。同时，由于实际系统的复杂性，F_A 往往需要针对不同的故障模式和系统状态进行分解，形成一系列子模型的集成，因此，这个模型的研究和应用是一个系统工程，需要多学科团队的紧密合作。

2.2.9 基于诊断/预测信息的使用保障优化模型

基于诊断/预测信息的使用保障优化模型是 PHM 系统落地运用和决策支持的重要支撑。它属于数学模型和仿真模型的范畴，主要解决"怎么用 PHM 的输出指导运维实践"问题，其本质是一个决策优化问题。

基于诊断/预测信息的使用保障优化模型示意图如图 2.8 所示。

图 2.8　基于诊断/预测信息的使用保障优化模型示意图

从数学模型的角度来说，基于诊断/预测信息的使用保障优化模型是一个经典的多目标约束优化问题。其目标函数一般包括装备的生产力、运维费用、使用效益等多个相互制约的目标；约束条件则包含装备的使用寿命、使用可用度、备品备件资源供应限制等。具体而言，使用保障优化模型的目标函数可以表示为

$$\max_x F(x) = [f_1(x), f_2(x), \cdots, f_m(x)]$$

式中，x 是决策变量，代表维修策略、备品备件储备量等可控因素；$f_i(x)$ 是第 i 个优化目标，如最大化生产力、最小化运维费用等。约束条件则可表示为

$$g_j(x) \leqslant 0, \quad j = 1, 2, \cdots, p$$
$$h_k(x) = 0, \quad k = 1, 2, \cdots, q$$

式中，$g_j(x)$ 是不等式约束，如最小使用寿命要求、最大允许停机时间等；$h_k(x)$ 是等式约束，如备品备件供应平衡等。

对于未来使用计划或维修计划相对固定、不确定性较小的装备，使用保障优化模型可以直接套用经典的多目标优化求解方法，如加权求和法、约束法、目标规划法等。以加权求和法为例，将多个目标函数加权求和，转化为单目标优化问题：

$$\min_x \sum_{i=1}^m w_i f_i(x)$$
$$\text{s.t.} \quad g_j(x) \leqslant 0, \quad j = 1, 2, \cdots, p$$
$$h_k(x) = 0, \quad k = 1, 2, \cdots, q$$

式中，w_i 是第 i 个目标的权重系数，反映了各目标的相对重要性。通过调整权重系数，可以获得不同的满意解。

对于未来使用计划或使用剖面不确定性较高的装备，上述优化模型还需要考虑目标函数和约束条件的时变特性。在这种情况下，我们可以通过建模将优化问题转化为一个动态规划问题或马尔可夫决策过程，其中状态转移方程反映了系统状态的动态演化，决策则需要根据当前状态做出最优选择。例如，我们可以通过建模将装备的健康状态转化为一个马尔可夫决策过程，其中状态 s_t 表示第 t 个时间步的健康状态，决策 a_t 表示在该时间步采取的维修或替换行为。我们的目标是最小化长期的期望总成本：

$$\min_\pi E\left[\sum_{t=0}^\infty \gamma^t c(s_t, a_t)\right]$$

式中，π 是决策策略；$c(s_t, a_t)$ 是在状态 s_t 采取行为 a_t 的即时成本，如维修费用、停机损失等；γ 是折现因子。这个优化问题可以通过动态规划或强化学习等方法求解，得到一个最优决策策略 π^*，在每个时间步根据当前健康状态做出最优的维修或替换决策。

需要指出的是，使用保障优化模型是 PHM 发挥效用和效益落地的重要支撑模型，在以前的开发中往往会忽略，需要引起格外的注意。一个高质量的使用保障优化模型应当具备以下特点。

① 目标全面性：能够涵盖装备使用保障的各项关键目标，如生产力、运维费用、使用效益等，并权衡它们之间的平衡。

② 约束合理性：能够准确反映装备使用保障的实际约束条件，如使用寿命、可用度、资源供应等，避免产生不可行的优化方案。

③ 模型适应性：能够适应不同装备的使用特点，对于不确定性较高的情况，采用动态优化模型；对于相对确定的情况，采用静态优化模型。

④ 可解释性：优化结果不仅需要给出最优决策方案，还需要解释其内在原理，为决策者提供依据和建议。

⑤ 数据驱动性：能够充分利用 PHM 系统输出的诊断和预测信息，特别是将历史运维数据中关于使用决策的相关经验数据列入模型框架，将这些信息转化为优化模型的输入，指导优化决策。

2.2.10 效能验证模型

PHM 效能验证模型在 PHM 系统的全寿命周期中发挥着至关重要的作用，是 PHM 系统验收的准绳和能力评估的依据。它属于数学模型和仿真模型的范畴，主要解决"PHM 需求是否合理，性能是否达标"的问题，其本质是系统需求确认与效能评估问题。在基于模型的系统工程（MBSE）概念体系中，确认（Validation）和验证（Verification）是两个密切相关但又有所区别的重要概念。确认的核心是"做正确的事"，旨在确保提出的需求符合真实使用场景，务实合理；而验证的核心则是"正确地做事"，旨在确保研制的系统满足既定需求。

确认关注的是"产品的外在正确性"，即系统或其组成部分在预期的使用环境和条件下，是否能够发挥预期的功能和达到预期的效果。确认活动主要集中在需求分析和系统验收阶段，通过利益攸关方分析、使用场景分析、原型评审等方式，评估系统是否与用户需求相符，并为后续的需求优化提供依据。例如，在装备 PHM 的开发过程中，工程师需要通过市场调研、用户反馈和实地测试等方式，确认 PHM 的功能设计、界面交互、辅助支持能力等是否真正满足了用户的实际需求，并根据确认结果对需求进行调整和完善。确认活动主要集中在 V 模型的左上角，即系统需求论证阶段。在这一阶段，我们需要全面分析用户需求、运行环境、使用场景等，并与相关利益攸关方（如用户、决策者等）广泛沟通，以确保提出的 PHM 系统需求切实可行、与实际相符。除此之外，确认还有一个重要的目的是确保"做了正确的事"，即要采取一系列有效手段，确保最终系统能够满足使用要求，是对结果的确认，这项工作体现在研制全寿命周期内。

与之相对，验证旨在确保系统实现过程符合既定的需求、规格说明和设计约束。它关注的是"产品的内在一致性"，即系统或其组成部分是否按照预期的方式构建和实现。验证活动贯穿于系统开发的整个寿命周期，通过检查、审查、分析和测试等手段，持续评估系统实现是否满足规格说明，并及时发现和纠正偏差。验证活动则贯穿于 PHM 系统的整个研制过程。在总体设计阶段，我们需要进行早期验证，确保设计方案和总体架构能够满足需求；在研制过程中，需要持续开展各类性能试验和模拟试验，及时发现偏差并加以纠正；在集成验证环节，更需要综合运用各种手段对 PHM 系统的主要功能和性能指标进行全面验证。

由此可见，验证和确认虽然都旨在确保系统质量，但着眼点不同，二者相辅相成，缺一不可。只有通过持续的验证和确认，才能最终交付一个真正满足用户需求的高质量系统。在 MBSE 实践中，验证和确认贯穿于模型的构建、分析、仿真和实现的整个过程。模型本身需要经过验证，以确保其正确性和完整性；同时，模型也为验证和确认系统实现提供了有力支持，如通过模型仿真验证系统行为，通过模型分析确认系统满足关键质量属性等。

INCOSE 系统工程手册中关于系统验证和确认的介绍[36]，系统确认与系统验证使用的技术方法大体相同，主要包括检查、分析、相似性分析、演示、测试和抽样等方法，但在具体应用上略有不同。系统验证主要用于发现系统的错误、缺陷或故障，而系统确认则侧重于为满足利益攸关方需求提供客观证据。但 INCOSE 对验证和确认方法的分类从方法论本质的角度出发，一般读者难以直接理解其应用场景，因此本书从 PHM 工程实践出发，从工程研发的角度对 PHM 确认与验证技术方法进行分类描述。PHM 确认与验证技术方法如图 2.9 所示。

图 2.9　PHM 确认与验证技术方法

确认和验证活动通常采用多种方法,其中可以使用的共同方法包括如下几项。

1. 同行评审

同行评审是一种广泛应用的确认和验证手段。它的基本流程是组织相关领域的专家,对需求说明书、设计文档、测试报告等进行评审,识别潜在的缺陷、不足和风险。同行评审的优点是能够充分利用专家的经验和见解,从多个角度审视系统,发现一些可能被忽视的问题。然而,评审的质量在很大程度上依赖于专家的水平和经验。

2. 模型仿真

模型仿真是通过建立系统的数学模型或计算机模型,在虚拟环境中对系统进行模拟和分析,既可以根据使用场景对系统各项需求的合理性进行确认,也可以验证系统的行为特性是否满足需求。模型仿真的优点是可以在真实系统投入前发现并解决问题,避免昂贵的实物试验。然而,模型的精度和完整性直接影响仿真结果的可信度,因此需要大量工作来构建高质量的模型。

此外,它们还有一些独有的方法,确认活动独有的一些方法包括如下三个方面。

(1)利益攸关方分析。

利益攸关方分析是指通过识别所有利益攸关方(如用户、决策者、监管者等),并广泛征求他们的意见和需求,确保提出的系统需求能够满足各方的期望。这种方法的优点是能够全面收集需求,避免遗漏,但也可能导致需求过于庞杂和矛盾。

(2)使用场景分析。

使用场景分析是指通过描述系统在各种典型使用场景下的行为,验证需求是否符合实际使用环境。这种方法的优点是直观、形象,有助于发现隐藏的需求缺陷,但也可能由于场景选取的局限性而遗漏一些特殊情况。

(3)需求一致性分析。

需求一致性分析是指通过形式化的数学方法或计算机工具,对需求集合进行静态分析,检查需求之间是否存在冲突、矛盾或遗漏。这种方法的优点是严谨、全面,能够发现人工难以识别的问题,但需要对需求进行形式化描述,工作量较大。

验证活动独有的一些方法包括如下三种。

(1)形式化验证。

形式化验证是利用数学逻辑、模型检验等形式化技术,对系统设计或实现进行严格的分析和验证,证明其满足规格说明或需求。这种方法的优点是严谨、可信度高,但需要对系统进行形式化建模,工作量大且需要专业的数学知识。

(2)原型试验。

原型试验是通过构建系统的原型,并在受控环境下进行试验,验证系统的功能和性能是否符合设计要求。这种方法的优点是直观、高效，能够及早发现设计缺陷，但原型的代表性和试验环境的真实性可能会影响验证结果。

（3）实践试验。

实践试验是 PHM 系统验证中的重要方法，它通过在实际运行环境中部署和测试 PHM 系统，验证其性能和有效性。这种方法的优点是能够在真实条件下评估系统，提供最直接、可靠的验证结果。实践验证通常包括长期数据收集、实际故障案例分析和系统性能评估等步骤。它可以揭示在实验室环境或仿真中难以发现的问题，如环境因素影响、长期稳定性等。然而，实践验证也面临成本高、周期长、风险大等挑战，且难以覆盖所有可能的运行场景。因此，实践验证通常与其他验证方法结合使用，以全面评估 PHM 系统的可靠性和有效性。

上述方法各有特点，需要根据具体情况选择合适的方法组合，并贯穿于 PHM 系统的整个寿命周期。值得注意的是，确认和验证活动并非孤立存在的，而是与需求分析、架构设计、系统实现等环节密切交织的，需要工程师们在实践中不断总结经验，形成一套行之有效的工作模式。

2.3 小结

本章节深入剖析了基于模型的 PHM 系统工程，展现了其作为复杂系统工程的核心本质。PHM 不仅是技术的高度集成，更是系统工程方法论的集中体现，它要求我们在设计过程中进行综合协调和权衡，确保每个组成部分都能服务于系统总体的最优化。在这个过程中，系统总师对 PHM 的重视和资源的投入显得尤为关键，PHM 的成功研发不仅需要技术上的突破，更需要组织上的保障和权力的下放，以确保研发团队能够在一个协调一致的环境中工作。这种对 PHM 的重视，不仅体现在技术层面，更体现在对其在整个系统工程中作用的认识上。

本章通过 10 个关键模型的构建和应用，将基于模型的 PHM 系统工程进行全貌鸟瞰图式的展示，为 PHM 系统的设计、实现和验证提供了结构化的解决方案。10 个模型不仅为我们提供了一个全面的视角来理解 PHM 系统工程的复杂性，更通过模型化的方式，对 PHM 在全寿命周期各个阶段的基础问题和本质进行系统总结，有助于读者理解 PHM 系统工程的核心思想，为 PHM 系统的顺利研发和实施奠定坚实的基础。

第 3 章

PHM 需求分析

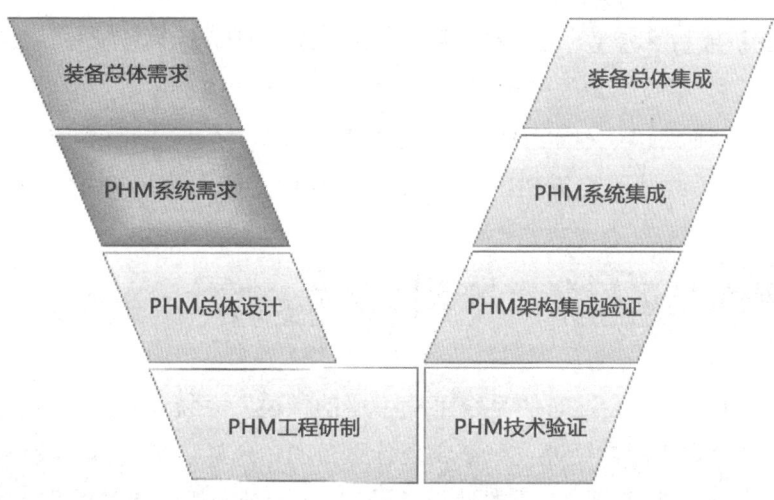

　　需求分析是基于模型的 PHM 系统工程的第一步，其主要任务是精准识别 PHM 系统各个利益攸关方的需求，建立需求的层次映射关系，指导后续的总体设计与研发工作，进而实现需求驱动的正向设计。基于模型的 PHM 系统需求分析的关键在于通过对装备使用与保障的场景分析，引出具体的 PHM 能力需求，用标准化的模型语言，清晰、无偏、务实地描述各个利益攸关方的各类需求，建立 PHM 全寿命周期内需求的映射与追溯关系，支撑需求的定义、设计、分析、校核和验证，在进行需求验证或需求变更时，能够准确定位相关的系统组件，实现精准评估与快速迭代。

　　PHM 的特性决定了它是为装备系统的运行维护保障提供支持的分系统，故 PHM 的需求分析要与装备系统的总体需求分析同步展开，在识别利益攸关方、分析场景、捕获需求、分解需求的过程中，不断权衡分析性能、效益、成本等约束条件，这需要经历一个层次化的演进分解过程，是一项复杂、耗时的任务。一般来说，PHM 的需求分析主要有三个步骤，第一是确定装备系统的利益攸关方、使用场景与保障需求，包括部署要求、使用方案、任务强度与频度、使用环境、维修环境、战损/自损比例，人员与人力配备，使用保障成本约束等内容，为 PHM 需求分析提供输入；第二是不断权衡分析性能、效益、成本等约束条件，将装备系统总体需求逐步映射至装备 PHM 的各个组成要素，并统筹 PHM 与其他分系统，以及其他专业工程（可靠性、维修性、测试性、安全性、软件测评、成本测算等）的关系，做到分析工作的相互补充支撑，避免重复与冲突；第三是需求分析要随着设计层级的深入而持续反馈，验证需求的满足情况，进而做出相应的装备里程碑决策。

需要指出的是，由装备任务需求和使用要求直接导出装备的 PHM 需求是很困难的，因为影响装备使用与保障效能的因素繁多，不但有通用质量特性等设计因素，也有保障组织形式及管理体制的影响，还在一定程度上取决于保障资源的配置与调度方式，因此需要借助经验、知识与模型，运用定性与定量相结合的方法，根据相似装备的测试性水平，考虑新技术、新体制对 PHM 的影响，预估不同保障管理体制与资源配置方案对保障延迟的影响，通过建立解析或仿真模型，分析在不同 PHM 技术参数配置下实现装备系统顶层能力和使用需求的可能性，经过反复的分析权衡与调整，才能输出务实、无偏、可行的 PHM 需求集。一组完整、准确、无歧义的 PHM 系统需求集合可作为装备论证或研制机构的 PHM 需求规范数据库，为后续其他装备 PHM 系统的研制提供支持。

3.1 装备系统运行概念与保障场景分析

根据国际系统工程协会发布的系统工程手册的描述，系统运行概念分析（Operational Concept）的目的是定义用户要通过系统实现什么目的，包括定义实体、参与者、活动、概念、系统预期使用环境与范围、系统的运行场景等，进而捕获识别系统的需求。考虑到 PHM 的主要应用场景是装备运行监测与维护保障，本章以 F-35 飞机的保障使用场景为案例，着重介绍如何开展装备系统的运行概念分析，为捕获 PHM 需求提供支持。

F-35 联合攻击战斗机（Joint Strike Fighter，JSF）是美国联合英国、加拿大、澳大利亚、意大利等 8 个国家共同投资研制的重大项目，目的是为美国空、海、陆战队及其盟国提供取代 F-16 的下一代多用途战斗机。作为美国国防部的一个旗舰项目，F-35 飞机在需求论证阶段开展了大量工作，F-35 项目办公室以美军国防规划指南中提出的重点地区性应急作战、高威胁区域作战的设想为输入，运用战争演习仿真平台模拟了 5 次重大战争，通过对仿真数据的分析，识别了美军现有装备在满足"以最小伤亡迅速取得决定性胜利"的国家军事战略目标方面存在的能力缺陷，进而得出结论，F-35 飞机要填补当前装备的缺陷，必须具备三大核心能力：生存力、杀伤力和保障力，并指出实现这三项核心能力的基础是经济可承受性。这为确定 F-35 飞机的总体需求提供了分析基础。

3.1.1 装备 PHM 利益攸关方识别

根据 INCOSE 系统工程手册的指导，装备利益攸关方识别是系统工程过程中的关键步骤。该手册提出了一种系统化的方法来识别和分析利益攸关方，包括以下几个主要步骤：①确定系统边界和环境，明确系统的目标和范围；②基于系统寿命周期各阶段，识别可能影响或被系统影响的个人、群体或组织；③分析这些潜在利益攸关方与系统的关系，包括他们的需求、期望、影响力和兴趣程度；④对识别出的利益攸关方进行分类和优先级排序，以便于后续的需求分析和管理。

对于装备 PHM 系统，利益攸关方识别需要特别关注与装备全寿命周期相关的各方。这不仅包括传统的用户、开发者和维护人员，还应考虑到 PHM 系统特有的利益攸关方，如数据分析专家、预测算法开发人员、健康管理决策支持系统使用者等。针对 PHM 系统的特点，利益攸关方识别过程中还应注意以下几点：一是关注跨学科和跨部门的利益攸关方，因为 PHM 系统通常需要机械、电子、软件、数据科学等多领域专家的协作；二是考虑到 PHM 系统的持续优化特性，应将长期参与系统优化和升级的相关方纳入考虑范围；三是重视供应链中的关键参与者，如传感器供应商、数据传输服务提供商等，因为他们对 PHM 系统的性能和可靠性有直接影响。

根据上述分析，对于 F-35 飞机的 PHM 系统，其利益攸关方主要有 F-35 联合项目办公室、飞行员、地勤人员、飞机设计单位、飞机成品配套单位、修理厂等，F-35 飞机 PHM 系统利益攸关方的主要信息如表 3.1 所示。

表 3.1 F-35 飞机 PHM 系统利益攸关方的主要信息

利益攸关方	主要职能	主要需求期望
F-35 联合项目办公室	装备立项论证、研制监管、使用管理	研制过程可控，飞机出动能力强，综合使用效益高
飞行员	操作飞机完成作战任务，处置各种飞行状况	飞行中准确反馈飞机状态，关键故障告警及时
地勤人员	飞机日常维护、维修、保养、战时抢修	飞机容易维护，保障工作量少
飞机设计单位	设计飞机总体方案，提出各分系统性能要求	飞机技术需求明确，经费、进度要求清晰合理
飞机成品配套单位	提供分系统、部件设计方案	成品技术需求明确，经费、进度要求清晰合理
修理厂	飞机大修、重要分系统翻修	修理指导文件清晰规范，修理流程简洁高效
训练部门	为飞行员、地勤人员提供 PHM 培训与技术指导	培训内容与实际系统功能完全匹配，及时更新培训方法和内容
技术升级服务供应商	提供 PHM 系统的技术升级服务，包括算法优化、软件更新和新功能开发	获取系统运行数据，了解用户需求变化，保持 PHM 技术适应新需求，获得持续的服务合同

F-35 联合项目办公室作为 F-35 飞机的主要用户和管理者，在 PHM 系统中扮演核心角

色。其主要职能包括装备立项论证、研制监管和使用管理。在装备立项论证阶段，负责评估 F-35 飞机及其 PHM 系统的战略需求和可行性，确保系统设计符合未来作战需求。研制监管过程中，全程监督 F-35 及其 PHM 系统的研发过程，确保满足军事需求和技术规范，并适时调整开发方向。在使用管理方面，制定 F-35 飞机的使用策略和管理规程，包括 PHM 系统的日常运行和数据分析方法。F-35 联合项目办公室的主要需求和期望包括：要求研制过程可控，以便及时调整和风险管控；期望飞机出动能力强，PHM 系统能够提高 F-35 飞机的可用性和可靠性，确保高强度作战环境下的持续作战能力；追求综合使用效益高，要求 PHM 系统能够优化 F-35 飞机的维护策略，降低全寿命周期成本，提高整体作战效能。他们的需求直接影响着 F-35 飞机的 PHM 系统的设计目标和性能指标，因此需要与飞机设计单位密切合作，确保 PHM 系统能够满足作战需求和长期运营要求。

飞行员作为 F-35 飞机的直接操作者，是 PHM 系统的重要终端用户之一。他们的主要职能是操作飞机完成各类作战任务，同时需要根据 PHM 系统提供的信息，及时处置飞行中出现的各种异常情况。飞行员对 PHM 系统的主要需求和期望包括：准确反馈飞机状态，实时、准确地显示各系统的工作情况，便于掌握飞机整体状况；期望关键故障告警及时，在故障发生前或发生初期就能预警，为飞行员提供足够的反应时间；人机交互界面友好，信息显示直观、清晰，不增加飞行中的认知负担。飞行员的这些需求直接影响着 PHM 系统的人机交互设计和告警策略，因此设计单位需要与飞行员进行深入交流，以优化系统的用户体验，确保飞行员在紧张的作战环境中能快速、准确地理解和利用 PHM 系统提供的信息，从而提高飞行安全性和任务完成效率。

地勤人员是 F-35 飞机日常维护和保障的主力，也是 PHM 系统的重要使用者。他们的主要职能包括执行飞机的日常维护，如例行检查、保养和小修；根据 PHM 系统的诊断结果进行针对性维修；在作战环境下快速进行抢修，恢复飞机的作战能力。地勤人员对 PHM 系统的主要需求和期望包括：飞机容易维护，PHM 系统能够提供清晰的故障诊断信息，精确指导维修工作；保障工作量少，系统能够优化维护策略，减少不必要的检查和维修工作，提高工作效率；维修数据可靠，PHM 系统提供的故障信息必须准确可靠，避免误判导致的额外工作和资源浪费。地勤人员的这些需求直接影响着 PHM 系统的诊断算法设计和维修决策支持功能，因此设计单位需要充分考虑地勤工作的实际情况，确保 PHM 系统能够有效支持日常维护工作，提高维修效率，减轻地勤人员的工作压力，同时提高飞机的可用率和作战准备水平。

飞机设计单位作为 F-35 飞机的总体设计者，在 PHM 系统的开发中起着关键作用。他们的主要职能包括设计飞机总体方案，制定 F-35 飞机的整体技术方案，包括 PHM 系统的总体架构；提出各分系统的性能要求，为 PHM 系统制定具体的技术指标和性能要求；负责系统集成，协调各分系统供应商，确保 PHM 系统与飞机其他系统的有效集成。飞机设计单位的主要需求和期望包括：飞机技术需求明确，F-35 联合项目办公室能够提供清晰、稳定的技术需求，便于 PHM 系统的设计和开发；经费、进度要求清晰合理，需要合理的研发周期和充足的经费支持，以确保 PHM 系统的质量；分系统接口标准化，各分系统供应商能够遵循统一的接口标准，便于 PHM 系统的集成。飞机设计单位的需求直接影响着 PHM 系统的整体架构和性能指标，他们需要与 F-35 联合项目办公室、飞行员和地勤人员密切沟通，以确保 PHM 系统满足各方需求，还要平衡技术可行性、成本效益和系统性能等多方面因素，最终设计出一个高效、可靠的 PHM 系统。

飞机成品配套单位作为 F-35 飞机各分系统和关键部件的供应商，其主要职能包括提供分系统、部件设计方案，根据总体要求设计和开发符合 PHM 系统需求的分系统或部件；开发专用传感器和诊断算法，为 PHM 系统提供必要的数据采集和故障诊断支持；参与系统集成测试，配合飞机设计单位进行 PHM 系统的集成和验证。成品配套单位的主要需求和期望包括要求成品技术需求明确，期望飞机设计单位能够提供清晰、详细的技术规格，便于分系统的开发；希望经费、进度要求清晰合理，需要合理的开发周期和相应的经费支持，以确保产品质量；期望接口标准统一，希望飞机设计单位能够提供统一的接口标准，降低集成难度。成品配套单位的需求直接影响着 PHM 系统的数据采集能力和诊断精度，他们需要与飞机设计单位保持密切沟通，确保分系统能够有效支持 PHM 系统的功能实现，还要在自身专业领域内不断创新，提供更先进、更可靠的传感器和诊断技术，以提升整个 PHM 系统的性能。

修理厂作为 F-35 飞机的后勤保障单位，其主要职能包括执行飞机大修，根据 PHM 系统的长期数据分析结果，进行定期大修；进行重要分系统翻修，对 PHM 系统诊断出的重大故障进行深度维修；开展维修数据分析，利用 PHM 系统积累的数据，优化维修策略和流程。修理厂的主要需求和期望包括要求修理指导文件清晰规范，期望 PHM 系统能够提供详细、准确的故障诊断信息和修理指导；希望修理流程简洁高效，PHM 系统能够支持快速定位故障，提高修理效率；需要历史数据可追溯，要求 PHM 系统能够提供完整的飞机使用和维修历史数据，便于分析和决策。修理厂的需求直接影响着 PHM 系统的数据存储和分析功能设计，设计单位需要考虑如何为修理厂提供有效的数据支持，以优化长期维修策略。同时，修理厂的反馈也是改进 PHM 系统性能的重要依据，他们的实际维修经验可以帮助完善故障诊断算法和预测模型。

训练部门在 F-35 飞机 PHM 系统的应用中扮演着关键的支持角色。他们的主要职能包括为飞行员提供 PHM 系统使用培训，确保飞行员能够正确理解和使用 PHM 系统提供的信息；为地勤人员提供 PHM 系统操作培训，培训地勤人员如何利用 PHM 系统进行日常维护和故障诊断。训练部门的主要需求和期望包括要求 PHM 系统操作简单直观，便于快速掌握和使用，降低培训难度和节约时间；培训材料完备，包括全面、详细的 PHM 系统培训文档和模拟训练软件,以支持高效的培训过程。训练部门的需求直接影响着 PHM 系统的用户界面设计和操作流程优化,他们需要与系统设计单位密切合作,确保培训内容与实际系统功能完全匹配,同时要不断更新培训方法和内容,以适应 PHM 系统的升级和改进。此外,训练部门的反馈对于改进 PHM 系统的易用性和实用性也具有重要价值。

技术升级服务供应商作为在 F-35 飞机 PHM 系统的重要利益攸关方,对系统的长期有效性和适应性起着关键作用。在 F-35 飞机 PHM 系统是一个需要持续优化和升级的复杂系统。随着飞机技术的不断进步、作战环境的变化及新的维护需求的出现,PHM 系统必须不断更新以保持其有效性。技术升级服务供应商通过提供最新的算法、软件更新和新功能,确保 PHM 系统能够适应这些变化,持续提高其性能和可靠性。在 PHM 系统的全寿命周期中,技术升级服务供应商扮演着连接原始设计团队和最终用户的桥梁角色。他们能够收集用户反馈,了解实际使用中的问题和新需求,并将这些信息转化为系统的改进方案。这种持续的反馈和改进循环对于 PHM 系统的长期成功至关重要,可以确保 PHM 系统始终保持技术领先性,避免系统过快陈旧化。这不仅能够延长 PHM 系统的使用寿命,还能够持续提高飞机的可靠性和作战能力,从而最大化 PHM 系统的效益。

3.1.2 装备系统使用场景分析

美军对 F-35 飞机提出保障力、经济可承受性作为核心能力的原因是美军的上一代战斗机在海湾、科索沃、伊拉克等局部战争中暴露了较多的保障性问题,主要包括后勤保障需要的装备、物资、设施的规模庞大,需要大量的运力和时间进行部署,延长了作战响应时间并增加了战争成本;装备故障率偏高,故障检测率与虚警率不达标,导致装备使用可用度与出动率不高,限制了兵力运用的强度。为此 F-35 联合项目办公室提出了较为严格的保障力目标,相比上一代多用途战斗机 F-16,F-35 飞机必须能在世界任何作战区域自行部署,需要将保障人力需求减少 20%~40%,后勤保障规模缩小 50%,出动架次率提高 25%,每飞行小时费用降低 50%。

为实现上述保障性目标,F-35 飞机的主承包商洛克希德-马丁公司提出了自主保障(Autonomic Logistics)的概念,并设计了飞机在自主保障系统加持下的使用保障与维修保障场景,具体分为任务准备、飞行前准备、任务执行、再次出动准备、飞行后检查、维修计划制订、维修执行、保障资源管理等工作,如图 3.1 所示。

(1)任务准备。

当 F-35 飞行中队(由 24 架 F-35 飞机构成的作战单元)接收到作战任务时,其自主保障系统获得任务剖面信息(任务时间、任务构型、执行要求等)和 PHM 提供的机队状态信息(如分系统状态、剩余使用寿命、待维修工作等)。将这些信息提交给地勤指挥人员,并提供相关的任务准备建议(推荐机队中飞机状态与任务要求最匹配的飞机及对应的机组,规划相关的任务准备资源），辅助生成任务计划。

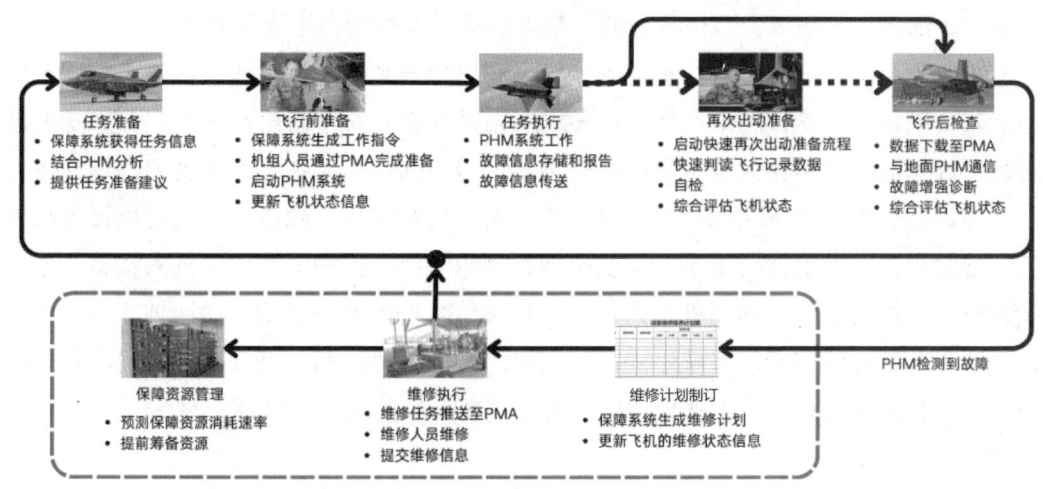

图 3.1 基于自主保障理念的 F-35 飞机保障模式示意图

（2）飞行前准备。

自主保障系统根据任务计划、飞机状态和相关资源情况生成工作指令，下达给任务机组人员。机组人员通过便携式维修辅助设备（PMA）获取指令，依次完成外观检查、分系统功能检查、任务数据加载等各项飞行前准备工作，同时启动 PHM 系统进行飞机自检，确认飞机状态是否满足任务要求。若有问题，则 PHM 系统生成告警信息，通报给机组人员，以采取适当措施（如任务延误/取消，或指派其他飞机承担任务等），同时记录相关的检查结果，并通过 PMA 将检查过程信息传输至自主保障系统中，更新飞机状态信息。

（3）任务执行。

任务执行过程中，PHM 系统将自动监测、记录并分析飞机及各系统的状态。当探测到一般故障时，系统会自动进行检测和隔离，生成故障信息，存储在飞参数据中；若探测到关键故障，则会传输有关信息至座舱，通过综合告警管理器向飞行员呈现，并给出处置建议（启动系统重构、任务降级、任务中止并返航等），同时将故障信息通过数据链传输给地面的自主保障系统，提前触发相应的维修保障活动（如维修人员准备、维修工位准备、维修资源调度等）。

（4）再次出动准备。

在某些紧急或高强度任务场景下，飞机在完成一个飞行架次后，需要在短时间内再次出动执行任务。此时，自主保障系统将启动快速再次出动准备流程，以确保飞机能够在最短时间内恢复到任务就绪状态。飞机落地后，机载 PHM 系统将自动生成飞行记录摘要信息,并通过数据链传输给地面的自主保障系统。系统根据预设的关键参数阈值,快速判读飞行记录数据,评估飞机的健康状态和任务能力。同时,飞机开始执行再次出动自检程序,对关键分系统的功能和性能进行快速检查,如发动机、航电、武器等。若自检过程中发现异常情况,则系统将生成告警信息,通过数据链实时上报给自主保障系统。

自主保障系统综合分析飞行记录判读结果和自检告警信息,快速评估飞机的再次出动能力。若飞机状态正常,满足再次出动要求,则系统将发布再次出动许可,并通知地勤人员进行飞机加油、弹药挂载等工作,同时将再次出动的任务参数下发给飞机,以便飞行员进行任务数据加载和航路规划。若系统评估认为飞机存在故障隐患,不适合执行再次出动任务,则发布再次出动否决指令。自主保障系统随即搜索机群中其他飞机的状态信息,选择状态最佳、能力最匹配的飞机作为备选,建议地勤指挥人员调整出动计划,由备选飞机执行后续任务。与此同时,系统生成故障飞机的维修工单,通知维修人员开展故障诊断和排故工作,并根据故障类型和严重程度,智能调整后续的飞行和维修计划。

(5)飞行后检查。

飞机落地后,地勤人员将机载数据卡上的数据下载至 PMA,并调阅分析机上 PHM 系统记录的状态信息,PMA 系统可与地面的云计算中心(部署在自主保障系统中)通信,深度分析 PHM 系统记录的状态数据,进行故障增强诊断、重要分系统剩余使用寿命预测和性能趋势分析,并据此评估当前和后续任务执行能力。如果发现异常变化趋势,那么系统将进行预测性分析,评估后续飞行任务过程中发生故障的可能性,并给出故障发生的概率和预计时间。若飞机需要再次起飞执行任务,则根据当前飞机状态迅速生成放飞决策指令,若无须继续执行任务,则根据故障信息与数据分析结果规划相应的维修活动。

(6)维修计划制订。

自主保障系统根据机队未来的任务需求、机队的健康状态及各类维修保障设施与资源的可用情况,实时做出机队的维修计划,以保证机队在一定时间内具有良好的使用可用度与任务执行能力,并尽可能降低保障成本,维修计划的内容包括维修时机、场地与工作项目,即根据机群的健康状态决定哪架飞机于何时在哪个维修场所进行何种维修作业,以及库存管理,即根据保障资源的消耗情况决定何时从供应商采购或申领何种资源,所做的维修计划要统筹协调当前任务需求与机队在未来一段时间内的运行保障效益。

当维修计划生成并经地勤指挥人员批准后,自主保障系统会自动更新飞机的维修状态信息,包括估计的维修时间、所需零部件和已分配的零部件,以及指派的维修人员等。

(7)维修执行。

维修计划批准后,系统自动生成相应的修复性维修与预防性维修任务,通过网络推送到维修人员的 PMA 上,维修人员在 PMA 上调取维修工作手册,对于修复性维修,根据故障代码、故障隔离结果,在手册的规范指导下开展故障件更换工作;对于预防性维修,依据手册进行常规检查保养，查找潜在故障隐患或症候，视情况更换部分有寿件。维修完成后，可通过 PMA 启动 PHM 进行飞机功能测试，确认维修效果，并将维修活动记录上传至自主保障系统。

若维修过程中出现了备件故障、工具损坏、耗材短缺等问题，则维修人员可通过自主保障系统提交维修资源申领信息，系统根据实时数据评估维修的延迟情况（包括对后续维修和飞行任务的影响），自主协调相关维修、飞行和训练日程。

（8）保障资源管理。

根据飞机维修工作需求、未来任务使用需求、当前保障资源库存情况、资源供应链情况等信息，预测保障资源消耗速率，提前筹备资源的采购、申领与分发工作，将库存维持在合理水平。

3.2 装备系统 PHM 需求映射分解

识别了装备 PHM 利益攸关方的主要需求和装备使用场景之后，就可以对装备 PHM 的系统需求进行分析。系统需求是对系统、产品、过程或约束的特定描述，具有全面、清晰、无歧义、唯一、一致、可验证等特性[37]。按照 MBSE 的方法论，系统需求的生成应遵循一个标准流程，包括负责进行需求分析的组织机构，需求模型的格式规范及需求的审查确认方式，通过标准的需求模型工程来确保系统需求的质量，进而有效驱动后续的总体设计、研发和生产环节，并有效统筹成本、进度、资源和其他管理因素。根据 3.1 节的运行概念与保障场景分析和 2.2.2 节的能力需求模型，本节以 F-35 飞机为例，对 PHM 系统的需求进行分解与权衡分析。

3.2.1 PHM 需求模型

F-35 飞机的典型保障场景可拆分为任务准备、飞行前准备、任务执行、再次出动准备、飞行后检查、维修计划制订、维修执行和保障资源管理 8 个子场景。通过对每个场景进行拆解，分析其中的实施要素与流程，并考虑每个利益攸关方的期望诉求，可以识别出每个场景对 PHM 系统的相应需求，归纳为如下 7 条。

（1）全机状态监视/监控。

（2）全机故障检测、隔离与功能测试。

（3）分系统寿命监视、评估和预测。

（4）使用与维修决策支持。

（5）状态数据的报告、存储、显示和传输。

（6）系统配置管理与迭代升级。

（7）其他能力。

上述 7 条可作为 PHM 的顶层需求，与各个场景的对应关系如表 3.2 所示。

表 3.2　F-35 飞机典型保障场景与对应 PHM 能力需求

使用场景	保障活动	PHM 能力需求
任务准备	获取任务剖面信息与机队状态数据，提供相关的任务准备建议，辅助生成任务计划	使用与维修决策支持
飞行前准备	通过 PHM 进行飞机功能自检，确认飞机状态是否满足任务要求，若否，则将飞机状态和故障信息上报，并在机群中选择其他飞机执行任务	全机状态监测， 故障自动检测， 使用与维修决策支持
任务执行	机动监测并记录飞机各系统状态，若发生故障，则利用机上轻量级分析模型进行初步分析，将相应的故障信息代码通过空地数据链下传到地面，提前规划相应的维修保障行动	全机状态监测， 故障自动检测、隔离， 状态数据的报告、存储、显示和传输
再次出动准备	快速下载关键飞行记录数据并进行判读，进行功能自检，判断飞机是否能继续执飞，若否，则将异常情况上报，并在机群中选择其他飞机执行任务	全机状态监测， 故障自动检测， 状态数据的报告、存储、显示和传输 使用与维修决策支持
飞行后检查	下载各类飞行记录数据，在地面进行综合增强诊断与寿命预测，根据分析结果规划相应的维修活动，根据预测结果和未来任务需求，视情开展维修保障工作，并更新飞机状态信息	故障自动检测、隔离， 分系统寿命监视、评估和预测， 状态数据的报告、存储、显示和传输 使用与维修决策支持
维修计划制订	利用飞行参数、故障代码、历史运行数据等信息进行故障综合诊断，确定故障类型、故障部件的位置，实施更换维修，并记录故障信息，更新飞机状态	故障自动检测、隔离
维修计划与执行	利用飞行参数、故障代码、历史运行数据等信息进行故障综合诊断，确定故障类型、故障部件的位置，结合机队未来的任务需求、机队的健康状态及各类维修保障设施与资源的可用情况，实时做出机队的维修保养计划。实施修复性、预防性与预测性维修，更新飞机状态	故障自动检测、隔离， 分系统寿命监视、评估和预测、使用与维修决策支持
保障资源管理	根据飞机维修需求、未来任务需求和当前航材库存情况，预测未来航材消耗速率，提前筹备航材申领与分发工作，将库存维持在合理水平	使用与维修决策支持， 分系统寿命监视、评估和预测 航材备件库存调度

根据使用场景与利益攸关方需求期望等信息识别 PHM 的顶层需求后，还需要对其进行分解与细化。根据 INCOSE 发布的《系统工程手册》，系统需求的内容属性描述应遵循标准的定义项范式，遵循以下原则以确保需求集的质量。

（1）可实现，描述的需求必须在技术、经费、进度等约束下可行，在需求制定时需要参考潜在承研方的专业意见，确保实现风险水平可控。

（2）完整性，需求集包含与利益攸关方相关的所有需求，数量可度量且无须扩充。

(3) 必要性，需求集有清晰的边界范围，且每条需求均有充分的存在理由。

(4) 独立于方案，需求应牵引方案，而不是反过来，即所有需求应描述需要的是什么，而不应描述用什么方式实现需求，不能为了某项技术或解决方案而反推需求。

(5) 可验证，需求必须通过检验、分析、演示或试验等手段在装备系统全寿命周期内的某一阶段进行验证。

(6) 可追溯，所有底层需求都应该可以追溯到顶层需求，次一级的所有需求都必须从上一级的需求中导出，如果一个需求被定义在一个低层级且不能追溯到上一层级，那么该条需求是多余的或上一层级缺少了这条需求。

(7) 无歧义，需求编写时应使用清晰、准确和足够详细的描述方式，尽量使用专业术语来避免对同一需求产生不同的解释。

(8) 单一性，当把顶层需求分解时，分解的每条底层需求尽量仅反映一项能力、功能或约束，方便后续的能力追溯与验证。

(9) 一致性，需求集内不存在互相矛盾或有潜在实现冲突的需求项。

(10) 符合性，需求描述应与现行的政府、行业、产品的标准、规范、接口相符合。

可以看出，需求的收集、识别、分析、分解、生成等工作是一个反复迭代和演进的过程，机、箭、弹、星、船等现代复杂装备系统的需求条目可达上万条，使用需求文件、论证报告、总体设计要求等基于文档的需求描述方式很难符合上述 10 条原则，也难以有效实现需求的变更、监测、验证等管理工作，必须基于标准化的需求模型对每条需求进行管理。根据 SAE International 发布的 ARP6883《IVHM 需求分析指南》，装备系统的需求集在编制过程中要采用标准化的关系数据模型来描述，其属性包括如下几条。

(1) 需求描述：一般包括元素、执行条件、执行对象、执行特性、执行约束、对象表达等因素，这样即使是经验不够丰富的工程师也能定义完整无歧义的需求。

(2) 理由依据：阐述需求的出处及为什么需要该条需求，并补充能更好地理解需求的相关描述。

(3) 需求映射关系：指该需求作为分解项承担的上一层次需求，以及作为指导项牵引的下一层次需求集合。

(4) 所有者：指该需求的提出者，或相关的利益攸关方。

(5) 优先级：指该需求对系统和相关利益攸关方的重要程度，可按照从低到高的等级（一般、重要、关键、核心等级别）来描述说明，可从上一级需求中继承，当系统面临进度或预算的压力时，可考虑删除部分低优先级的需求。

(6) 实现阶段：指该需求应在装备全寿命周期中的哪一阶段实现，一般按照该需求的约束条件、期望效果、技术成熟度、经费成本和装备系统总体研发过程来统筹考虑。

(7) 实施状态：指该需求当前所处的阶段状态，该信息用于利益攸关方对需求满足和验证情况的全局把握。

（8）验证方法：指该需求的验证方式，根据需求的实现阶段和特性，一般包括 4 类标准方法，即检验、分析、演示、试验。验证可能是装备系统全寿命周期的主要成本要素，需要在需求分析阶段就合理规划每项需求的验证手段。

按照上述需求集制定的原则与模型要求，可将 7 条 PHM 顶层需求进行分解，形成 F-35 飞机 PHM 系统的需求模型，如表 3.3 所示。

表 3.3 F-35 飞机 PHM 系统的需求模型数据表

编号	内容描述	理由依据	所有者	优先级	实现阶段	实施状态	相关指标	验证方法
0	PHM 总体能力：PHM 应能提高飞机安全性与出动能力，推动预测性维修，实现自主保障，显著提高飞机保障效能与经济可承受性	装备系统顶层保障力要求	F-35 联合项目办公室	高	列装三年后	未验证		在役考核、仿真评估
1	全机状态监视/监控	利益攸关方关键需求，支撑实现需求 0		高	试飞	验证中		
1.1	飞行中 PHM 应能采集飞机环境信息、飞机各系统/设备运行状态数据	利益攸关方关键需求，支撑实现需求 1		高	试飞	验证中	数据覆盖率、数据采样频率、数据存储量、数据预处理时间、数据质量、质量、能耗、数据处理能力	演示验证、地面试验、飞行试验
1.1.1	能够采集动力系统中发动机进气道、燃烧室、风扇、涡轮、润滑油的状态参数；液压系统中充气压力、温度、油位等状态参数；机翼、尾翼等结构中的应变、裂纹、位移等参数	利益攸关方关键需求，支撑实现需求 1.1	飞行员、地勤人员	高	试飞、性能试验	验证中		
1.2	PHM 能对关键参数与功能（与触发灾难事故或影响任务完成的参数与功能）实现异常告警	利益攸关方关键需求，支撑实现需求 1		高	试飞、性能试验	验证中		
1.2.1	能够对各分系统的压力、温度、油位等参数进行监测分析，指示喘振、漏油、超温、冲击损伤等严重故障	利益攸关方关键需求，支撑实现需求 1.1		高	试飞、性能试验	验证中		
1.2.2	……							
2	全机故障检测、隔离与功能测试	利益攸关方关键需求，支撑实现需求 0		高	列装一年后	研制中	诊断准确率、故障检测率、诊断精度、虚警率、故障隔离率、平均诊断时间、诊断稳健性、诊断一致性、可靠性、环境适应性、集成度	在役考核仿真评估、演示验证、地面试验
2.1	PHM 应具备故障自动检测、隔离和显示能力，对飞机各系统设备的故障信息进行综合处理，将故障隔离至 LRU	依据使用模式与场景分析导出，支撑实现需求 2	地勤人员	高	列装一年后	研制中		
2.1.1	对于电子类系统，使用嵌入式机内测试方法，故障检测率不低于 90%，隔离至三个 LRU 的故障隔离率不低于 90%	使用测试性分配方法得出		中	性能试验	已验证		

续表

编号	内容描述	理由依据	所有者	优先级	实现阶段	实施状态	相关指标	验证方法
2.1.2	……							
3	分系统寿命监视、评估和预测	利益攸关方关键需求，支撑实现需求 0	地勤人员、修理厂	中	试飞、性能试验	验证中	相对准确度、评分函数、预测范围、预测稳定度、预测置信度、可靠性、环境适应性、集成度	仿真评估、演示验证、地面试验、在役考核
3.1	能够对飞机结构、动力、机电等分系统进行性能趋势分析	依据使用模式与场景分析导出，支撑实现需求 3	地勤人员	中	性能试验	验证中		
3.1.1	根据监测的性能数据和历史记录，预测有寿件达到警戒值（建议采取维修或更换以保障飞机性能）或门限值（必须进行维修以保障飞行安全）的时间	使用基于仿真的 PHM 性能分配方法得出	地勤人员、修理厂	中	性能试验	已验证		
3.1.2	……							
4	使用与维修决策支持	利益攸关方关键需求，支撑实现需求 0		高	试飞、性能试验、列装后	验证中	运维工作覆盖率、决策指令使用率、维护成本降低率、使用可用度提升率、投资回报率、保障性	仿真评估、演示验证、地面试验、在役考核
4.1	能够根据未来飞行任务、当前机队状态和维修保障资源情况，自主制订飞行计划，选择与飞行任务需求匹配度最佳的飞机执飞	依据使用模式与场景分析导出，支撑实现需求 5	地勤人员、修理厂	高	性能试验	验证中		
4.2	能够根据机队实时的维修保障需求，自动规划生成修复性维修、预防性维修和预测性维修工作计划			中	列装后	未验证		
4.3	能够根据保障资源消耗速率，自动生成保障资源申领与采购计划			中	列装后	未验证		
4.4	……							
5	状态数据的报告、存储、显示和传输	利益攸关方关键需求，支撑实现需求 0	地勤人员、修理厂	高	试飞、性能试验		数据覆盖率、数据采样频率、数据存储量、数据预处理时间、数据质量、质量、能耗、数据处理能力、用户界面友好度、互操作性	演示验证、地面试验
5.1	能够将飞机各系统、设备的状态监测数据和故障信息数据进行综合处理，通过空地数据链、数据卡、机场蜂窝网络、近场通信等手段将数据传输至地面配套系统中	依据使用模式与场景分析导出，支撑实现需求 4		高	性能试验	验证中		
5.2	能够存储不少于 50 飞行小时的记录数据			中		已验证		
5.3	能够使用外场便携式辅助设备查阅状态数据			中		已验证		

续表

编号	内容描述	理由依据	所有者	优先级	实现阶段	实施状态	相关指标	验证方法
5.4	……							
6	系统配置管理与迭代升级	利益攸关方关键需求，支撑实现需求0		高	试飞、性能试验	验证中		
6.1	可通过PMA查阅PHM系统的软件版本、参数设置、故障历史数据等信息，并根据任务需要调整配置PHM系统软件参数，对软件版本进行管理		地勤人员、修理厂	高	性能试验	验证中	可扩展性、模型算法更新频率、技术资料完备性、用户界面友好度、互操作性	演示验证、地面试验、在役考核
6.2	PHM硬件采用开放式架构，可依据实际需求更新计算机、存储器、传感器等硬件设备，提升系统性能	依据使用模式与场景分析导出，支撑实现需求6		高	试飞、性能试验、列装后	未验证		
6.3	可持续收集使用过程数据、故障数据、维修日志等信息，更新性能监测、故障诊断与寿命预测等软件功能模块，持续提升性能监测、故障诊断、寿命预测、保障决策等能力			中	试飞、性能试验、列装后	未验证		
6.4	……							
7	其他能力	利益攸关方需求，支撑实现需求0		高	试飞、性能试验	验证中		
7.1	PHM应具备开机自检能力，确认自身状态，PHM系统发生故障时应不影响飞行安全与任务执行		地勤人员、修理厂	高	试飞	验证中	维修性、测试性、可扩展性、技术资料完备性、用户界面友好度、互操作性	演示验证、飞行试验、在役考核
7.2	外部使用环境条件变化后，PHM系统可自主调整，无须人工干预；硬件、软件升级后，PHM系统可在外场实现原位标定	依据使用模式与场景分析导出，支撑实现需求7		高	试飞、性能试验	已验证		
7.3	PHM系统具备支持30天自保障能力，使用规定的测试设备、备件与工具，可持续工作30天			中	列装后	已验证		
7.4	具有类似机型维修资格的地勤人员，经过3个月培训后可熟练掌握PHM系统的在各类使用场景下的操作流程			中	试飞			
7.5	……							

3.2.2 PHM 能力指标体系

装备 PHM 性能指标体系旨在全面、科学地评估 PHM 系统在全寿命周期内的综合能力，其设计原则和构成体现了全面、客观、务实、可评价等理念。与现有研究主要聚焦于 PHM 的核心功能（如故障诊断、寿命预测、状态监测等）不同，本书提出的 PHM 指标体系是覆盖全寿命周期各个阶段的综合性指标体系，而非仅针对几个功能模块的性能指标。该体系强调通过一套全面的指标来客观、务实地评价 PHM 系统的整体能力，而非局限于某几个功能模块。本节提出一套覆盖 PHM 系统全寿命周期的各个关键环节的 PHM 能力指标体系，从数据采集与处理到故障诊断、寿命预测、决策支持，直至系统通用质量特性、经济效益等多个维度对装备 PHM 系统进行充分评估，各项指标与能力的对应情况详见表 3.3。

值得注意的是，该指标体系由定性和定量两部分指标组成，并不一味追求量化描述。这是因为 PHM 系统的许多方面难以用直观的数字来描述，需要借助专家经验或其他评价手段来辅助评价。通过定性与定量相结合的方式，可以更全面、客观地反映 PHM 系统的实际能力。这种综合性的指标体系设计，有助于从整体上把握 PHM 系统的性能，避免仅关注某些局部功能而忽视系统整体效能的问题，也充分考虑了实际应用的可操作性。通过这套指标体系，可以帮助用户、开发者和管理者更好地理解、评估和改进 PHM 系统，从而推动 PHM 技术在实际应用中的有效落地和持续优化。本节以航空装备为例介绍这套覆盖 PHM 全寿命周期的能力指标体系。

1. 数据采集与处理

数据采集与处理指标是 PHM 性能评估体系的基础部分，旨在评估 PHM 系统在数据采集、存储和预处理过程中的各项能力。该类指标的主要价值在于确保所获取的数据具有高度完整性、高分辨率和高质量，为后续的故障诊断和寿命预测提供可靠的数据基础。数据采集与处理指标涵盖了数据覆盖率、数据采样频率、数据存储容量、数据预处理时间和数据质量等方面，能够全面反映 PHM 系统在数据管理环节的表现。

1）数据覆盖率

该指标反映了数据采集的完整性和全面性，衡量了数据采集系统在整个监测范围内的覆盖程度。数据覆盖率高说明采集的数据更全面，更能反映系统的实际运行状态。

$$数据覆盖率 = \frac{实际采集的数据量}{应采集的数据量} \times 100\%$$

其中，实际采集的数据量是指在一定时间内实际收集到的数据条目数，应采集的数据量则是根据采集计划应收集的数据条目数。在实际应用中，需要根据具体监测对象确定理论上应采集的数据量，并通过系统记录获取实际采集的数据量。对于航空装备 PHM 系统，数据覆盖率的计算对象通常包括飞机的机载健康监测数据（如飞参、总线、音频等）、飞机的故障记录数据、维修数据及备件的储供数据等。通过比对这些数据的实际采集量与理论应采集量，可以得出系统的数据覆盖率。

2）数据采样频率

该指标表征了数据采集的时间分辨率，反映了系统在单位时间内采集数据的次数。采样频率越高，越能够捕捉到设备运行状态的细微变化。高采样频率可以提高数据的细节捕捉能力，有助于检测早期故障和进行准确的寿命预测，但也会增加数据处理和存储的压力，因此需要在精度和成本之间找到平衡，可通过分析采集数据的信息含量，以及与系统响应时间和故障特征频率的匹配程度来确定。在航空装备 PHM 系统中，发动机振动数据可能需要 50kHz 的高采样频率，而燃烧室温度数据的采样频率只需要 1Hz 即可。

3）数据存储量

该指标衡量了系统累计有效数据的能力，反映了历史数据信息的丰富程度，它决定了历史数据的可追溯性和分析的深度。足够的数据存储量对长期趋势分析、历史事件回溯等至关重要。对于航空装备 PHM 系统，通常需要存储大量的历史数据，用于故障诊断和趋势分析，还需要上万架次的飞参总线数据，以及与之对应的故障记录、维修记录、航材消耗、供应链储供等数据。同时，还需要考虑数据压缩技术的应用，以及数据分级存储策略（如热数据、温数据、冷数据的区分存储）对存储容量需求的影响。

4）数据预处理时间

该指标反映了数据从采集到可用的时间消耗，是确保数据使用效率和适用性的关键环节。在航空装备 PHM 系统中，预处理时间尤其关键，因为它直接影响到飞行安全和维护决策的及时性。一个飞行架次的数据包括机载健康监测数据（飞参、总线、音频等）、故障记录数据、维修数据及备件储供数据，数据预处理时间通常包括以下步骤。

（1）数据下载：飞行结束后，立即下载飞行参数数据（飞参数据）和总线数据。

（2）数据清洗：去除无效数据、噪声和重复数据，确保数据的准确性和一致性。

（3）格式转换：将不同来源的数据转换为统一的格式，便于后续处理。

（4）特征提取：从飞参数据中提取关键特征参数，如发动机温度、振动信号等。

（5）数据融合：将飞参数据与故障记录数据、维修数据和备件储供数据进行融合，形成综合数据集。

（6）决策建议：对数据进行系统分析判读，计算故障诊断、寿命预测的结果，并生成相应的维修计划。

（7）输出结果：对所有判读结果进行整合，输出可视化的健康状态报告与保障建议。

在实际操作中，数据预处理时间会随着数据量、算法复杂度和计算资源的不同而变化。该指标直接影响 PHM 系统的实时性能。较短的预处理时间有助于快速响应和决策，对于需要紧急维护的情况尤为重要。在评估时，可以通过多次测试取平均值，以获得更稳定的结果。同时，还需要考虑不同飞行任务类型（如训练、实战等）对预处理时间的影响。

5）数据质量

该指标代表了数据的准确性、一致性和完整性等方面的综合评价。虽然数据质量的维护与提升更多属于数据工程范畴，但对 PHM 系统来说，它是确保系统有效性的基石，高质量的数据是进行有效故障诊断和寿命预测的前提条件。在航空装备 PHM 系统中，数据质量的管理至关重要，因为不准确、不一致或不完整的数据可能导致误判，从而影响飞行安全和维护决策。数据准确性是指数据值与真实值之间的偏差程度，高准确性的数据能够真实反映设备的运行状态。对航空装备来说，飞参数据中的关键参数（如发动机温度、振动信号等）必须具有高准确性，以确保故障诊断和寿命预测的可靠性。数据一致性是指数据在不同时间和地点的一致性程度，高一致性的数据能够确保在不同条件下采集的数据具有较高的可靠性。对于航空装备 PHM 系统，飞参数据在不同飞行阶段（如起飞、巡航、降落）应具有一致性，若在某一阶段数据出现异常，则需要进行数据检查和校正。数据完整性是指数据记录的全面性和无缺失程度，高完整性的数据能够确保数据记录的连续性和完整性。在航空装备 PHM 系统中，飞行过程中各个阶段的数据都必须完整记录，特别是关键参数的采集不能有任何缺失，以确保对设备健康状态的全面评估。关于数据的准确性一致性和完整性的评估方法，鉴于篇幅原因，本书在这方面不做进一步的探讨，感兴趣的读者可参考数据工程方面的研究成果[38]。

2．故障诊断

故障诊断指标是评估 PHM 系统在检测、诊断设备故障方面性能的重要指标，需要全面反映 PHM 系统的诊断范围、精度和效率，这些指标不仅有助于评估模型的性能，还为优化设计、提高系统可靠性和安全性提供了量化依据。以下是故障诊断类指标的详细描述及其数学定义。

1）诊断准确率

诊断准确率是最基本和常用的故障诊断性能指标，反映了诊断系统正确识别故障的能力。其定义为正确诊断的样本数与总样本数的比值：

$$A_c = \frac{TP + TN}{TP + TN + FP + FN}$$

式中，TP（True Positive）为正确诊断出故障的样本数；TN（True Negative）为正确诊断出正常的样本数；FP（False Positive）为误诊断为故障的样本数；FN（False Negative）为漏诊的样本数。

2）故障检测率（诊断灵敏度）

故障检测率反映了诊断系统检测出故障的能力，其定义为正确诊断出故障的样本数与实际故障样本总数的比值：

$$DR = \frac{TP}{TP + FN}$$

3）诊断精度

诊断精度反映了诊断系统在识别故障时的准确程度。其定义为正确诊断出故障的样本数与所有诊断为故障的样本数的比值：

$$Precision = \frac{TP}{TP + FP}$$

4）虚警率

虚警率反映了无故障情况下诊断系统误报故障的概率：

$$FA = \frac{FP}{FP + TN}$$

5）故障隔离率

故障隔离率是衡量故障诊断系统在规定时间内，通过指定方法正确隔离到不超过一定数量可更换单元（LRU）的故障数与在同一时间段内检测到的故障总数的比例，通常以百分比形式表示：

$$\gamma_{FI} = \frac{N_L}{N_B} \times 100\%$$

式中，N_L 表示在给定条件下，通过指定方法正确隔离到少于等于 L 个 LRU 的故障数；N_B 则是在相同条件下，通过指定方法正确检测到的所有故障数。对于某些系统和设备，故障隔离率可用以下方式估计：

$$\lambda_{FI} = \frac{\lambda_L}{\lambda_D} \times 100\% = \frac{\sum_{i=1}^{L} \lambda_{Li}}{\lambda_D} \times 100\%$$

式中，λ_D 是所有被检测出的故障模式的故障率之和；λ_L 是可隔离到少于等于 L 个 LRU 的故障模式的故障率之和；λ_{Li} 是可隔离到少于等于 L 个 LRU 的故障中第 i 种故障模式的故障率；L 是故障隔离组内的可更换单元数，也被称为故障隔离的模糊度。

6）平均诊断时间

平均诊断时间反映了诊断系统从故障发生到完成诊断的时间效率，航空装备一般有故障排除时限要求，对关键故障的平均诊断时间有较高的要求：

$$MDT = \frac{1}{N} \sum_{i=1}^{N} (t_{di} - t_{fi})$$

式中，N 为故障样本数；t_{di} 和 t_{fi} 为第 i 个故障的诊断完成时间和发生时间。

7）诊断稳健性

诊断稳健性反映了诊断系统在不同工况下保持诊断性能的能力，可以用不同工况下诊断准确率的方差来表示：

$$R_o = \frac{1}{M}\sum_{j=1}^{M}\left(Ac_j - \overline{Ac}\right)^2$$

式中，M 为工况数量；Ac_j 为第 j 个工况下的诊断准确率；$\overline{Ac}$ 为所有工况下诊断准确率的平均值。

8）诊断一致性（复现率）

诊断一致性反映了诊断系统在重复诊断同一故障时结果的一致程度，也称诊断复现率。诊断一致性是衡量故障诊断系统在多次诊断相同或相似故障状态时，所给出诊断结果之间的一致性和重复性的重要指标。这一指标的应用背景广泛，尤其是在那些频繁遭遇瞬态故障或间歇性问题的复杂工程系统中尤为重要，如航空器、核电站或工业自动化设备等。诊断一致性高，意味着系统具有较强的稳健性，即使在面临相同的故障模式但表征数据略有差异时，也能给出一致的诊断结论，这对于提高维护决策的可靠性、减少误报和降低漏报率至关重要。为了更好地量化诊断一致性，可以采用诊断一致性指数：

$$\text{DCI} = \frac{1}{N}\sum_{i=1}^{N}\left(\frac{n_j}{m_j}\right)$$

式中，N 是被诊断的故障类型总数；n_i 是第 i 种故障被一致诊断的次数；m_i 是第 i 种故障被诊断的总次数。

此外，为了评估诊断系统对不同故障严重程度的一致性表现，我们可以引入故障严重度加权诊断一致性指数：

$$\text{SDCI} = \frac{\sum_{i=1}^{N}s_i\text{DCI}_i}{\sum_{i=1}^{N}s_i}$$

式中，s_i 是第 i 种故障的严重度权重，SDCI 不仅考虑了诊断的一致性，还纳入了故障严重程度，能够更全面地评估诊断系统的性能。在实际应用中，可以根据具体需求选择其他方式对一致性指标进行修改。

上述故障诊断类的指标从不同角度评估了故障诊断系统的性能。在实际应用中，应根据具体需求选择合适的指标组合，以全面评估诊断系统的性能。同时，随着故障诊断技术的发展，新的评估指标也在不断提出，如基于信息理论的诊断信息增益、基于成本的诊断效益等，这些指标为故障诊断系统的评估提供了新的视角，感兴趣的读者可参考相关文献[39-40]。

3．寿命预测

虽然寿命预测算法的工程成熟度远未达到故障诊断的水平，但学术界在如何评价预测性能方面进行了大量研究，这些研究为评估和改进预测算法提供了重要参考，确保其能够在实际应用中提供可靠、稳定的预测结果。寿命预测指标主要衡量预测结果的误差、精度、置信度和稳定性，包括但不限于预测的准确性、范围、稳定度、置信区间、预测覆盖率等。

1）相对准确度

相对准确度（Relative Accuracy，RA）是在特定时间点上，预测值与实际剩余使用寿命之间的接近程度：

$$RA = 1 - \frac{|RUL_t - r(t)|}{RUL_t}$$

式中，RUL 是实际剩余使用寿命；$r(t)$ 是预测的剩余使用寿命，此指标衡量预测值与实际值之间的差异。RA 的值越接近 0，表明预测值越接近实际值。

2）评分函数

在剩余使用寿命预测，特别是竞赛类预测和通用数据集算法效果比较中，评分函数（Score Function，SF）也是常用的评价指标。这一指标来源于美国 PHM 协会 2010 年的 PHM10 Data Challenge，其数学描述方式为

$$Score = \begin{cases} \sum_{i=1}^{n}\left(e^{\frac{-\Delta_i}{10}} - 1\right), \Delta_i < 0 \\ \sum_{i=1}^{n}\left(e^{\frac{\Delta_i}{4.5}} - 1\right), \Delta_i \geqslant 0 \end{cases}$$

式中，Δ_i 表示剩余使用寿命预测值 $r(t)$ 与真实剩余使用寿命 RUL_t 之间的差值，即 $\Delta_i = r(t) - RUL_t$。从数学描述方式上可以看出，与其他剩余使用寿命预测评估指标不同，该指标同时考虑了剩余使用寿命的保守预测和激进预测的不同影响。更具体地说，该指标为成本型指标，即数值越小表示指标越优，并且对保守估计（预测值小于实际值）更加友好。

3）预测范围

预测范围（Prognostic Horizon，PH）的定义是预测值能满足预测误差要求的最早时间点 i 与预测时间 EOP（End-of-Prediction）之间的时间距离：

$$PH(i) = EOP - i$$
$$i = \min\{j|(j \in L) \wedge (r_{1-\alpha} \leqslant r(j) \leqslant r_{1+\alpha})\}$$

此指标衡量了满足要求的预测结果的时间提前量，它提供了一个预测的"视野"或"范围"。一个好的预测算法能够在故障发生前的足够长时间内给出预测，从而允许采取必要的维护或更换措施。

4）预测稳定度

预测稳定度（Prognostic Stableness，PS）指的是模型预测结果随时间变化的稳定性，即模型输出在没有重大系统变化情况下，的连贯性和一致性，可通过一段时间窗口内寿命预

测值的方差来量化描述，它可以基于任何准确性或精确度指标来计算。

$$PS = \sqrt{\frac{1}{L-1}\sum_{i=1}^{L}\left(RA_i - \overline{RA}\right)^2}$$

式中，L 代表需要度量预测稳定性的时间窗口，此指标反映了预测值随时间变化的程度或不确定性。较小的传播度表明预测更为稳定和可靠。

5）预测置信度

预测置信度（Prognostic Confidence，PC）是指模型输出预测结果的可信程度，通常通过预测区间的置信水平来衡量。若模型预测给出某设备 RUL 的 95%置信区间为[10, 20]天，则意味着根据这个模型，真实的 RUL 有 95%的可能性位于这个区间内。在工程实践中，通常有两种计算方式，一种是给定置信度来计算置信区间的上下界，适用于只能提出置信度指标要求的情形，其数学表述为

$$CI = \left[\hat{y}_{pri}, \hat{y}_{sup}\right] = \left[\hat{y} - z_{\alpha/2}\sigma, \hat{y} + z_{\alpha/2}\sigma\right]$$

式中，$\hat{y}$ 是预测均值；σ 是预测标准差；$z_{\alpha/2}$ 对应于所需置信水平；$\hat{y}_{pri}, \hat{y}_{sup}$ 分别为预测区间的上下界。

另外一种计算方式是给定置信区间的上下界来计算置信度，适用于只能提出预测误差（置信区间）指标要求的情形：

$$C = \int_{RUL-e}^{RUL+e} p_h(x)dx$$

式中，e 为允许的预测误差上限；RUL 为真实剩余使用寿命；p_h 为 PHM 系统在故障发生前 h 个时间单位时，预测的剩余使用寿命概率分布函数；C 为预测的置信度，即预测结果处于$[RUL-e, RUL+e]$区间的概率为 C。

一些文献中还介绍了 $\alpha-\lambda$ 性能、收敛度、预测风险度等指标，这些指标的计算方式均是在上述 4 个指标的基础上进行更复杂的数学变换得到的。$\alpha-\lambda$ 性能指标用于评估预测结果的准确性和及时性。α 表示预测误差在可接受范围内的比例，λ 示预测提前的时间跨度。$\alpha-\lambda$ 性能可以通过预测相对误差和预测范围来综合计算。收敛度指标评估预测算法在迭代过程中逐渐接近实际剩余使用寿命的程度，可以通过预测稳定度和预测置信度的变化来评估。预测风险度衡量预测结果的不确定性和风险水平，通过预测置信度的逆向指标（1-置信度）来表示预测的不确定性，同时结合预测相对误差评估预测结果的潜在风险[39]。

除上述核心指标外，还有一些额外的考量因素，如算法复杂性、预测响应时间及数据需求量，它们虽不属于直接的预测性能指标，但对于实际应用同样关键。算法复杂性影响着模型的计算效率和资源消耗；预测响应时间则直接关联到系统的实时性要求；而数据需求量则决定了模型训练和应用的难易程度，以及是否易于在数据有限的场景中应用等。这些指标的量化方法和标准在不同的场景中差别很大，鉴于篇幅原因，本书不对这些指标进行深入讨论，感兴趣的读者可参考相关文献[41]。

4. 决策支持与经济效益

在装备故障预测与健康管理（PHM）系统中，决策支持与经济效益指标是衡量系统有效性和经济性的关键要素。这些指标不仅评估 PHM 系统在运维过程中的贡献，还衡量其对降低成本、提高效率的实际经济效益。下面详细介绍每个指标的定义、计算方法及其意义。

1）运维工作覆盖率

运维工作覆盖率是指在所有运维工作项目中，有多少项目采用了 PHM 系统输出的信息或功能，或者受到了 PHM 系统的支持。这一指标可以通过以下公式计算：

$$运维工作覆盖率 = \frac{PHM系统支持的运维项目数}{总运维项目数} \times 100\%$$

运维工作覆盖率越高，说明 PHM 系统在运维工作中发挥的作用越大，嵌入日常运维程度越深入。

2）决策指令使用率

决策指令使用率是指 PHM 系统输出的任务指派、维修计划、资源调度等指令中有多少被最终采纳（在实际工程中，很多 PHM 系统提供的决策建议因为明显不符合实际，所以在人工审核后认为不合理而弃用）。计算公式如下：

$$决策指令使用率 = \frac{被采纳的PHM指令数}{总PHM指令数} \times 100\%$$

高决策指令使用率表明 PHM 系统的决策支持功能可信度高，得到一线工作人员的认可，真正发挥了决策支持的作用。

3）维护成本降低率

维护成本降低率衡量使用 PHM 系统后，装备系统维护成本相对于传统维护方式节省的比例：

$$维护成本降低率 = \frac{传统维护成本 - PHM维护成本}{传统维护成本} \times 100\%$$

这一指标直接反映 PHM 系统在经济效益上的贡献，成本降低率越高，PHM 系统的经济价值越大。

4）使用可用度提升率

使用可用度提升率是指使用 PHM 系统后，装备系统的可用度增加的比例。这一指标可以通过以下公式计算：

$$使用可用度提升率 = \frac{PHM系统可用度 - 传统系统可用度}{传统系统可用度} \times 100\%$$

该指标表明 PHM 系统对提高装备使用效率的效果，使用可用度提升率越高，表明系统的运维保障能力越强。

5）投资回报率

投资回报率（ROI）是衡量 PHM 系统投资的经济回报程度的指标，其计算公式为

$$ROI = \frac{PHM系统经济收益 - PHM系统投资成本}{PHM系统投资成本} \times 100\%$$

该指标综合反映 PHM 系统的经济效益，ROI 越高，表明投资 PHM 系统的经济回报越大。

上述 PHM 系统决策支持与经济效益指标为评估 PHM 系统的性能和价值提供了评估框架。这些指标涵盖了 PHM 系统在运维工作覆盖、决策支持、成本降低、可用度提升、故障损失减少及投资回报等多个方面的表现。通过持续监测和分析这些指标，可以全面评估 PHM 系统的实施效果，为系统优化和投资决策提供重要依据。

需要指出的是，这些指标所涉及的相关数据需要在 PHM 系统日常运行的过程中进行系统的收集，如 PHM 支持的运维项目数、被采纳的 PHM 指令数、PHM 综合维护成本、PHM 系统经济收益等。这些数据的获取并不容易，需要进行深度调研、二次处理或统计分析之后才能获得。特别是综合维护成本、经济收益等数据，需要结合多年的运维数据与专业的经济性评估模型才能获取。在数据采集困难或者匮乏的情况下，还可以通过仿真、类比等方式进行估计。例如，可以通过建立数字孪生模型来模拟 PHM 系统的运行，从而获取相关数据；或者通过对比类似系统的运行数据来进行估算。这些方法虽然不如直接采集的数据精确，但在实际应用中仍具有重要的参考价值[42]。

5. 通用质量特性

在 PHM 系统的设计与评估中，通用质量特性指标是衡量系统综合性能的关键要素。作为装备系统的一部分，PHM 系统必须遵循一般分系统的研制规范，其通用质量特性指标也是评估其综合性能的重要组成部分，具体包括可靠性、维修性、测试性、保障性和环境适应性。

1）可靠性

可靠性是指 PHM 系统在规定条件下和规定时间内完成其规定功能的能力，其主要指标是 MTBF（Mean Time Between Failures，平均故障间隔时间）：

$$MTBF = \frac{总运行时间}{故障次数}$$

该指标通过统计系统的运行时间和故障次数来确定。MTBF 反映了 PHM 系统在正常操作条件下维持状态监测、故障诊断、寿命预测等功能的能力。

2）维修性

维修性是指 PHM 系统自身出现故障后能够被修复并恢复工作的能力，其主要指标是 MTTR（Mean Time to Repair，平均修复时间）：

$$\text{MTTR} = \frac{总修复时间}{修复次数}$$

维修性不仅包括故障后的修复时间，还涵盖了系统内嵌传感器、总线、计算设备等组件的维护与保养。维修性评估需要考虑拆卸安装、测试时间，以及传感器校准、系统升级、日常维护等预防性维修的周期与时间。

3）测试性

测试性是指 PHM 系统自身的故障检测和隔离能力，其主要指标包括故障检测率、故障隔离率和虚警率。

4）保障性

保障性是指 PHM 系统设计特性和计划的保障资源满足 PHM 使用要求的能力，其主要指标包括 PHM 系统使用可用度和任务前准备时间。保障性反映了系统在实际使用过程中，设计特性和保障资源对任务要求的满足程度。系统使用可用度是指系统在规定时间内能够正常工作的比例，任务前准备时间是指系统在任务开始前的准备时间。

5）环境适应性

环境适应性是指 PHM 系统在其寿命期内，能在各种环境条件下实现其预定功能和性能且不被破坏的能力。一般考虑温度、辐射、冲击、振动等环境因素。表 3.4 所示为某航空装备 PHM 系统在不同环境下的适应性指标及其范围。

表 3.4 某航空装备 PHM 系统在不同环境下的适应性指标及其范围

环境因素	指标范围
气压（高度）试验	0～4000m
工作环境温度试验	-40～70℃
太阳辐射试验	1120W/m²
淋雨试验	100mm/hr
湿热试验	95%湿度
冲击试验	20g，11ms
振动试验	5～500Hz

6．其他指标

除了之前讨论的指标，PHM 系统还有一系列其他重要的指标，在机载 PHM 系统中，通常要考虑质量、能耗和集成度等指标；在地面 PHM 系统中，则更多关注可扩展性、模型算法的更新频率、技术资料的完备性和互操作性等。

1）质量

质量是机载 PHM 系统的一个关键指标，直接影响装备的整体重量和性能。PHM 系统的质量包括传感器、总线、机载计算机等所有组件的总质量。在航空航天等领域，质量控制尤为重要。设计人员需要在系统功能和质量之间寻求平衡，采用轻量化材料、优化传感器布局、集成多功能组件等方法有效降低系统质量。同时，还需要考虑系统的散热需求、维护便利性等因素。优秀的 PHM 系统设计应能在不影响装备原有功能和性能的前提下，实现质量与体积的最小化。

2）能耗

能耗指标衡量机载 PHM 系统运行所需的电力消耗，通常以瓦特（W）或千瓦时（kW·h）表示。低能耗设计对于延长装备的工作时间和减少对主系统能源的依赖至关重要。PHM 系统的能耗主要来自传感器的持续工作、数据采集和传输、信号处理和分析等过程，特别是部分使用电池供电的传感器，只能采用拆卸更换电池的补能方式，就更需要采用低功耗传感器、高效率的数据处理算法、智能化的功率管理策略等技术来降低整体能耗。例如，智能采样频率、数据压缩、智能休眠模式等。在某些应用场景中，还可以考虑使用能量收集技术，如利用装备运动产生的振动能、热能或光能来为 PHM 系统供电，进一步减少对主电源的依赖。理想的 PHM 系统应该能够在保证监测质量的同时，将能耗控制在装备总能耗的较小比例内。

3）集成度

集成度反映了机载 PHM 系统与主体装备的融合程度。高集成度意味着 PHM 系统能够更好地嵌入装备，减少接口复杂性，提高系统可靠性。集成度可以通过接口数量、数据共享程度、功能协同性等指标来量化。高度集成的 PHM 系统应该能够与装备的其他分系统无缝对接，共享传感器、数据总线和计算资源，从而减少冗余设备，降低整体复杂度。例如，PHM 系统可以利用装备原有的传感器网络获取部分监测数据，或者将其数据处理功能集成到装备的主控制器中。设计人员需要深入了解装备的整体架构和各分系统的功能，在系统设计初期就考虑 PHM 的集成需求，确保 PHM 系统成为装备不可分割的有机组成部分。

与机载 PHM 系统不同，地面 PHM 系统主要负责处理和分析从机载分系统收集的数据，并提供决策支持，以确保装备的可靠性和可维护性。地面 PHM 系统通常包括高性能计算机、数据库、分析软件、诊断和预测算法等，这些组成部分协同工作，对设备的健康状态进行全面监测和评估。由于地面环境没有机载系统的质量和空间限制，也没有振动、温度变化和电磁干扰等，因此，地面 PHM 系统需要更关注可扩展性、模型算法的更新频率、技术资料完备性、互操作性等指标，以更好地实现深度诊断预测与决策支持的功能。

4）可扩展性

可扩展性是地面 PHM 系统的一个关键指标，它评估系统适应不同类型和数量装备的能力。高可扩展性意味着系统能够轻松增加新的装备类型或扩大监测规模，而无须大幅改变系统架构。这对于管理复杂的装备群至关重要，特别是在航空航天等领域，装备类型和数量可能随时间变化。可扩展性可以通过系统处理新增装备的速度、所需的配置更改量，以及系统性能随装备数量增加的变化趋势等方面来衡量。高可扩展性的系统通常采用模块化设计，使用标准化接口和数据格式，并具有灵活的数据库结构。这使得系统能够轻松适应新的监测需求，而不会造成性能下降或需要大规模重构。

5）模型算法更新频率

模型算法更新频率反映了 PHM 系统更新其预测模型和诊断算法的能力和频率，这个指标对于保持系统的诊断与预测准确性至关重要。合适的更新频率意味着系统能够快速适应新的故障模式和运行条件，从而提高预测的准确性和可靠性，同时避免过多的更新维护工作干扰系统的正常运行。模型算法更新频率可以通过系统执行模型重训练或参数调整的周期来衡量，也可以通过系统响应新数据模式的速度来评估。理想的 PHM 系统应该能够自动检测何时需要更新模型，并能够在不中断正常运行的情况下执行更新。这可能涉及在线学习算法的使用，或者设计允许增量更新的模型结构。

6）技术资料完备性

技术资料完备性评估 PHM 系统提供的文档、手册和培训材料的质量和全面性。这个指标对于系统的有效使用和维护至关重要。完善的技术资料应该涵盖系统的安装、配置、操作、维护和故障排除等各个方面，并且应该针对不同级别的用户（如操作员、维护人员、系统管理员）提供相应的内容。技术资料的完备性可以通过文档的覆盖范围、清晰度、更新及时性，以及用户反馈等方面来评估。高质量的技术资料不仅能提高系统的使用效率，还能减少人为错误，降低培训成本，并支持系统的长期维护和升级。

7）数据处理能力

数据处理能力指标衡量地面系统处理和分析大量传感器数据的速度和效率。高数据处理能力确保系统能够实时响应，提供及时的健康状态评估和预测。这个指标可以通过系统每秒能处理的数据量、复杂分析任务的完成时间，以及系统在高数据负载下的响应延迟等方面来衡量。优秀的 PHM 系统应该能够有效地处理和存储海量数据，同时保持快速的查询和分析能力。这可能涉及使用分布式计算技术、高效的数据压缩和索引方法，以及智能的数据过滤和聚合策略。

8）用户界面友好度

用户界面友好度评估系统操作的简便性和直观性。这个指标直接影响系统的使用效率和用户满意度。良好的用户界面设计应该能够清晰地呈现复杂的健康状态信息和预测结果，使用户能够快速理解和做出决策。用户界面友好度可以通过用户完成特定任务所需的时间、操作错误率、用户满意度调查等方法来评估。高度友好的用户界面通常具有直观的导航结构、清晰的数据可视化、个性化的仪表盘，以及上下文相关的帮助功能。此外，考虑到不同用户群体的需求,系统应该能够提供可定制的界面和报告功能。

9)互操作性

互操作性指标评估 PHM 系统与其他管理系统(如任务计划系统、维修管理系统、资源调度系统等)的数据交换和协同工作能力。高互操作性意味着 PHM 系统能够无缝集成到更广泛的装备信息系统中,实现数据的高效共享和业务流程的自动化。这个指标可以通过系统支持的标准接口和协议数量、与其他系统集成的难易程度、数据交换的实时性和准确性等方面来衡量。良好的互操作性不仅能提高整体的运营效率,还能为跨系统的高级分析和决策支持创造条件。

3.3 基于仿真的 PHM 能力需求论证方法

PHM 能力需求论证是 PHM 系统全寿命周期中的第一个关键环节,其任务是根据装备的使用场景环境、保障性能、使用成本等方面的要求,提出 PHM 系统总体架构与具体的性能指标要求,以指导后续的系统研发与部署工作。这个过程要解决的一个核心问题是建立 PHM 性能指标的映射关系,即将装备使用保障的需求(如使用可用度、任务成功率、维修成本等)映射到 PHM 具体的能力指标(如故障诊断率、虚警率、预测正确率与精度等)上。这对于合理确定 PHM 的总体技术要求、控制 PHM 的实现成本、避免 PHM 的性能分配不均衡有重要意义。

然而,PHM 系统的能力需求论证是一项复杂的系统工程,涉及多个方面的综合权衡。PHM 系统与装备的几乎所有分系统都有密切的交联关系,其性能指标与装备整体性能之间存在复杂的非线性关系。传统的分析方法,如解析计算或基于历史数据的统计分析,往往难以准确捕捉装备在实际使用中的动态交互及其对 PHM 系统性能的特定需求,难以准确评估 PHM 性能对装备整体保障能力的影响,更难以在多维度约束条件下实现 PHM 能力的最优化配置。在此背景下,基于仿真的 PHM 能力需求论证方法为解决这一难题提供了新的思路和工具。

基于仿真的 PHM 能力需求论证方法通过在数字域中构建装备全寿命周期运行的综合仿真环境,可以全面模拟装备 PHM 系统的整体运行情况,以及在 PHM 支持下,装备系统整体的运行保障情况,进而评估 PHM 系统对装备整体保障能力的动态影响。这种方法具有以下优势。

(1)全面性。

基于仿真的 PHM 能力需求论证方法可以在数字域中模拟装备全寿命周期的运行过程,全面考虑各种影响因素。这种方法能够模拟飞机在不同任务场景下的运行过程,分析 PHM

系统在不同性能参数下的保障效能。通过对仿真数据的统计分析，可以全面评估PHM系统的性能，对不同方案进行全面对比和优化。

（2）灵活性。

基于仿真的PHM能力需求论证方法具有很高的灵活性，可以方便地调整各种参数，进行多种方案的对比分析。在仿真过程中，可以根据需要调整任务场景、故障模式、维修计划和寿命预测等参数，灵活地进行性能预测和优化。这种灵活性使得基于仿真的PHM能力需求论证方法能够更好地适应复杂多变的使用环境和保障需求。

（3）前置性。

基于仿真的PHM能力需求论证方法能够在装备PHM系统研制初期就参与论证，发现并识别早期阶段的问题和PHM需求分配的结果。通过在数字域中进行模拟实验，可以在装备PHM系统的研发初期就进行全面的性能评估和优化，及时发现潜在的问题，并进行相应的调整。这种前置性使得基于仿真的PHM能力需求论证方法可以伴随装备PHM系统的研制过程，进行全寿命周期的分析和优化。此外，与实物试验相比，基于仿真的PHM能力需求论证方法具有成本低、周期短、风险小的优势。

（4）可重复性。

仿真实验具有很高的可重复性，可以多次重复进行，便于进行统计分析。在仿真实验中，可以多次模拟相同的任务场景和故障模式，通过多次实验结果的统计分析，提高结果的可靠性和精度。这种可重复性使得基于仿真的PHM能力需求论证方法能够更准确地评估PHM系统的性能。

（5）可视化。

仿真结果可以通过可视化手段直观展示，便于决策分析。通过仿真数据的可视化展示，可以直观地看到PHM系统在不同任务场景下的运行状态和保障效能，便于决策者进行分析和判断。这种可视化的特点使得基于仿真的PHM能力需求论证方法更具直观性和易用性。

本节以航空装备为例，介绍基于仿真的PHM能力需求论证方法的核心思想，首先对装备任务指派、故障检测、维修换件、寿命预测、预测性维修等基于PHM的装备运维保障过程进行清晰、无偏、务实的规范化建模，然后利用该模型模拟仿真在不同性能的PHM系统支持下航空装备整体的保障性能水平变化情况，选择能够满足装备保障性能要求且实现风险可控的PHM性能参数组合，最后以某型飞机PHM需求论证为案例，介绍从模型构建、仿真执行到结果分析的完整论证过程。这种方法不仅可以用于新研制装备的PHM系统设计，还可以用于现役装备PHM系统的改进与优化。通过构建装备运行保障的数字孪生模型，可以在虚拟环境中评估不同PHM方案对装备保障能力的影响，为PHM系统的改进与优化提供决策支持。此外，这种方法还可以用于PHM系统的确认与验证，通过仿真评估PHM系统的性能指标是否响应了使用场景的需求，以及是否满足设计要求，并为PHM系统的测试与评估提供指导。

3.3.1 PHM 仿真模型构建

本节建立以 PHM 为核心的飞机运行保障模型，包括飞行任务模型、保障组织模型、保障过程模型和装备构型模型 4 类，其中飞行任务模型描述飞机执行的任务剖面信息，用以驱动飞机运行保障活动；装备构型模型描述飞机的基本组成信息和各类分系统的 PHM 性能参数；保障组织模型描述飞机在运行过程中涉及的各类保障实体及它们之间的交互关系；保障过程模型则描述飞机在 PHM 的支持下如何进行修复性维修、预防性维修和航材备件管理等保障业务活动。图 3.2 所示为以 PHM 为核心的飞机运行保障模型集。

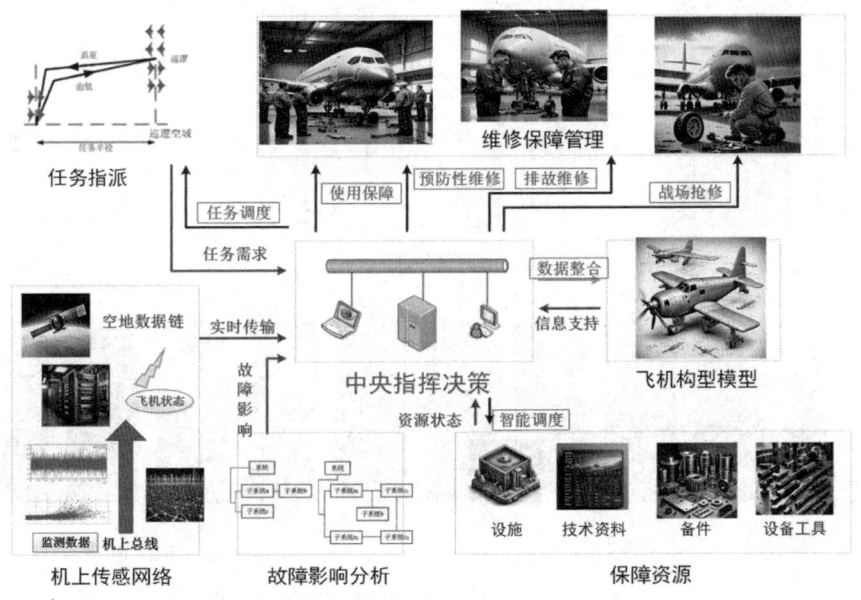

图 3.2　以 PHM 为核心的飞机运行保障模型集

1．飞行任务模型

该型飞机在一个任务单元中共装备 12 架，在全寿命周期中主要执行两类任务：任务 1 按照年度计划，由 50 个周任务组成，每个周任务内容固定；任务 2 一般持续 30 天，要求在固定区域 24 小时不间断持续在空。两类任务的剖面描述如表 3.5 所示。

表 3.5　两类任务的剖面描述

		持续时间（小时）	出动飞机数量（架）	每周进行次数
任务 1	科目 1	2	4	5（周一至周五）
	科目 2	3	2	4（周一/二/四/五）
	科目 3	4	1	2（周三/五）
	科目 4	6	1	2（周二/四）
任务 2		5，其中出动和返回时间各为 1 小时，任务执行时间为 3 小时，始终有 2 架飞机处于任务执行状态	2	连续执行 30 天

任务 1 由 4 个科目组成,每个科目的持续时间、出动飞机数量和每周进行次数略有不同,本节假设这些任务在每周的工作日进行均匀分配。任务 2 由一个任务剖面连续执行 30 天组成,单个任务时长为 5 小时,其中包含飞机出动和返回的时间各 1 小时,在任务区执行任务的时间为 3 小时,一次出动两架飞机,为保持任务区持续有两架飞机在位,后一批飞机会在前一批飞机返航时间前 1 小时出发,以确保当前一批飞机从任务区返回时,后一批飞机已经进入任务区接力执行任务,其任务排布情况如图 3.3 所示。

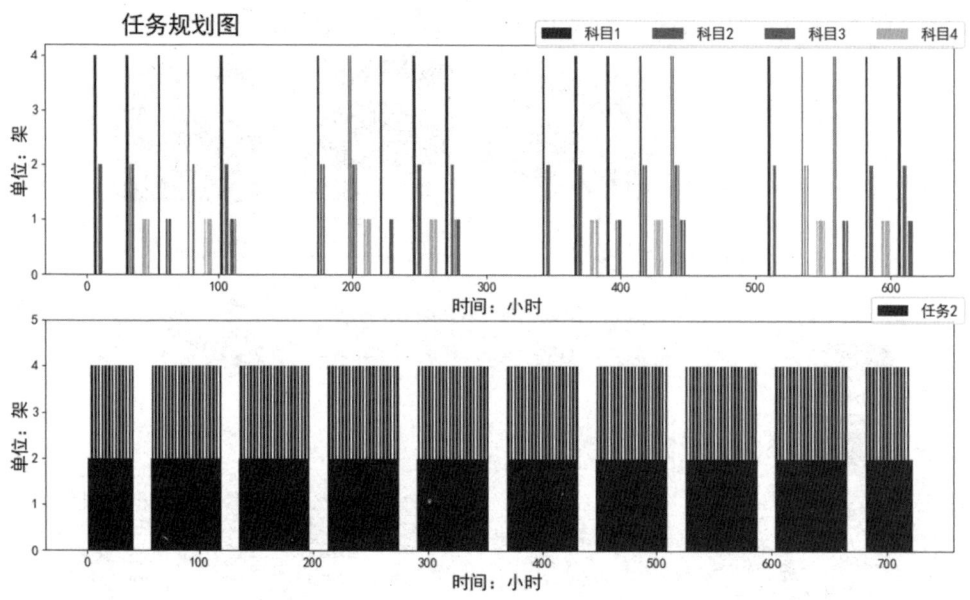

图 3.3　任务 1 和任务 2 的排布情况示意图

执行任务 1 时,12 架飞机在 30 天内共出动 128 架次,平均每架飞机每日出动 0.36 架次,平均飞行时间为 0.93 小时(每月的所有飞行时间为 336 小时);执行任务 2 时,12 架飞机在 30 天共出动 480 架次,平均每架飞机每日出动 1.33 架次,平均飞行时间为 6.67 小时,远高于任务 1 的水平。

2. 保障组织模型

保障组织模型用于描述为飞机提供修复性维修和预防性维修的各类实体及它们的相关职能,由维修工位、航材仓库、供应商三个实体构成。保障组织示意图如图 3.4 所示。

当飞机发生故障或达到规定的预防性维修周期时,飞机进入待维修队列,根据维修工位的占用情况等待维修。该型飞机的保障组织共配有 3 个维修工位,均可进行修复性维修和预防性维修的工作,当维修需要更换航材备件时,从航材仓库申领,若航材仓库无库存,则向供应商租赁新备件,需要等待租赁到货,并花费一部分额外成本。航材仓库还需要将飞机在维修工位上更换下来的故障备件送至供应商进行维修,供应商维修备件需要消耗一定的维修时间,并将修复的备件返回航材仓库。

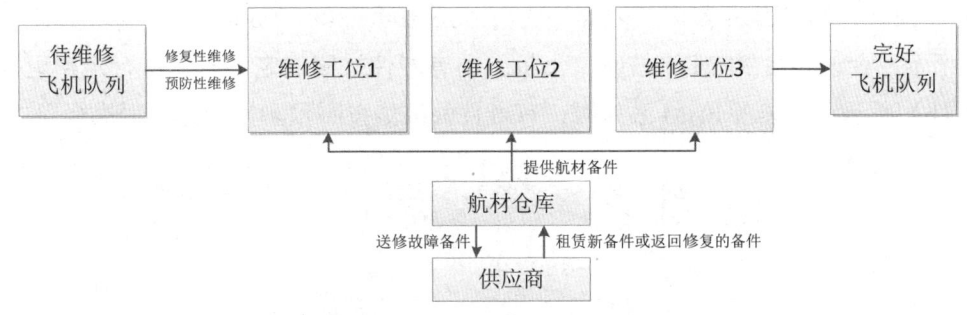

图 3.4　保障组织示意图

3．保障过程模型

保障过程模型描述的保障活动主要包括修复性维修、预防性维修和预测性维修三类,分别针对故障发生后的修复流程、常规检查保养流程和基于寿命预测的维修流程。

1）修复性维修模型

当飞机发生故障时,若飞机未装备 PHM 系统,则进行人工排故,流程如图 3.5 所示,首先将飞机移进维修工位,由地勤人员进行人工检测并对故障进行隔离定位,这个过程花费的时间为 T_{hd}（不同分系统的 T_{hd} 均不同）,将故障隔离后,检查航材仓库是否有可用的备件,若有,则更换故障部件,花费维修时间为 T_r,并将故障部件送往供应商进行维修;若无,则向供应商租赁备件,需要等待时间为 T_w,在等待备件到货期间,飞机撤出维修工位,进入待维修飞机队列等待。

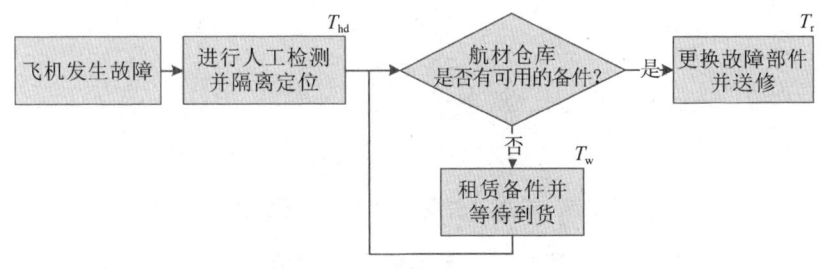

图 3.5　基于人工诊断的修复性维修流程

若飞机装备 PHM 系统,则在人工排故之前进行故障自动检测隔离,成功诊断的概率为 FDR。若成功,则无须消耗诊断时间;若失败,则使用人工诊断,其他步骤和基于人工诊断的流程相同,如图 3.6 所示。

2）预防性维修模型

预防性维修的对象包括飞机整机和有寿件,飞机整机预防性维修主要是对机体、发动机、起落架等关键设施进行定期的保养测试,检查是否有裂纹、漏油、松弛等潜在故障隐患,并做一部分性能测试,以确保飞机整体的性能满足飞行要求,如图 3.7(a)所示,该型飞机的预防性维修共有 4 项,间隔期为每 50、100、300、900 飞行小时,具体参数如表 3.6 所示。在未装备 PHM 系统时,飞机上的有寿件按照规定的寿命进行定期更换,如图 3.7(b)所示;当装备 PHM 系统时,有寿件的维修按照预测性维修流程执行。

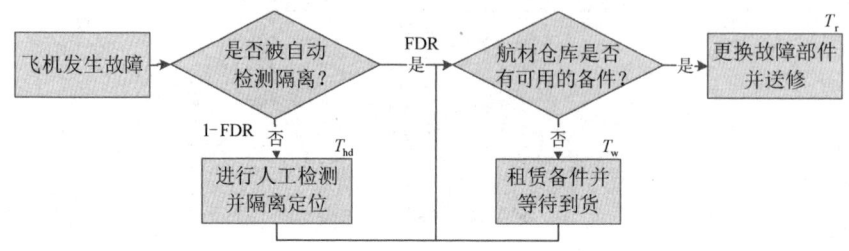

图 3.6　基于自动诊断的修复性维修流程

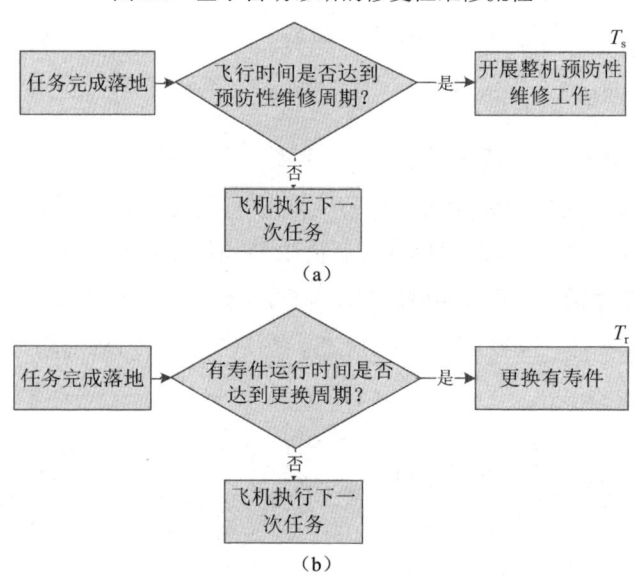

图 3.7　常规检查保养与有寿件更换流程

表 3.6　飞机预防性维修参数

飞机整机预防性维修周期 C_s（飞行小时）	维修耗时 T_s（小时）	预防性维修成本（万元）
50	4	2
100	12	10
300	28	20
900	72	50

3)预测性维修模型

预测性维修的对象是具备寿命预测能力的有寿件,其流程如图 3.8 所示。在每次飞行任务完成后,PHM 对有寿件进行寿命预测,得到 RUL(Remaining Useful Life,剩余使用寿命），同时判断 RUL 是否大于下一个任务时长，若否，则说明该有寿件已经不能执行下一个飞行任务，必须花费时间 T_r 将其更换；若是，则将飞机放入完好飞机队列等待下一次飞行任务，并检查航材仓库是否还存有该有寿件的备件及 RUL 大于备件租赁的到货时间，若是，说明备件充足或租赁的备件可在有寿件的寿命消耗完之前到货，则不用租赁备件，反之则立刻租赁备件以备货。

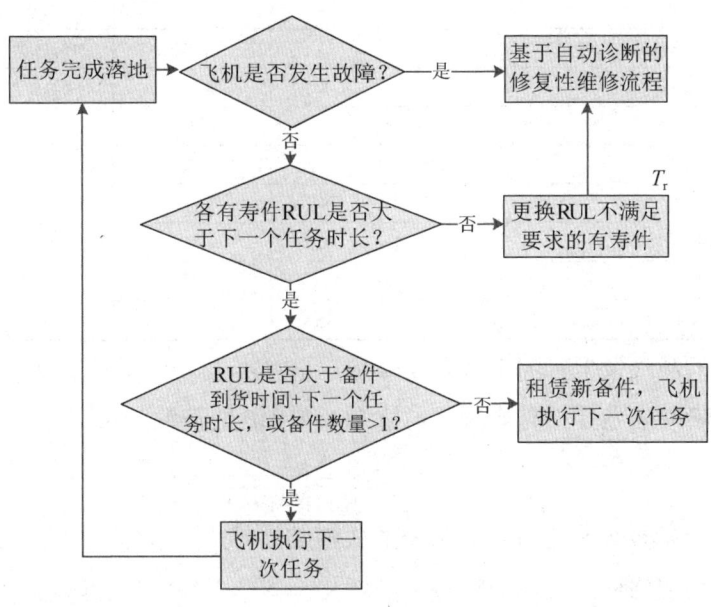

图 3.8　基于 RUL 预测的飞机任务决策与备件管理流程

相比有寿件的预防性维修，预测性维修则放弃了定期更换这一规定，而是根据 RUL 决策飞机派飞和维修，也规定了如何进行备件库存管理，其效能很大程度上取决于 RUL 预测的精度，若精度足够高，则可实现对有寿件寿命的充分利用，并大幅减少因缺少备件造成的维修等待；若预测的精度低，则不仅会导致任务失败（因预测的 RUL 大于真实值，导致未及时更换到寿的有寿件），而且会给备件管理带来不必要的浪费。

4．装备构型模型

鉴于篇幅与计算复杂度的限制，将该型飞机的构型简化为由航电、飞控、动力、结构和机电 5 个分系统，其综合保障性能参数如表 3.7 所示。

表 3.7　某型飞机的综合保障性能参数

分系统	航电	飞控	动力（有寿件）	结构（有寿件）	机电（有寿件）
平均故障间隔飞行小时（MFHBF）	120	300	250	500	100
关键故障概率	0.1	0.1	0.2	0.15	0.2
T_r（小时）	1	1	2.5	4	1.5

续表

分系统	航电	飞控	动力（有寿件）	结构（有寿件）	机电（有寿件）
T_{hd}（小时）	2	1.5	3	8	4
故障诊断率 FDR	0.85	0.85	0.6	0.6	0.6
有寿件更换周期（飞行小时）	—	—	240	480	95
寿命预测提前量（飞行小时）	—	—	80	100	40
寿命预测精度（误差飞行小时，覆盖概率）	—	—	10，90%	10，80%	5，90%
维修成本（万元）	5	7	20	15	10
初始备件数量（个）	2	1	1	1	2
备件送修返回时间（小时）	360	360	720	720	360
备件价格（万元）	5	8	15	9	4
库存成本（万元/24 小时）	0.01	0.01	0.2	0.05	0.15
租赁成本（万元/24 小时）	0.3	0.3	1	1	0.7
租赁到货时间 T_w（小时）	36	36	72	48	48

各个分系统的故障发生时间由故障间隔飞行小时决定，假设 5 个分系统为串联关系，每个分系统的故障间隔飞行小时均服从均值为 MFHBF 的指数分布：

$$f(t) = \lambda e^{-\lambda t}, \lambda = \frac{1}{\text{MFHBF}}$$

可通过对 $f(t)$ 抽样来确定每个分系统的故障发生时间，故障发生后，按照相应的维修流程进行故障诊断和修理。关键故障概率的定义为该分系统发生故障后，有多大的概率会变为关键故障。当发生关键故障时，飞机丧失执行任务能力，需要立刻放弃任务并返航，同时此次任务视为失败；而所有非关键故障均为一般故障，其不会对任务执行造成影响，需要在返航后对其进行修复性维修。动力、结构和机电子系统是有寿件，在没有 PHM 的条件下，需要按周期进行备件更换，而航电、飞控分系统以电子元器件为主构成，故障率稳定，难以建立有效的性能退化模型，故不具备寿命预测的能力。维修成本代表进行一次换件维修需要花费的全部成本。

5. 效能指标计算方法

考虑到飞机运维效益的评价需求，作者选取使用可用度、出动架次率、任务成功概率和综合成本 4 个指标来衡量飞机的保障效能，这 4 个指标可由仿真过程数据统计分析得到。

使用可用度（Operational Availability）是衡量飞机可工作状态所占比例的综合性参数。其计算公式如下：

$$A_O = \frac{OT + ST}{OT + ST + TCM + TPM + ALDT}$$

式中，OT 为工作时间；ST 为待命时间（能工作但不工作的时间）；TCM 为修复性维修时间；TPM 为预防性维修时间；ALDT 为备件等待延误时间。

出动架次率（Sortie Generation Rate）是战时可用性参数，是指在规定的使用及维修保障方案下，每架飞机每天平均出动的次数，计算公式如下：

$$\text{SGR} = \frac{N_{\text{FL}}}{N_{\text{To}}}$$

式中，N_{FL} 为一个任务周期内所有飞机的累计出动架次数；N_{To} 为任务周期的天数。

任务成功概率（Mission Complete Success Percent）是指所有飞机在规定的任务剖面内成功地执行规定任务的比率，计算公式如下：

$$\text{MCSP} = \frac{N_{\text{sc}}}{N_{\text{mi}}}$$

式中，N_{sc} 为一个任务周期内所有飞机的成功飞行任务数；N_{mi} 为周期内总飞行任务数。

综合成本（Total Cost）是指所有飞机完成规定任务所花费的修复性维修成本、备件租借与库存成本，以及预防性维修成本之和，计算公式如下：

$$\text{TC} = \sum_{i=1}^{N_{\text{c}}} \left(\text{nr}_i \cdot \text{cr}_i + \text{nl}_i \cdot \text{cl}_i \right) + \sum_{i=1}^{N_{\text{f}}} \text{np}_i \cdot \text{cp}_i$$

式中，nr_i、cr_i、nl_i、cl_i 分别为第 i 种备件的维修次数、维修更换成本、租赁天数和租赁成本；N_{c} 为备件种类数量；np_i、cp_i 为飞机整机预防性维修的次数和单次成本；N_{f} 为飞机数量。

使用可用度代表了飞机的总体可用水平，其值越高说明机队整体的保障水平和完好率越高；出动架次率和任务成功率代表了机队的使用强度与执行任务的能力；综合成本则代表了机队的保障经济效益。理想情况下，机队应保持较高且稳定的使用可用度，通过合理规划任务（选择合适的飞机执行合适的任务），在确保任务成功率的同时，保持出动架次率，将综合成本控制在较低水平。

3.3.2 PHM 仿真逻辑

PHM 的仿真逻辑是一套系统化的方法，根据装备的使用保障流程将构型模型、任务模型、维修模型、保障资源模型和保障组织模型进行整合串接，这些模型通过离散事件仿真方法进行集成，以任务执行为驱动，模拟装备在 PHM 系统支持下的使用-维护-保障全过程。通过调整 PHM 系统的性能参数，如故障诊断率、寿命预测精度等，分析其对装备可用性、任务可靠性、维护成本等关键指标的影响，从而确定最优的 PHM 能力需求配置。仿真逻辑主要包括模型初始化、任务指派与飞机状态查询、任务执行、修复性维修、预测性维修等步骤，总体逻辑图如图 3.9 所示。

1）模型初始化

在建立实体模型后，需要进行模型初始化。模型初始化的目的是为仿真运行提供初始条件和参数设置，确保仿真能够准确反映装备的实际运行状态和保障需求。

（1）读取模型配置文件：模型配置文件包含了仿真所需的各种参数和设置信息，包括装备的构型、任务需求、维修策略和资源配置等。

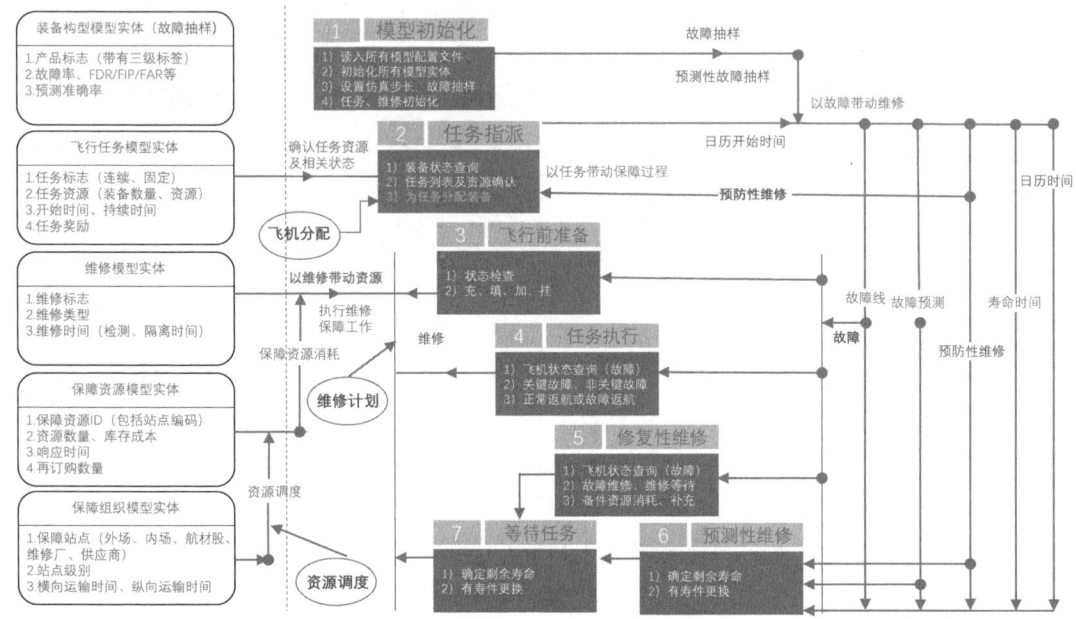

图 3.9　仿真逻辑示意图

（2）确定仿真步长：仿真步长是指仿真过程中每一步模拟的时间间隔。合理的仿真步长可以平衡仿真的精度和计算效率，确保仿真结果的可靠性和可用性。仿真步长的选择应根据仿真的具体需求和装备的运行特性来确定。

（3）故障率抽样和分系统故障时间确定：根据装备构型模型中的故障率数据，通过随机抽样的方法确定各个分系统的故障时间（寿命）。这种方法能够模拟装备在实际运行过程中故障发生的随机性和不确定性，为后续的任务执行和维修活动提供故障信息。

（4）任务清单和维修清单初始化：根据任务类型，初始化任务清单和维修清单。任务清单包括仿真期间需要执行的所有任务及其要求；维修清单则包括需要进行的各类维修活动及其资源需求。

2）任务指派与飞机状态查询

根据初始化的任务清单，进行任务指派和飞机状态查询，确保任务能够顺利执行。

（1）任务指派：根据任务清单，查询当前可用的飞机状态，将任务指派给适合的飞机。任务指派需要考虑飞机的当前健康状态、剩余使用寿命、任务需求和优先级等因素。

（2）初始化完好飞机队列和待维修飞机队列：根据飞机状态，初始化完好飞机队列和待维修飞机队列。完好飞机队列包括所有当前可用且状态良好的飞机；待维修飞机队列则包括所有需要进行维修的飞机。

3）飞行前准备

被指派任务的飞机进行飞行前准备。在仿真过程中，飞行前准备主要包括飞机状态检查和充填加挂两个步骤。飞机状态检查需要在相应设备条件下进行，确保飞机各系统正常，此过程根据仿真设置消耗一定时间。充填加挂则根据任务需求，装载燃料、弹药、物资和相应的任务设备，同样需要在特定条件下完成并消耗时间。若条件不满足，则飞机将等待直至条件得到满足。这两个步骤是确保飞机顺利执行任务的关键。

4）任务执行

任务执行是仿真过程中最关键的一步，通过模拟装备在任务中的运行状态和故障发生情况，评估 PHM 系统的性能和效能。

（1）消耗装备及其有寿件的寿命时间：在任务执行过程中，装备及其其有寿件的寿命时间会逐步消耗。可以设置不同任务强度对装备寿命消耗速率的影响，分析不同任务场景下装备的故障模式和维修需求。

（2）故障发生和处理：在任务执行过程中，装备可能会发生故障。如果发生一般性故障，那么装备可以带故完成任务；如果发生关键故障，那么装备需要立即放弃任务并返航。

5）修复性维修

修复性维修是装备发生故障后的主要维修活动，通过对装备进行修复，恢复其正常运行状态。

（1）返航后开展修复性维修：如果装备在任务执行过程中发生故障并返航，那么需要立即开展修复性维修。修复性维修包括故障检测、故障隔离、故障修复和功能验证等环节，如果航材仓库的备件满足维修需求，那么进行维修；如果不满足维修需求，那么等待备件补充，等待期间飞机处于待维修状态。

（2）消耗备件资源并补充：修复性维修会消耗航材仓库的备件资源，根据预设的备件调配规则进行备件资源的补充，通过模拟备件资源的消耗和补充，可以评估不同资源配置方案对维修活动的影响。

6）预测性维修

预测性维修通过寿命预测技术，提前发现装备的潜在故障，并进行前置维修，提高装备的可靠性和可用性。

（1）确定剩余使用寿命：在装备返航后，通过寿命预测抽样确定有寿件的剩余使用寿命。

（2）有寿件更换：根据检测结果，如果有寿件的剩余使用寿命小于下一次任务执行时间，那么需要进行有寿件更换。通过更换有寿件，可以避免故障发生，提高装备的可用性和任务成功率。

7）等待任务

在完成任务执行和维修活动后，等待下一次任务指派，继续执行仿真过程。通过不断循环上述过程，直至全部任务完成或到达仿真预设的停止时间。

上述 PHM 仿真逻辑框架涵盖了装备 PHM 系统运行的关键要素，包括装备本体、使用任务、PHM 系统、保障资源和保障过程等。装备构型模型与飞行任务模型的交互体现了 PHM 系统的监测对象和工作环境；PHM 系统与装备模型、保障过程模型的交互反映了状态监测、故障诊断和寿命预测等核心功能，以及 PHM 对维修决策的支持作用；保障资源模型与保障过程模型的交互反映了资源约束对保障效能的影响。该框架具有较强的通用性和扩展性，可以根据具体装备特点进行定制化设计，为不同类型装备的 PHM 系统论证提供支持。

3.3.3 案例分析

本节以某型飞机为研究对象开展 PHM 需求论证，首先仿真计算将飞机未配备 PHM 系统时的保障效能，并将其作为参考对比值，然后依次分析不同 PHM 性能下飞机整体的保障效能变化，从而找到最优的 PHM 性能参数组合。

1. 有无 PHM 时保障性能的对比

若飞机没有装备 PHM 系统，则不具备故障的自动诊断与寿命预测能力。此时遵循的维修保障流程包括整机预防性维修、有寿件更换和基于人工诊断的修复性维修（见图 3.5 和图 3.7）。飞机整机的预防性维修和动力、结构、机电分系统的更换周期信息如表 3.6 和表 3.7 所示。在此种条件下，运行仿真模型，得到飞机在执行任务 1 和任务 2 时的情况，如表 3.8 和图 3.10 所示。

表 3.8 任务 1 和任务 2 的保障效能指标

项目		使用可用度	任务成功率	出动架次率（架次/天）	综合成本（万元）
任务 1	无 PHM	72%	75%	0.26	122.42
	有 PHM	79%	83%	0.32	97.81
任务 2	无 PHM	70%	72%	0.83	807.28
	有 PHM	77%	81%	1.05	694.54

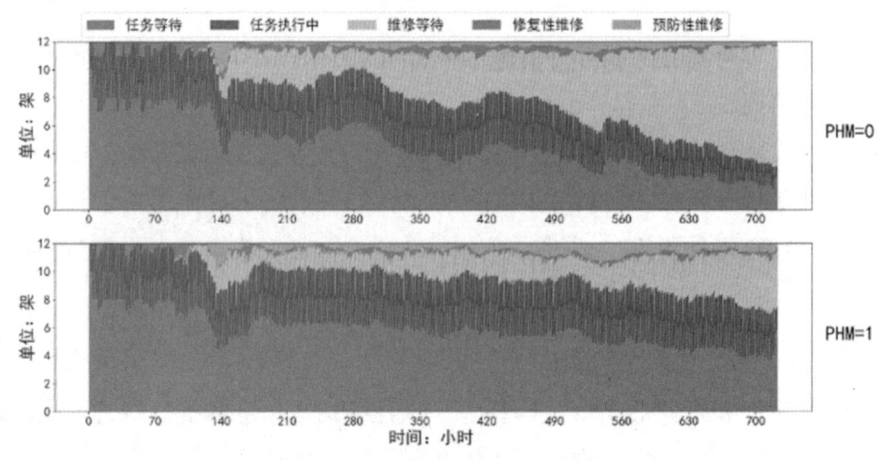

图 3.10 12 架飞机执行任务 2 的保障效能变化情况

可以看出，在不具备 PHM 的情况下，飞机的任务能力有较大缺口，在 420 小时之后，航材备件库存全部消耗完，而备件送修返回的时间最短为 360 小时，故缺乏备件而等待维修的飞机数量迅速增加，机队整体的使用可用度随之降低。

当飞机装配了 PHM 之后，由于故障诊断能力的加持，因此维修保障流程变为基于自动诊断的修复性维修，动力、结构、机电分系统具备寿命预测能力，其维修模式由定期更换变为基于寿命预测的预测性维修。在整机预防性维修方面，由于采用 PHM 具备状态监测能力，因此可以在一定程度上减少定期检查和保养的工作，故取消每 50 飞行小时一次的预防性维修工作，其他的参数仍按照表 3.6 设置，仿真结果如图 3.10 所示。可以看出，装配 PHM 后，可根据各个分系统 RUL 预测的结果来提前更换、租赁或预订备件，使得备件满足率有了较为明显的提升，因缺少备件而产生的维修等待时间大大减少，且取消了每 50 飞行小时的预防性维修工作，使用可用度有大幅提升，由此产生联动效应，飞机的出动架次率和任务成功率也有提升。同时保持了相对较低的综合成本。

2. PHM 性能指标需求论证

假设该型飞机的综合保障要求为 12 架飞机在执行任务 2 的过程中，使用可用度不低于 90%，任务成功率不低于 85%，出动架次率不低于 1.1 架次/天，综合成本不高于 600 万元。根据 3.3.2 节的仿真结果，将故障诊断正确率 P_d、寿命预测提前量、寿命预测精度、整机预防性维修周期这 4 个 PHM 性能参数做适当调整，设置 4 个递增的 PHM 能力水平，分别为 PHM 能力 1.0～4.0，如表 3.9 所示。

表 3.9 PHM 能力水平设置

项目	故障诊断正确率 P_d	寿命预测提前量（飞行小时）	寿命预测精度（误差飞行小时，覆盖概率）	整机预防性维修周期
PHM 能力 1.0	0.6	30	±10 80%	同表 3.6
PHM 能力 2.0	0.75	60	±15 90%	同表 3.6
PHM 能力 3.0	0.85	100	±15 80%	取消每 50 飞行小时一次的预防性维修工作
PHM 能力 4.0	0.95	200	±10 90%	取消每 50、100 飞行小时一次的预防性维修工作

将 PHM 能力 1.0～4.0 的参数带入仿真模型，可计算得到该型飞机在执行任务 2 时，不同 PHM 能力对应的保障效能指标，如表 3.10 所示，4 种 PHM 能力对应的装备状态图如图 3.11 所示。

表 3.10 执行任务 2 时 PHM 能力 1.0～4.0 对应的保障效能

项目	使用可用度	任务成功率	出动架次率	综合成本
PHM 能力 1.0	72	75	0.82	694.54
PHM 能力 2.0	82	80	1.05	626.37

续表

项目	使用可用度	任务成功率	出动架次率	综合成本
PHM 能力 3.0	91	86	1.21	589.26
PHM 能力 4.0	93	89	1.26	540.66

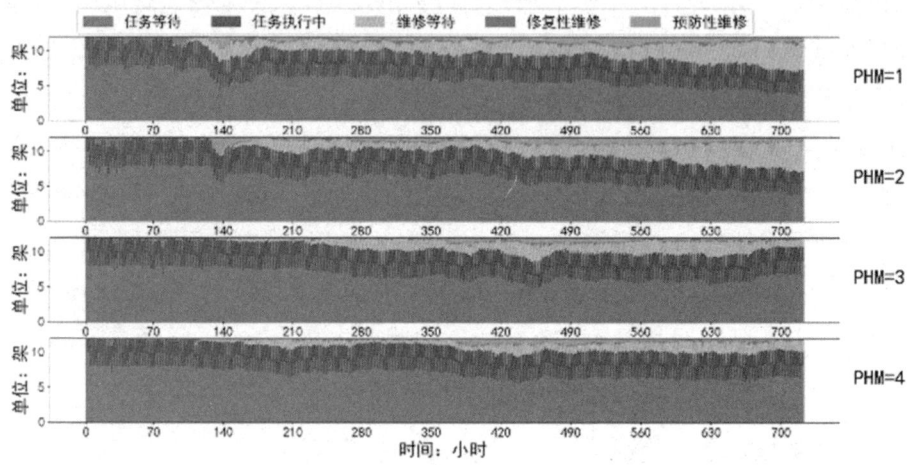

图 3.11　4 种 PHM 能力对应的装备状态图

PHM 能力 1.0 和 2.0 均未达到保障效能指标要求，但可以看出从 1.0 到 2.0 的过程中，使用可用度、出动架次率等指标有显著提升；当达到 PHM 能力 3.0 时，全部指标已经能满足要求；PHM 能力 4.0 在使用可用度、出动架次率等效能指标上相比之前的提升幅度并不显著，说明 PHM 的性能在达到 3.0 后对保障效能提升的贡献率开始下降，但将 PHM 能力从 3.0 提升至 4.0 却需要将故障诊断和寿命预测能力提升很多，需要付出较多实现代价且实现风险较高。

考虑到 PHM 的研制与能力生成规律，其故障诊断、寿命预测的性能会随飞机的使用数据累积逐步提升，故在飞机全寿命周期中，PHM 性能会经历若干阶段的升级。结合表 3.10 的仿真结果，可考虑将该型飞机的初始 PHM 研制目标定为能力 1.0，为最低可接受值，即飞机在出厂时的能力；将能力 2.0 定为阶段考核目标，即在积累了一定的使用数据之后对 PHM 进行更新升级后的水平；将能力 3.0 定为理想目标值，即 PHM 所有硬件与算法模型均完全成熟后达到的水平。

3.4　PHM 需求确认

PHM 需求确认是指在装备设计、开发和部署的早期阶段，通过系统化的方法，确保所提出的健康管理需求在各个层级上既正确无误又完整无缺。PHM 需求确认处于装备健康管理工程的前沿，是装备全寿命周期管理的起点，对于后续的系统设计、性能配置、资源配置乃至整个维护保障体系的构建具有深远影响。需求确认的核心在于确保所有健康管理需求都能准确反映装备使用场景、保障效能需求和成本效益考量,为后续设计、集成与实施工作提供明确的指导方针。

本节的目的是详细解析 PHM 需求确认的核心概念、流程与实践策略。通过对 PHM 需求确认的系统化分析,旨在为装备 PHM 专业工程师提供一套完整的需求确认方法论,帮助他们在实际工作中高效、准确地进行 PHM 需求的捕获和确认。具体而言,本章节将重点介绍 PHM 需求确认的定义和重要性,阐述需求确认在装备寿命周期管理中的位置和作用,解析 PHM 需求确认的核心要点,包括需求确认的基本原则、主要工作项目和注意事项。此外,还将深入探讨 PHM 需求确认的工作流程与方法,系统性地展示需求确认的各个环节和具体操作步骤。

3.4.1 PHM 需求确认的基本原则

在进行 PHM 需求确认时,应遵循全面性、系统性、迭代性和经济性 4 个主要原则。这些原则确保了需求确认过程的科学性和有效性,能够全面考虑 PHM 系统与装备各分系统之间的复杂交互关系,实现需求的持续优化和完善。通过严格遵循这些原则,可以有效提高 PHM 需求确认的质量和效率,为 PHM 系统的成功开发奠定基础。

1)正确性与完整性并重原则

此原则要求 PHM 需求确认应覆盖系统的所有层级和方面,包括装备整体健康管理需求、机载/地面健康管理系统需求、区域健康管理系统需求及机载系统健康管理功能需求。同时,所有提出的健康管理需求必须清晰无误、无冲突,且在系统设计的上下文中具有唯一解释,避免产生歧义。需求应涵盖装备健康管理的所有关键领域,包括但不限于故障诊断、寿命预测、维修策略等,确保没有任何重要的健康管理需求被遗漏。完整性检查需要通过需求追溯矩阵实现,确保每项需求都能与上层目标或用户需求形成明确的对应关系。对于需求聚类和整合过程中产生的新需求,其分析过程需要详细记录,确保需求体系的闭合与逻辑自洽。

2)层次性与系统性结合原则

需求确认应作为一个系统工程来开展,与需求分析、方案设计等活动紧密结合。遵循自顶向下的层次化结构,确保各层级需求之间逻辑一致、相互支撑。从装备健康管理的总体需求出发,逐步细化至更具体的层次。在这一过程中,不仅要关注单个需求的正确性,还要考虑需求间的相互作用和影响,确保整个需求体系的系统性与协调性,避免需求间的冲突和资源分配不均衡。同时,需求确认应与其他系统工程活动协调一致,如可靠性工作、安全性分析、测试性设计等,确保 PHM 系统与装备整体性能的协调统一。

3）迭代与适应性优化原则

需求确认是一个持续的、循环改进的过程，贯穿于装备的整个工程研制阶段。当健康管理需求发生变更时，应及时开展相应的需求确认工作。随着装备使用数据的积累和技术的发展，健康管理需求可能会发生变化。因此，需求确认需要具备迭代性和适应性，能够根据新数据和反馈调整需求定义，确保 PHM 系统设计始终与实际需求保持同步。这要求在系统设计与实施的各个阶段，持续验证和优化需求，确保 PHM 系统的效能最大化。

4）成本效益与风险平衡原则

在确认需求时，必须综合考虑实施成本与潜在的效益提升，确保健康管理措施在经济上可行，且对装备的全寿命周期成本有正面影响。这包括评估不同 PHM 功能的投入与预期效益，以及考虑实施风险，如技术成熟度、数据可用性等。选择需求确认方法时，也要权衡成本与风险，如在无法进行实际试验的情况下，采用仿真评估作为替代方案，以降低验证成本和风险。应结合健康管理需求的特点、研制阶段、研制保证等级及成本效益等因素，选择适当的需求确认方法，如同行评审、分析、建模、试验和相似性分析等。

3.4.2 PHM 需求确认的流程

PHM 需求确认的核心概念涉及需求的正确性验证与完整性验证两个方面。正确性验证旨在确保需求描述清晰无误、无歧义，与其他需求无冲突或矛盾，且可验证和有必要。完整性验证则关注需求的全面性，确保没有遗漏关键需求，并建立需求之间的追溯关系。这两个方面的验证共同构成了 PHM 需求确认的基础，为后续的系统设计和开发奠定了坚实的基础。

PHM 需求确认的主要流程包括制订需求确认计划、建立初始需求确认矩阵、选择需求确认方法、实施需求确认过程、编制需求确认矩阵和进行需求确认总结。

1）制订需求确认计划

制订需求确认计划是 PHM 需求确认工作的首要任务，一般应明确以下内容。

（1）工作目标：确保 PHM 需求的正确性和完整性。

（2）开展时机：包括但不限于需求分解后、需求变更后。

（3）角色职责：明确需求确认执行人的角色和职责，需求分析、分解责任人与确认责任人不应是同一人。

（4）需求确认方法：列出可选的确认方法类型，明确方法选择原则。

（5）需求确认实施计划：明确装备、机载/地面健康管理系统、区域健康管理系统、机载系统健康管理需求的正确性和完整性检查的实施计划。

（6）所需资料：明确开展需求确认工作所需的输入资料，包括总体技术方案、需求分析报告、系统规范等,应明确获取时机与可行性。

2)建立初始需求确认矩阵

通过分析健康管理需求报告文件,建立初始需求确认矩阵,包括以下内容。

(1)需求编码:需求条目的唯一标识编号。

(2)需求内容:描述需要确认的需求内容,需求内容应前后描述一致。

(3)需求追溯:描述该条需求的上一级需求(父需求)。

(4)需求的确认等级:描述该条需求的确认等级,根据健康管理信息支撑的决策失效后导致的严重等级来划分。

(5)需求确认执行人:描述该条需求确认的执行人,不能与需求编制者为同一人。

(6)需求确认方法:描述该条需求确认的方法。

(7)需求确认过程的描述:描述该条需求确认过程中所采用的方法、过程等。

(8)需求确认支撑数据:描述该条需求确认过程中获得的确认报告。

(9)需求确认结论:描述该条需求确认后的结论,分为通过、不通过和带意见通过。

(10)需求确认状态:描述现阶段该条需求确认的状态,分为计划确认、未确认、已确认等。

3)选择需求确认方法

根据需求内容、研制阶段、需求确认等级、成本因素等,选择适当的确认方法。

(1)针对不同的研制阶段,建议采用不同的确认方法;在方案设计阶段前期,以追溯、分析、相似性和评审为主,视情采用建模仿真方法;在方案设计阶段后期和初步设计、详细设计阶段可采用试验和仿真的方法,进行需求确认。

(2)针对特定需求确认等级的需求,建议采用不同的确认方法。

(3)健康管理定量需求,在不具备开展试验的条件下,建议通过仿真评估的方法进行确认。

(4)需求确认方法的成本因素也是重点权衡的因素之一。

(5)所有需求(即使需求的确认等级不同)均需要采用同行评审的确认方法,以评估需求的正确性和完整性;所有需求除同行评审确认方法之外,还应采用一种或多种其他确认方法,进一步评估需求的正确性和完整性。

4)实施需求确认过程

在每个健康管理需求定义的产品层级进行正确性和完整性检查,包括如下内容。

(1)需求正确性检查:通过分析、相似性(经验)或工程评审等方法,对健康管理需求进行正确性检查。在完成健康管理需求分析工作后,应依据健康管理需求确认审查表单,针对每条需求,结合技术方案、FHA、FTA、FMEA等材料,逐一分析并确认需求是否满足如下条件。

① 清楚无误的，需求是否只有唯一的（明确的）解释，理解起来无歧义？

② 必要的，需求对于利益攸关者和装备，是否是必要的？对于整个装备/系统需求集，是否有必要？

③ 无冲突或矛盾的，此项需求与装备/系统需求集中的其他需求是否有冲突或矛盾？

④ 可验证的，需求是否是可验证的？

（2）需求完整性检查。在完成健康管理需求分析工作后，应依据健康管理需求追溯矩阵表单，针对每条需求，逐一进行追溯分析。

① 装备健康管理需求集中的每一条需求，都应进行追溯分析，与利益攸关者/装备/系统健康管理需求集建立追溯的映射关系。

② 需求追溯分析应注意分析范围的全面性，一般地，子需求与父需求可能存在一对多、多对多的映射关系。

③ 对于通过需求聚类或整合分析而产生的衍生需求，应说明分析过程。

5）编制需求确认矩阵和进行需求确认总结

（1）依据健康管理需求正确性检查结果和需求追溯分析情况，填充需求确认矩阵中的相关内容。

（2）根据需求追溯分析情况，完善需求确认矩阵。

（3）梳理总结需求确认计划的执行情况、严重偏离计划的情况，以及需求确认状态为"未确认"的原因。

3.5 小结

PHM需求分析是装备全寿命周期管理的基石，它聚焦于精准识别与系统化描述利益攸关方的健康管理需求，通过科学的分析方法和模型化工具，确保装备的健康管理能力能够满足实际使用场景与保障效能要求。需求分析的核心在于准确识别各利益攸关方的需求，建立需求层次映射关系，指导后续设计与研发工作，从而实现需求驱动的正向设计。基于模型的需求分析通过装备使用与保障场景的细致剖析，引出具体的PHM能力需求，并使用标准化模型语言清晰、无偏地描述这些需求。

本章节详细介绍了PHM需求分析的具体流程，包括识别装备系统各利益攸关方、使用场景、保障需求，通过综合分析性能、效益、成本等因素，将需求逐级映射至PHM各组成要素，并与装备的总体需求、可靠性、维修性等专业工程活动保持协调一致。通过案例分析，具体展示了如何基于装备的典型保障场景，识别出如全机状态监视、故障检测与隔离、寿命预测、维修决策支持等关键需求，并通过建立需求确认矩阵，确保需求的正确性、完整性、可追溯性，并重点介绍了基于仿真的 PHM 能力需求论证方法。此外，本章节还阐述了需求确认的系统化方法，如需求确认计划的制订、需求确认矩阵的建立、确认方法的选择与实施等，强调了需求的持续验证与优化，以及在成本效益与风险平衡下的决策制定。

在全面解析 PHM 需求分析之后，第 4 章将重点探讨 PHM 系统的总体设计。在这一阶段，核心任务是将明确的需求转化为实际的设计方案，设计出既能满足装备健康管理功能需求，又能有效融入装备系统总体架构的 PHM 系统。总体设计将围绕功能、逻辑与物理架构的构建展开，功能与逻辑架构设计涉及确定 PHM 系统应具备的故障诊断、寿命预测、维修决策支持等功能模块及其相互间的关系；而物理架构设计则侧重于如何布局传感器网络、数据处理单元、通信设备等硬件设施，确保数据的有效采集、处理、传输与存储。

第 4 章 PHM 总体设计

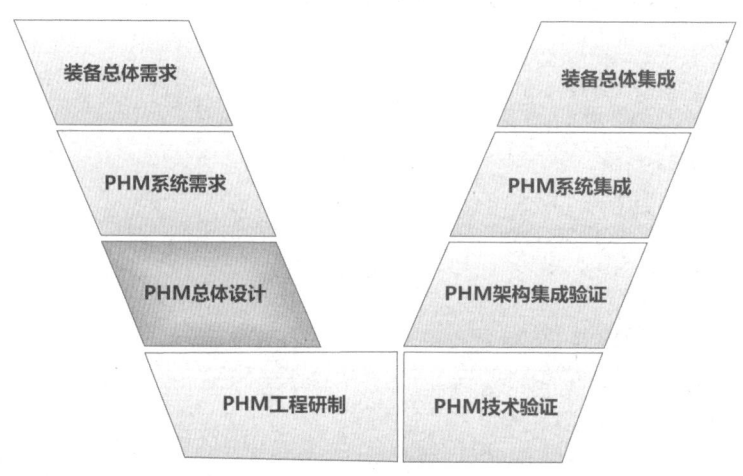

PHM 系统是一项复杂的系统工程，涉及的专业多，需要跨专业、跨部门协作，设计和技术管理难度大，这要求在进行系统总体设计时做好顶层的策划，明确系统研制思路、制定设计原则、界定研制分工、制定验证规划、建立规范体系，用于指导全研制周期的设计工作。PHM 系统设计通常要和装备总体设计同步进行，在平台、框架、标准上保持高度一致的一体化设计，这就需要承接并转化装备系统和 PHM 系统的需求模型，运用 MBSE 方法论，依次构建功能-逻辑-物理架构模型，自顶向下、由粗到细地分解描述 PHM 系统的功能组成与边界，运行逻辑与信息交互，以及物理层面的软/硬件构成方式等。

在制定设计目标，构建功能-逻辑-物理架构模型，明确设计规范与标准等 PHM 总体设计工作中，通常应遵循以下原则。

（1）可行性和适应性：保证技术上的可行性和经济上的可能性。

（2）实用性和经济性：始终贯彻面向降本增效的最终目的，注重实效，面向装备的安全、任务及保障需求开展需求捕获，避免系统过设计或欠设计。

（3）先进性和成熟性：系统设计既要采用先进的概念、技术和方法，又要注意结构、设备、工具的相对成熟，确保系统运行的可靠性和稳定性，设计方案应不影响装备运行安全与任务执行，选用的技术解决方案不但能反映当今的先进水平，而且应具有未来发展潜力，能保证在未来若干年内占主导地位。

（4）开放性和标准性：选用的架构和设备具备良好的兼容性和迭代升级能力，以及满足 PHM 功能不断扩展的需求和研发投入的长期回报。

本章阐述了 PHM 系统的总体设计框架，包括与装备系统总体设计之间的协同关系，研发组织模式和设计流程，并以航空装备为案例介绍了 PHM 系统的功能-逻辑-物理架构设计方案。需要指出的是，在进行总体设计的过程中通常要通过各类模型的执行和仿真进行 PHM 系统功能-逻辑-物理架构的验证，并根据验证反馈的结果对设计方案进行若干轮迭代修改，最终形成总体设计方案输出至研制部门，将设计方案向分系统/设备层面推进，形成深化设计方案。此外，在 PHM 系统总体设计阶段，应根据项目的具体要求对现有的规范体系进行适当的剪裁，构建相应的顶层规范体系，明确 PHM 系统的设计流程、规范、协调、有效地开展研制工作。针对预测与健康管理体系规范的设计需求，ISO、IEEE、ARINC、OSA 等国外主要标准化组织已制定了一些标准和规范，从不同层面对 PHM 系统的部分技术内容进行了规范，详见 1.5 节。

4.1　PHM 系统总体框架设计

要做好 PHM 系统总体设计，应从装备使用场景与总体需求出发，根据系统性能指标要求，综合考虑 PHM 系统与装备各个分系统及其他相关支持系统的关联关系，参考相似装备的 PHM 设计方案与真实使用情况，并结合装备的故障模式、机理、影响与危害性分析等可靠性、安全性分析评估结果开展设计，这样有助于确定装备上哪些分系统将在实施 PHM 时能满足最多的使用需求并带来最大的效益，同时需要充分考虑装备实际的使用环境与 PHM 相关支持技术的成熟度，选择合适的系统软/硬件方案，用合理的成本实现需要的 PHM 功能。本节重点讨论 PHM 框架设计过程中的关键点，包括与装备系统总体设计的协同、研发组织模式和总体框架设计的一般流程。

4.1.1　PHM 与装备系统总体设计的协同

由于 PHM 系统在功能需求上要对装备系统进行全面的监测，它必然与几乎所有的装备分系统都有密切的交联，因此在开展 PHM 系统总体设计之前，必须先与装备的总体设计团队进行深度交流（在某些装备研发组织中，就是由总体设计团队来负责 PHM 的设计的），充分理解装备总体设计原则，并将 PHM 对装备总体设计的相关约束与限制反馈至总体设计团队，确保两者设计协调一致。PHM 对装备总体设计的影响主要体现在以下方面（见图 4.1）。

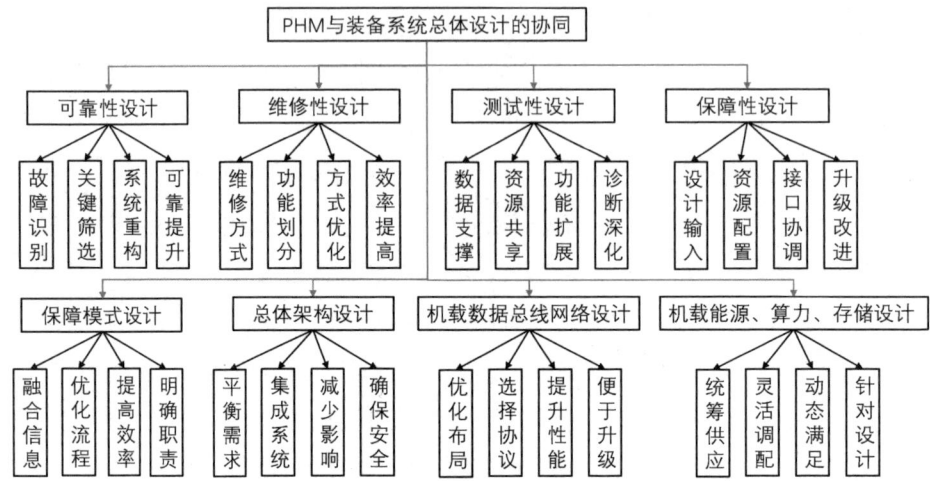

图 4.1　PHM 与装备系统总体设计的协同要素

（1）保障模式设计。

PHM 系统会深入影响装备的日常维护、出动准备、排故维修、使用调度等保障工作，在进行保障模式设计时，需要将 PHM 提供的装备健康状态信息融入任务前检查、修复性维修、预防性维修、保障资源管理等工作中，优化飞机的使用和任务分配，提高维修保障效率，并明确 PHM 使用人员的岗位职责与工作流程，只有这样才能使 PHM 的功能落地实现。

（2）总体架构设计。

PHM 系统的部署方式受到装备的总体结构设计的强约束，总体设计团队需要平衡前端传感器的布局需求与装备结构的实际可行性，这可能需要重新设计传感器的固定、连接方式和数据传输通道。有些传感器需要被内嵌到装备结构件中以获取结构疲劳和完整性状态信息，这对装备结构性能与维修保障方式都有重要影响，所以需要尽可能将 PHM 系统的组件集成到装备现有的系统中，以减少对装备结构特性的影响。在安全性方面，由于 PHM 与装备各个分系统的交联关系复杂，因此必须做到其自身的故障能够与装备隔离，以确保在 PHM 系统故障时装备仍然能够正常运行。

（3）机载数据总线网络设计。

PHM 对装备机载数据总线网络的布局、带宽、延迟、吞吐量、可靠性、安全性均有较为严格的要求，会显著影响总线设计。总线布局方案要兼顾传感器、区域计算处理器与全机中央处理器直接的交联关系和物理位置，根据文本、信号、图像等不同的信号，选择相应的总线类型和配套的通信协议与加密技术，优化网络拓扑结构，尽可能采用标准化可扩展的设计，不引入不必要的复杂性和额外硬件，同时便于后续根据实际使用情况进行反馈升级。

（4）机载能源、算力、存储设计。

PHM 系统需要足够的资源来支持健康状态监测、故障诊断和预测分析等任务。在电力和冷却供应方面，PHM 可能涉及增加供电功率、提高机载电池容量、改进发电系统和设计更有效的热管理系统的需求，需要统筹全机能量供应方案；在算力与存储方面，需要对全机各处计算资源进行灵活调配，根据不同功能等级的 PHM 配置相应的算力，特别是整机 PHM 系统需要汇总处理所有传感器数据来执行健康状态分析与故障推理任务，且对外可能有卫星通信、无线网络、数据卡等数据接口，需要进行针对性设计。

除了和装备总体设计有密切交联，PHM 总体设计还和装备的可靠性、维修性、测试性、保障性等装备通用质量特性设计与研制高度相关，甚至和装备测试性的部分设计与分析工作内容是一致的，因此总体设计团队需要统筹各项设计工作，处理好各项相关工作的承接关系。PHM 总体设计与装备通用质量特性设计的关联主要体现在如下几个方面。

（1）可靠性设计。

装备的可靠性设计提供 PHM 系统的关键信息，如故障模式、故障率、影响等，这些信息为 PHM 对象筛选、算法建模和故障诊断提供基础。通过对系统、产品进行 FMEA、FMECA、FTA、可靠性分配、预计等可靠性分析，确定系统内各部件的故障模式、识别影响飞行安全和任务成功的关键信号与故障，建立产品的故障模式、故障原因、故障现象三者之间的关系模型，根据危害度、严酷度分析，为飞机系统的故障诊断方案设计的确定提供输入，从而确定需要进行 PHM 设计的系统部件或功能项目，便于开展后续各层次的 PHM 设计。此外，在任务的可靠性设计方面，可通过 PHM 系统部分实现系统重构、余度与自修复，可在一定程度上提高任务成功率。

（2）维修性设计。

维修性建模、分配和预计等维修性设计分析结果为 PHM 系统提供了维修时间、维修方式、零部件拆换频率等重要信息，可为系统、LRU/LRM 的 PHM 功能划分、PHM 机载与地面功能划分提供设计输入。同时，装备维修性设计要充分考虑 PHM 带来的收益，如采用 PHM 设计可以实现快速故障检测、缩短故障检测时间，甚至在系统运行过程中完成故障检测与隔离、缩短停机诊断时间，同时可针对即将出现的故障做好修复准备，缩短备件的提前预定时间，从而缩短后勤延误时间和等待维修时间，这对维修方式设计与维修性指标分配都有重要影响。

（3）测试性设计。

PHM 是基于装备测试性与 BIT 设计的进一步发展。测试性设计提供了 PHM 系统所需的基础数据和硬件支持，为 PHM 系统的运行提供了一部分数据源和硬件资源；与此同时，PHM 将测试性设计的基础功能扩展到更高级的融合诊断推理领域。装备测试性与 BIT 设计可以提供健康状态的初步信息，而 PHM 通过综合应用人工智能和信息技术，引入先进的故障推理技术，将测试性功能从故障检测和状态监测扩展到自主重构、健康状态评估、保障资源管理等领域。此外，测试性设计的分析工作与一部分 PHM 工程研制工作重合，包括测试性指标需求分析、诊断功能要求、测试划分、测试性预计、诊断策略设计、测试资源选择与配置及嵌入和外部测试性分析等，这些工作直接影响到 PHM 软/硬件的设计。

（4）保障性设计。

保障性设计分析的结果为 PHM 诊断资源的配置和 PHM 与保障系统接口关系的确定提供了重要的设计输入。通过使用需求分析、使用与维修任务工时分析、保障要求的制定和方案的评价，保障性设计能够为 PHM 系统提供指导，帮助确定哪些系统部件或功能需要 PHM 支持，这有助于确定 PHM 系统的范围和目标，确保其与装备的保障系统协调一致。此外，PHM 系统还能够改进系统的保障性，实现视情维修或预测性维修，这种主动性的维修方式可以缩短维修时间和停机时间，并大幅缩短维修和供应保障过程，在一定程度上降低了对各种地面测试设备和维修人员的需求，减小后勤保障规模。因此，装备保障性设计也要充分考虑 PHM 的赋能，在保障组织设置、保障规程设计、保障资源规划及保障信息系统设计方面与 PHM 做到协调一致。

综上所述，PHM 与装备总体设计之间有着千丝万缕的联系，需要在飞机总体设计阶段进行综合权衡，以确保 PHM 系统能够有效地满足飞机的健康管理需求，并与其他飞机系统协同工作，在这个过程中，权衡是关键，需要论证如何最大限度地发挥出 PHM 系统的技术特点，同时确保不会对装备总体设计产生不必要的制约，这需要密切协调装备的总体设计团队和 PHM 系统工程师之间的合作，以找到最佳解决方案。

4.1.2　PHM 研发组织模式

PHM 系统在功能需求上要对装备系统进行全面的监测，所以它必然与装备其他分系统都有密切的交联，涉及各种分系统的监测与管理。因此 PHM 设计需要综合运用系统工程、传感器、电子电气、大数据、人工智能、云计算、运筹优化、工程管理等多种学科知识，既包括自身系统架构的设计，又包括对每个分系统具体的监测、诊断、预测、管理等功能的设计，还要兼顾装备总体设计的各类约束限制，这就要求 PHM 总体设计团队必须具备系统工程思维，对装备整体的研发工作有全局视野与认知。

鉴于以上特殊要求，装备 PHM 研发团队一般采用 IPT（Integrated Product Team，综合产品团队）模式组织，由来自各专业的设计人员构成，分成总体组-分系统组的架构。总体组是装备研制总体设计团队的一部分，由专门从事 PHM 研发的工程师组成，在装备总师的领导下负责 PHM 总体方案设计，架构设计、性能分解与验证；各分系统组负责飞机上每个分系统自身的 PHM 功能实现，一般由分系统设计师兼任，主要工作包括分系统 PHM 架构设计、部件 FMEA 分析、BIT 设计、传感器布局、故障诊断与寿命预测算法研发等。总体组和分系统组的人员构成如下。

1)总体组

(1) PHM 总师：主持 IPT 的全局工作，包括主导 PHM 的总体设计与项目管理、统筹装备各个利益攸关方关于 PHM 的需求、协调 PHM 与各个分系统的联合设计事宜，以及拟定 PHM 总体设计思路、架构与技术路线，需要充分发挥领导和协调作用，确保项目的顺利实施，一般由 PHM 研制经验丰富的资深工程师或装备型号副总师担任。

(2) 系统工程师：协助 PHM 总师开展 PHM 需求分析、性能分配、PHM 成本费用与效益分析等工作，将 PHM 总体需求细化分解，形成各分系统 PHM 的具体性能要求，负责 PHM 功能-逻辑-物理架构设计与 PHM 性能验证，要求具有全局观念、强烈的责任心和细致的需求分解与映射分析能力。

(3) 架构工程师：在系统工程师的指导下，负责建立 PHM 系统视图模型体系（运行概念模型、能力模型、系统模型、功能-逻辑-物理架构模型等），具体化 PHM 系统的各个模块和接口设计，同时需要对设计变更进行跟踪并相应地更新架构模型与说明文档，要求对 PHM 系统架构（软/硬件、模型算法和接口协议）有全面而深入的理解，能够在多变的项目环境中迅速做出适应调整。

(4) 仿真工程师：在系统工程师、架构工程师的指导下，负责建立 PHM 系统的仿真模型体系，并根据这些模型设计仿真场景以测试 PHM 系统在实际运行中的表现，具体工作内容包括运行各种仿真场景并分析结果，验证仿真模型的准确性，以及根据仿真输出提出 PHM 系统性能优化的建议。

2)分系统组

(1) 系统工程师：作为分系统 PHM 研制负责人，主持开展分系统 PHM 的设计与实施。该角色需要与总体组的系统工程师进行深入沟通以理解总体 PHM 需求，并根据分系统 PHM 性能要求，结合分系统特点和 FMEA 分析结果，领导分系统组开展 PHM 的设计、研制与验证工作，并确保分系统组与其他相关团队之间的有效协调沟通，根据总体组的技术变更及时调整，一般由熟悉分系统架构与设计要素的资深工程师担任。

(2) 硬件工程师：在系统工程师的指导下，负责设计分系统的传感器、通信网络、计算节点及相关的数据接口，包括明确各类硬件的类型、位置和配置，确保硬件设计符合系统性能和安全性要求，并与供应商和制造商进行协调沟通，确保硬件组件能在预定时间内按规格生产和交付。

(3) 软件工程师：在系统工程师的指导下，负责分系统机载软件的开发，以及机上状态监测、故障诊断和健康评估算法的研发，不仅需要编写符合机载软件标准的代码，还需要与硬件工程师和系统工程师紧密合作，根据测试反馈进行算法优化和软件更新。

(4) 测试工程师：在系统工程师的指导下，负责 PHM 综合评估工作，设计详尽的测试计划，包括仿真评估、实验室实验、地面试验和飞行试验，与其他工程师紧密合作，验证各类 PHM 性能指标的实现情况，以确保测试活动的有效性和准确性，并根据测试结果提出改进建议。

在 PHM 的 IPT 中，总体组与分系统组之间的信息交互是多维度的。总体组主要负责明确 PHM 的全局需求和性能指标，在这一过程中，不但需要充分听取分系统组的意见，以确保需求的全面性和可行性，而且需要综合各分系统的设计方案，共同研究确定 PHM 系统的总体架构和技术路线。同时，总体组与分系统组都需要及时交换关于可能出现的设计偏离、技术风险或其他问题的信息，各个分系统组之间要共享设计经验、故障数据和测试结果，以确保设计方法和实施方案的一致性。这需要有畅通的沟通渠道、周期性的项目进度会议与模型化、智能化的需求管理手段，确保所有相关方，包括总体组与各个分系统组都能及时了解项目的整体状况和潜在问题。表 4.1 所示为 IPT 的职权要素信息。

表 4.1 IPT 的职权要素信息

角色	职责	权力	汇报线	资质要求
总体组				
PHM 总师	总体设计与项目管理，统筹各方需求，协调联合设计	PHM 需求、性能指标、架构方案的最终决策权	向型号总师汇报	系统工程背景，一般要求具备 10 年以上 PHM 工程经验，作为系统工程师，完成过 PHM 项目管理，熟悉 PHM 项目管理和团队协调的一般需求与特点
系统工程师	协助 PHM 总师，完成需求分析、架构设计、性能分配、成本与效益分析	PHM 架构设计与性能验证方面的决策权	向 PHM 总师汇报	系统工程或相关领域背景，具备 5 年以上 PHM 工程相关经验，作为架构工程师完成过 PHM 总体设计工作
架构工程师	协助完成PHM功能-逻辑-物理架构设计	PHM 系统模型、架构设计方面的辅助性决策权	向系统工程师汇报	计算机科学或系统工程背景，熟悉 PHM 系统架构，具备 3 年以上 PHM 工程相关经验
仿真工程师	建立 PHM 系统仿真模型，模拟运维流程	仿真模型和方法选择上的决策权	向系统工程师汇报	计算机科学或仿真工程背景，熟悉仿真技术和工具，具备 3 年以上 PHM 工程相关经验
分系统组				
系统工程师	领导分系统 PHM 的设计、研制与验证	分系统内的 PHM 需求和设计方面的相对自主决策权	向总体组汇报	系统工程或分系统专业背景，具有分系统专业知识和 5 年以上分系统研制相关经验，作为软/硬件工程师完成过分系统 PHM 研制工作
硬件工程师	设计传感器、通信网络等	硬件选择和设计方面的决策权	向系统工程师汇报	电子电气工程或相关领域背景，具备 2 年以上分系统研制相关经验
软件工程师	机载软件开发，状态监测等	软件开发和算法设计方面的决策权	向系统工程师汇报	计算机科学或软件工程背景，熟悉分系统相关软件和算法，具备 2 年以上分系统研制相关经验

续表

角色	职责	权力	汇报线	资质要求
分系统组				
测试工程师	PHM 功能综合评估	测试方法和评估标准方面的决策权	向系统工程师汇报	系统工程背景，熟悉 PHM 系统和分系统，具有数据分析和装备性能测试经验

需要指出的是，PHM 的 IPT 有多种可能的人员配置策略，以适应不同装备的特定需求和约束。首先，IPT 成员并不一定是专门负责 PHM 系统的全职研发人员，在某些情况下也可是装备总体设计团队和分系统 PHM 设计团队中的成员。例如，型号总师可能兼任 PHM 总师，而分系统主任设计师也可能承担分系统的系统工程师职责。这种灵活配置有其明显优点，如具有更高的团队协同性，以及能够更快地将 PHM 需求和解决方案与总体设计目标对齐，避免常见的"两张皮"困境，而这种"兼任"模式的缺点主要是职责界面不清晰，设计流程可控性不强，且对设计人员的要求非常高。对于项目规模较小、预算有限或 PHM 性能要求不高的装备，"兼任"模式可能是一个更为实用的选择，因为这种方式减少了额外的人力成本，同时确保了项目的连贯性和统一性。然而，对于大规模、复杂性高和对 PHM 性能有严格要求的项目，专职 PHM 团队通常是更合适的选择。专职团队可以在 PHM 问题上集中精力，遵循严格的研发流程，从而更容易发现和解决潜在问题，确保 PHM 能力的落地实现。

另外，值得注意的是，随着 PHM 领域的市场需求不断扩大，一些专业的 PHM 技术服务商开始在市场上崭露头角。这些服务商专注于某一个或多个领域的 PHM 解决方案，可以为装备研制部门提供多种形式的支持。它们不仅可以提供专业的设计和研制咨询服务，以提高 PHM 设计团队的专业能力，还可以接手整个设计过程，以缓解客户的人力和技术压力，霍尼韦尔公司为波音公司提供的中央维护系统解决方案就是这种合作模式的一个典型例子。通过这种方式，企业和组织能够便捷地获取到高质量的 PHM 服务，从而实现装备PHM 能力的快速落地[43]。

4.1.3 PHM 框架设计流程

根据系统工程理论方法，在总体设计阶段，设计团队需要进一步详细拆解装备所有的利益攸关方的具体需求，并检查这些需求和 PHM 系统功能性能指标要求目标是否匹配，确认需求清单与指标要求后要厘清 PHM 系统的关键要素，聚焦优先级较高的分系统与相关的故障模式，并约束 PHM 系统开发过程。总体框架设计一般包括功能–逻辑–物理架构设计三部分，其关系如图 4.2 所示。

对飞机、高铁、舰船这些复杂系统来说，由于组成它们的分系统和零部件数量庞大，PHM 系统通常难以适用或解决其涉及的全部故障模式，因此在编制 PHM 系统功能范围声明时，如何从系统全局的角度合理地设定 PHM 系统的功能边界并设定合理的目标就变得尤为重要。得到确认无误的需求后即可开展功能架构开发工作，主要包括如下几项。

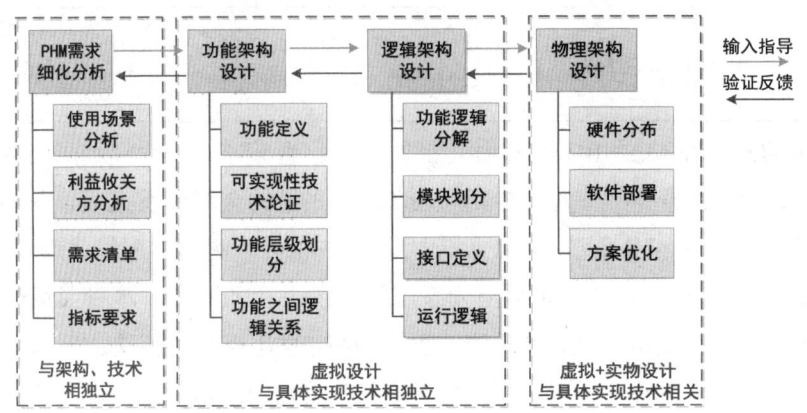

图 4.2　PHM 总体设计示意图

（1）定义功能清单：审查经验证的 PHM 需求清单，并转化定义 PHM 系统的功能需求，这包括定义每个功能组件所需的输入、输出和处理步骤。

（2）识别功能组件：识别满足定义功能需求所需的功能组件，这些组件可能包括数据采集、数据预处理、特征提取、健康预测、决策支持等。

（3）定义功能交互：定义功能组件之间的交互及它们之间的支撑调用关系等。

（4）评估设计：根据系统需求评估功能架构设计，根据各类验证方法评估功能架构方案的可行性、可靠性、性能、成本等，并对设计进行迭代修改，确保其满足期望的能力需求。

通过功能架构设计，PHM 系统的功能组件、交互及它们在 PHM 系统中的职责都得到了清晰的定义，这可以确保所有 PHM 系统的需求都有相应的功能承载，并且功能组件设计得到反馈优化以满足所需的性能。

逻辑架构以功能架构为输入进行开发，主要定义功能组件之间的逻辑关系，并捕获系统行为、执行顺序、控制或数据流的条件、状态和操作模式。与功能架构相比，逻辑架构是一种结构设计，需要提供尽可能多的执行细节，而且不受特定技术或环境的限制，通常包括以下步骤。

（1）定义数据流：定义功能组件与用于处理的算法和模型之间的数据流，这包括识别功能组件之间的数据依赖关系，定义每个组件的输入、输出和处理步骤，以及用于在组件之间交换数据的通信协议。

（2）定义系统运行逻辑：对功能架构中的各个功能模块进行逻辑连接，明确 PHM 系统在各个运行场景中相关功能的运行时序逻辑、触发条件、支撑资源等。

（3）评估验证：根据系统要求评估逻辑架构设计，通过仿真推演验证相关的逻辑架构是否闭环，并根据逻辑验证的反馈结果修正优化功能架构。

逻辑架构设计提供了 PHM 系统的运行逻辑和相关的数据信息接口，并明确了各个功能在系统运行过程中的触发条件与发挥的作用，确保每项功能和它对应的需求都在逻辑模型中得到响应和承接。

物理架构设计以功能和逻辑架构为输入，主要定义硬件和软件组件及其物理部署方案，用以实现 PHM 系统的功能和逻辑设计，具体包括以下步骤。

（1）定义硬件组件：定义 PHM 系统所需的硬件组件，包括传感器、传输网络、通信接口和计算资源，明确组件的物理位置、部署条件、资源供应等要求。

（2）定义软件组件：定义 PHM 系统所需的软件组件，包括操作系统、数据库、开发环境和顶层应用，明确各类软件所承载的 PHM 功能。

（3）评估选择：根据不同的技术解决方案特点，设计 2～3 组同时满足功能与逻辑设计的备选设计方案，根据系统的可靠性、安全性、测量精度、维护方式、质量、体积、能耗等约束条件来评估每个物理架构方案，经权衡后选择最合适的方案。

（4）试验验证：根据系统要求评估物理架构设计，通过系统仿真、半实物仿真的方式验证物理架构的可行性与完备性，确保其满足预期的性能与所有的功能需求。

4.2　PHM 系统功能架构设计

功能模型设计的意义在于它有助于从需求模型中提取出主要的系统功能，并将其细化成可操作的功能模块。通过这个过程，装备使用方的需求能够被精准解读传递，避免遗漏或误解重要功能，确保设计在整个开发过程中始终与需求保持一致。此外，功能模型设计将主要功能划分为更小的子功能模块，识别和描述不同功能之间的依赖关系与交互方式，使系统的设计和开发变得更具可管理性，为设计团队提供了系统的基本框架和组件结构，使设计过程更有条理性，设计团队能够更清楚地理解各个功能模块的任务和职责，避免设计迷失方向或过度复杂化，也有助于与团队成员、领域专家及客户进行更有效的沟通，在设计的早期阶段发现并解决问题，避免在后续阶段的设计和开发中出现大的错误或变更。本节以飞机 PHM 系统为案例，介绍功能架构设计方法。

4.2.1　PHM 使用场景细化分析

根据飞机、高铁、舰船、重型工程机械等装备的使用模式，PHM 系统的使用场景一般分为任务前准备、任务过程监视、维修保障与数据分析 4 类。其中，任务前准备涵盖装备启动时进行上电自检的过程，任务过程监视涵盖装备从开始工作至停机的全过程，维修保障涵盖测试、排故、维修等保障过程，数据分析涵盖数据由装备传输至数据处理中心及后续故障诊断和寿命预测的过程。

以飞机这个对PHM需求很高的工程系统为例，任务开始前，飞机通电后PHM会自动进行上电测试，用于在任务前检查系统和设备的工作状态是否正常，能否投入正常运行。飞机各系统和设备在接通电源后自动启动规定的测试内容，对自身主要功能部件进行自检，这个过程一般不需要机载PHM系统或外部测试设备提供激励信号。自检运行过程中，飞机各系统、分系统及LRU以周期形式将当前系统状态参数传输至PHM系统（或由PHM系统进行监听），PHM系统对重要数据进行存储，对其余数据进行暂存。自检结束后，飞机各系统、分系统及LRU以事件形式将自检完成信息上传，PHM系统根据各系统维护状态生成自检报告，如果发生故障或异常，那么飞机各系统、分系统及LRU以事件形式将故障或异常信息一并传输，由PHM系统进行信息存储及合并、关联。图4.3所示为PHM使用场景细化分析示意图。

飞行前场景流程图　　　　　　　　正常飞行过程系统数据传输框图

地面维护前安全确认流程图　　　　地面维护过程流程图

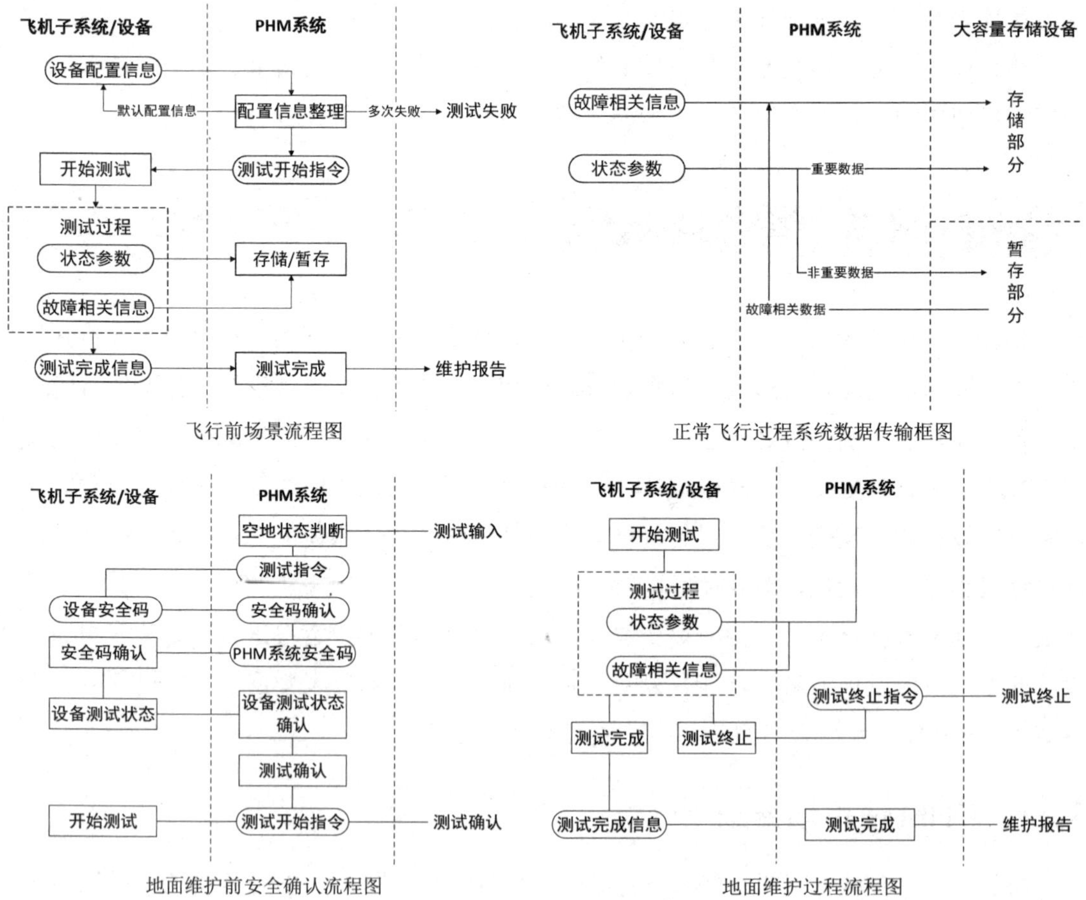

图4.3　PHM使用场景细化分析示意图

任务过程中，飞机自动运行周期 BIT，在不干扰和影响系统和设备的正常运行和功能的前提下，周期地或持续地监测系统和设备（LRU）及外围设备（如传感器、天线或与其他系统的外部接口等）的工作状况，这些数据可能包括测试通过与否的标志、错误码、异常信息、传感器读数、设备状态等。如果在执行测试序列的过程中发现错误，那么 BIT 会根据预定义的策略进行错误处理。这可能包括尝试重新测试、标记故障、生成错误报告、触发警报等。此外，一些分系统 BIT 可能不仅仅关注故障检测，还会进行性能评估。这可能包括性能指标的测量，如响应时间、处理速度、通信延迟等。

维修保障时，飞机可能进行地面测试（包括操作测试、LRU 替换测试及系统测试）或维修 BIT。操作测试应能通过自动测试或人机交互测试确定成员系统的指定功能是否正常。操作测试应覆盖到该项功能所涉及的所有组成单元（包括各类指示器、传感器、开关、作动器等）。维修 BIT 用于检测和诊断系统或设备在故障时的工作状态，以便确定维修和维护的必要性。与自动运行周期 BIT 不同，维修 BIT 更侧重于检测系统的故障和问题，以支持后续的维修和修复工作。维修 BIT 通常由系统操作员或自动故障检测系统触发，并执行一系列故障诊断测试，以确定故障的位置和原因。这些测试可能涵盖不同的分系统、传感器、执行器、通信接口等，以确定可能的故障模式，并确定故障的具体位置，对于复杂系统，可能还需要使用额外的诊断工具和设备来辅助定位故障。在完成维修后，通常需要执行 LRU 替换测试，验证一个被更换的或修理过的 LRU 的基本功能和接口（输入输出）完整性，以确保故障已经修复，系统恢复正常工作。维修 BIT 的结果和维修过程的详细信息将被记录下来，作为系统维护记录的一部分，以便后续追踪和分析。

数据分析一般可分为机载分析与地面分析两部分。机载分析由飞机机载 PHM 系统根据任务过程中采集的数据及故障信息进行快速处理，主要针对装备的关键性能参数健康和重要故障告警等，地面分析由地面的数据处理中心加载机载大容量存储设备内的状态参数、故障相关信息、系统配置信息等数据，开展故障深度诊断、性能趋势分析与寿命预测、维修辅助决策等工作。

4.2.2 飞机 PHM 功能架构案例

通过 4.2.1 节的使用场景细化分析，结合 3.1 节和 3.2 节阐述的战斗机 PHM 使用场景和 OSA-CBM 等标准发布的装备 PHM 功能架构标准[44]，可以整理出以战斗机为代表的高价值航空装备 PHM 的 6 个核心功能，包括数据采集、数据处理、状态监测、故障诊断、寿命预测和决策支持，以及地面测试、数据管理、显示控制 3 个辅助功能，如图 4.4 所示。

按照上述功能设计的流程，将战斗机 PHM 系统功能归纳为一级功能 7 项，二级功能 25 项，具体功能定义、功能分配及实施规划如表 4.2 所示。

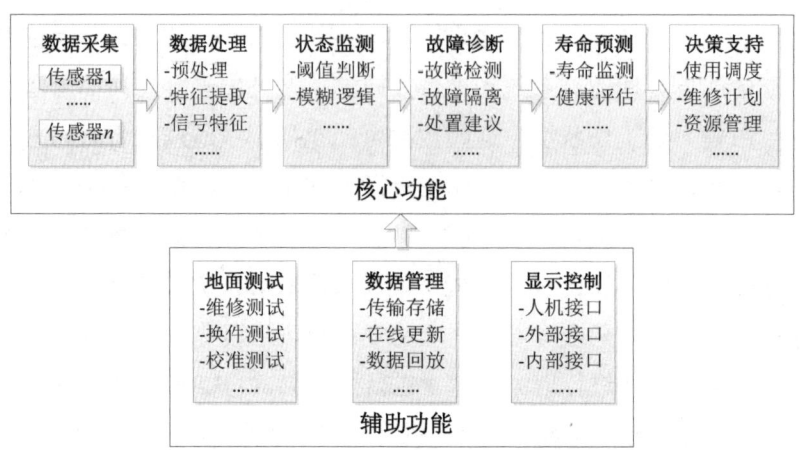

图 4.4　装备 PHM 主要功能示意图

状态监测：该功能主要用于实现 PHM 源数据采集、状态数据处理及关键功能在线监测，是指在不影响飞机工作的情况下，连续或周期地采集、分析、处理和记录与飞机、结构、系统、设备功能、性能、状态、维护、故障分析和趋势相关的数据，并根据采集与处理的相关数据对关键功能状态及关键参数进行在线监测，支持关键故障的告警与下传等，应用场景主要包括飞行中和地面运行。

故障诊断：该功能主要用于实现飞机故障的自动诊断，或在飞机状态异常时配合其他测试手段进行故障增强诊断，用以确定飞机是否存在故障，并把故障定位到相应的 LRU 上，为放飞决策和维修计划提供支持。应用场景主要包括飞行后检查与维修排故。

预测与寿命管理：该功能主要是针对飞机机体结构及具有规定使用寿命的零部件进行健康状况评估及剩余使用寿命预测，主要根据依据飞机采集或下载的状态监测数据，结合历史数据，进行被监测系统和设备的性能趋势分析，判断是否达到警戒值（建议采取维修工作以保持系统和设备的性能）和门限值（必须采取维修工作以保证系统和设备的正常工作），并结合其未来使用负载来评估其未来的健康状态，预测未来健康状态发展趋势，估计剩余使用寿命，支持飞行决策及维修建议生成等。应用场景主要包括维修排故、飞行与维修计划制订等。

地面测试：该功能允许维护人员通过 PHM 对飞机进行自检、操作、换件、性能等一系列测试，快速获取飞机状态数据，辅助支持故障诊断、预测与寿命管理等功能，主要用于飞行前准备、飞行后检查、维修排故、预防性维修等场景，包括机务准备测试、定检测试、LRU 换件测试及软/硬件配置识别等。

数据综合管理：该功能主要实现机载健康管理数据与地面健康管理数据的综合管理，主要包括数据的存储、备份及数据传输、全机软件统一在线加载等。应用场景包括飞行中、地面运行、飞行后检查、维修排故、预防性维修等。

决策支持：该功能是指依据飞机故障诊断、剩余使用寿命预测、性能趋势分析等结果，给出维修建议，为维修计划制订提供支持。根据飞行任务计划、飞机状态（故障情况、状态监视情况等），与飞机最低设备清单进行比对，为放飞提供决策支持。应用场景主要包括飞行前检查、飞行后检查、维修排故、预防性维修等。

显示与控制：该功能是指对 PHM 系统的相关信息的显示及相关功能的控制操作，包括飞机维护信息显示、状态信息显示、配置信息显示、地面测试信息显示、寿命预测信息显示，及状态配置和地面测试功能的测试控制等，应用在所有和 PHM 相关的场景中。

表 4.2 战斗机 PHM 系统功能架构

编码	一级功能	二级功能	输入	输出	功能概要
1	状态监测	状态数据采集	传感器电信号	解算的监测数据	收集设备或系统运行过程中产生的各种传感器数据和状态信息
2		状态数据处理	解算的监测数据	预处理后的数据	对采集到的数据进行整理、清洗和处理，以便进一步分析和诊断
3		关键功能在线监测	预处理后的数据	状态或故障代码	将设备运行状态和数据实时传输到监测中心，以便即时的状态跟踪和分析
4	故障诊断	故障检测	设备状态数据、传感器数据	检测到的异常情况、可能的故障信息	检测设备运行中的异常行为或故障信号，以便及早发现潜在问题
5		故障隔离	故障检测结果、设备结构信息	故障定位结果、受影响的区域和组件	确定故障发生的位置或影响的范围，以便更精确地进行维修
6		级联故障诊断	故障检测结果、系统结构信息	关联的故障信息、扩展的诊断结果	在一个故障导致其他故障的情况下，通过分析关联的故障，提供更全面的诊断信息
7		故障增强诊断	故障检测结果、传感器数据、历史数据	更详细的故障解释、可能的根本原因	基于故障现象的更深入分析，提供对复杂问题的深入诊断
8		诊断报告与处置建议	故障检测结果、历史数据、维修数据库信息	详细的诊断报告、建议的维修措施	生成关于故障原因、影响和可能解决方案的详细报告，并提供维修建议
9	预测与寿命管理	剩余使用寿命预测	设备状态数据、历史数据	预测的剩余使用寿命信息	基于设备状态和历史数据，预测设备的剩余可用寿命
10		寿命管理	设备历史数据、维护计划信息	设备寿命状态、维护计划更新信息	跟踪和管理设备的整体寿命，以优化维护和替换计划
11		健康评估	设备状态数据、运行信息	设备健康评估结果、是否适合执行任务	评估设备的整体运行状态，以确定其是否能够正常执行任务
12		健康信息管理	设备状态数据、健康历史数据、维护记录信息	维护的健康信息记录和管理	对设备健康信息进行维护、记录和管理，以便进行长期分析和追踪
13	地面测试	机务准备测试	准备就绪的设备信息、测试计划信息	测试结果、装备准备就绪情况	在装备准备就绪之前，进行必要的测试和检查，确保其正常运行

续表

编码	一级功能	二级功能	输入	输出	功能概要
14		LRU换件测试	待测试的LRU组件信息、测试计划信息	测试结果	对模块或组件进行测试,以确定换件后是否功能正常
15		校准测试	待校准的传感器数据、校准标准信息	校准结果、传感器准确性和偏差信息	确保传感器和测量设备的准确性和精度
16		定检测试	定期检查计划、设备历史数据	检查结果、设备的可靠性状态	在规定的时间间隔内进行计划性检查,以确保装备的可靠性
17		配置识别	设备配置信息、系统结构信息	配置识别结果、用于适应特定诊断和维修	确定装备的特定配置和组件,以适应相应的诊断和维修流程
18	数据综合管理	健康数据存储和管理	设备状态数据、历史数据、诊断报告信息	健康数据存储和管理、用于分析和追踪	存储和管理大量设备状态数据和诊断结果,以供分析和长期跟踪
19		软件统一在线加载	更新的软件包、加载计划信息	加载结果、软件更新是否成功	在线加载更新、修复或改进的软件,以提高系统性能和安全性
20		全机故障专家诊断系统	设备状态数据、历史数据、诊断模型信息	详细的故障分析、专家级别的诊断结果	集成的系统用于进行全面的故障诊断,提供专家级别的分析和建议
21		空地数据通信接口与交互	数据通信协议、数据交换格式	交换的数据信息、通信状态	通过空中或地面通信,与监测中心或其他系统进行数据交换和通信
22		故障回放	历史故障事件记录、相关数据	回放记录、故障事件分析和改进建议	回放和分析过去的故障事件,以便深入分析诊断故障
23	决策支持	维修决策支持	故障检测结果、维修数据库信息	维修建议、材料和时间要求	提供有关维修方法、资源和时间的信息,以支持维修决策
24		放飞决策支持	设备健康评估结果、任务计划信息	放飞建议、任务是否适合执行	提供有关设备是否安全进行任务的信息,以支持决定是否放飞
25	显示与控制	全机健康管理操作显示与控制	设备状态信息、健康评估结果、控制指令	健康状况显示、控制操作界面	提供用于操作员的界面,以查看设备的健康状况和控制相关操作

表4.2列出了航空装备PHM系统的各项关键功能,这些功能构成了一个比较粗略的分类,实际应用中需要根据具体装备的特点和要求进行进一步的细化和定制。这些功能的设计是基于需求的承接,旨在实现对设备状态的全面监测、分析和诊断,以提高装备的可靠性、可用性和维护效率。值得强调的是,这些功能的设计应独立于逻辑和物理架构的设计,避免为了适应某种物理架构而强行调整功能设计。因此,在开发和应用PHM系统时,应该始终以装备的需求和性能为中心,确保功能设计与实际装备情况紧密匹配,以实现利益攸关方的需求与研制目标。

4.3 PHM 系统逻辑架构设计

逻辑架构设计的要点是将各个功能模块进行组织和集成，明确各个功能的交互与支撑关系。由于不同类型的装备对 PHM 使用场景与性能有各异的要求，因此逻辑架构的设计需要采用不同的策略来实现各个功能。本节讨论了 PHM 逻辑架构的一般设计原则，并介绍了 3 种典型的 PHM 逻辑架构，适用于不同应用需求的 PHM 系统。

4.3.1 典型 PHM 逻辑架构方案

PHM 逻辑架构设计应当充分考虑装备系统的体量、交联关系、使用模式、研制预算等因素，对不同的分系统/元器件采用不同的功能逻辑，方能在性能、功能、成本等方面达到综合最优。常用的 PHM 基本逻辑架构主要包括集中式、分布式和分级区域式三种，它们在组织和管理 PHM 系统中的各个功能模块方面具有不同的特点。

集中式逻辑架构将 PHM 系统的所有功能集中在一个中心节点或设备上进行处理，所有数据收集、处理、分析和决策都由该中心节点来完成，这种架构的核心特征是集中进行数据处理和诊断预测决策，简化了系统管理和维护，数据集中存储和分析。它的优点是功能高度集中，可充分利用 SoC（System-On-Chip）芯片集成化技术，将传感器、信号处理、数据存储、信号发射、电源管理等功能全部整合，体积、质量很小，便于安装部署，管理维护的成本也很低；缺点主要体现在适用范围小，性能不高且容易出现单点故障风险等。集中式架构一般用于重要且功能相对独立的元器件或设备的健康监测，这类设备需要采集的参数数量较少，在检测点的物理空间分布比较集中，数据采样频率不高，且对状态监测与关键故障告警的时效性要求很高，出现故障要立刻分析诊断并报告结果，如飞机液压系统中的泵、阀门、马达、作动器等。集中式逻辑架构示意图如图 4.5 所示。

分布式逻辑架构将 PHM 系统中各个功能模块分散在不同的节点或设备上进行处理和管理，每个节点负责独立的任务，这些节点通过网络进行通信和数据交换，可以根据需求增加或减少节点，实现灵活的扩展和配置。这种架构的优点是 PHM 的各个功能具有并行处理、灵活性和可扩展性，系统整体具有容错性和稳健性，可将各类传感器、存储器、计算器、通信模块进行大范围分布设计，并根据实际需求适当冗余；缺点是系统复杂性与维护性较集中式架构有明显的劣势，部署时需要考虑节点间的数据通信和同步，每个节点均需要耗费相应的空间与能量。分布式架构主要适用于监测范围大、构成复杂，且需要处理和分析大量监测数据的场景，如飞机结构健康监测需要对机翼、机身、垂尾及这些部件的结构连接处等位置进行监测；发动机则需要监测进气口、压缩机、燃烧室、尾喷口等多处位置的压力、温度、振动等参数，这都需要将传感器进行分布式部署，并将采集的数据汇总至计算节点进行处理分析。分布式逻辑架构示意图如图 4.6 所示。

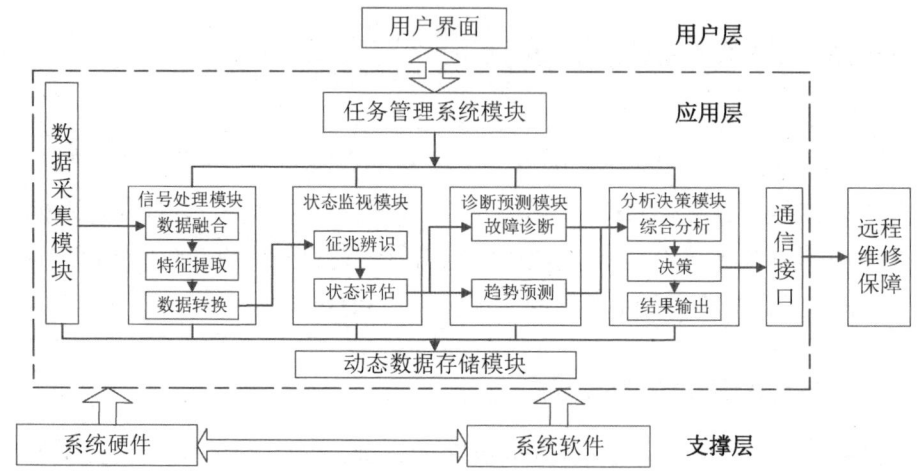

图 4.5 集中式逻辑架构示意图

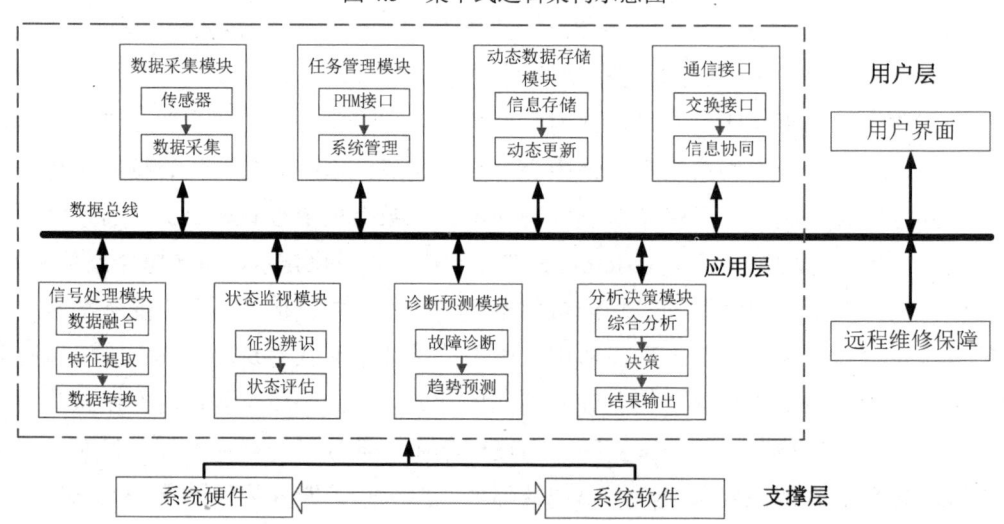

图 4.6 分布式逻辑架构示意图

分级区域式逻辑架构在本质上是对集中式与分布式架构进行了有机统一，将 PHM 系统功能按照不同的区域与层次进行分级，并将功能模块分布在不同的区域与层次中，每个层次负责不同级别的数据处理和决策，形成一个区域层次化的架构，实现功能模块的逻辑分离和组合，每个区域层次专注于特定的任务。它集成了集中式与分布式架构的优点，既能在特定区域内实现集中式的数据采集、监测、诊断、预测等功能一体化，又能在各个区域之间实现功能分布布局，但缺点是设计复杂度高，需要与装备其他分系统进行交联，对装备总体设计的影响与约束也比较大。实际上，现代装备庞大的设备数量、多层级复杂的交联关系、多级供应商联合研制的组织模式等因素导致其 PHM 系统不得不采用分级区域式的架构来满足整机 PHM 的需求。例如，在飞机上，不同系统和分系统可以划分为不同层次,如航电、动力、机电等分系统,在每个分系统可设置区域的 PHM 处理器,负责该分系统的主要 PHM 功能,分系统下面层级的关键设备或元器件也可按需嵌套设置相应的集中式架构,这样可以使得每个层次专注于特定任务,可以充分发挥不同层次的专业性和优势,不同层次的数据分层传递和处理,高层次可以基于底层数据进行综合分析和决策。每个分系统按照分布式架构进行设计,同时将所有分系统的信息集中至全机的 PHM 处理中心。分级区域式逻辑架构示意图如图 4.7 所示。

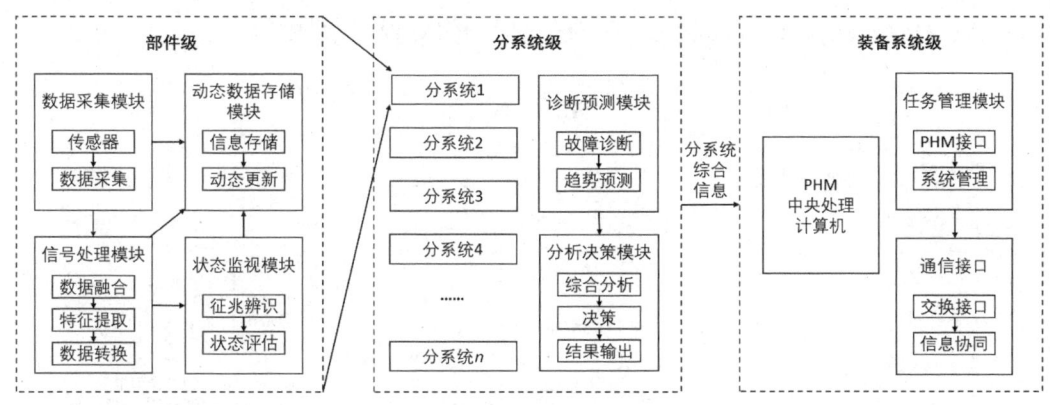

图 4.7 分级区域式逻辑架构示意图

4.3.2 飞机 PHM 逻辑架构案例

本节以飞机 PHM 系统为案例,介绍 PHM 逻辑架构设计方案。根据 4.3.1 节内容的分析,飞机 PHM 一般采用分级区域式逻辑架构,便于实现从底层部件级到整机系统级的 PHM 功能按需综合集成,图 4.8 所示为飞机 PHM 逻辑架构示意图。按照该设计理念,飞机 PHM 系统分为机上与地面两部分,机上 PHM 系统主要实现状态监测、故障检测隔离、数据传输,以及一部分性能测试、数据管理与报告及故障修复验证等功能;地面 PHM 系统在高算力处理环境支持下,实现故障增强诊断、处置建议、预测与寿命管理、全机队数据处理、决策支持等功能。机上逻辑架构的设计突出分层式诊断与集中决策相结合的策略,分三个层次:底层为成员级,是分布在飞机各系统最低层部件(或器件)中的传感器或机内测试/机内测试设备(BIT/BITE),中间层为区域级管理器,顶层为飞机级的飞机管理器。

成员级 PHM 主要依赖各成员系统/功能部件的 BIT,通过传感器和模型来检测故障并实现自我监测,当发生故障或状态变化时,系统会通过相应数据总线向区域管理器提交诊断报告,其功能主要包括:①故障诊断、寿命预测等功能所需的数据采集;②上电、维修测试及换件测试;③设备自身的异常监测与故障诊断;④与区域级 PHM 的数据交互接口,可报告当前状态/性能、消耗品状态、配置信息及 PHM 监测数据。

区域级 PHM 则是在成员级 PHM 的基础上,综合考虑成员系统的 BIT 故障报告、状态信息及其他相关数据(如其他监测信息、环境应力信息或跨系统健康状态信息),运用基于模型的推理和/或基于规则的推理算法，将成员级 PHM 故障输出与已知故障模式及外部关联数据进行比较，确认成员级诊断结果，并将区域级 PHM 故障状态报告至飞机级 PHM 进行全机融合诊断与决策。区域级 PHM 的功能主要包括：①确认故障报告，过滤虚警及评价间歇故障；②利用跨成员的关联信息，运用推理模型实现分系统级的故障检测和隔离；③分析评价系统当前的状态；④异常、故障告警的产生、集成及管理；⑤管理下属成员的 BIT 测试启动；⑥跟踪系统配置和损耗品状态；⑦与飞机级 PHM 的数据接口，可报告当前的和预测的状态/系统性能、消耗品状态、配置信息及 PHM 监测数据。

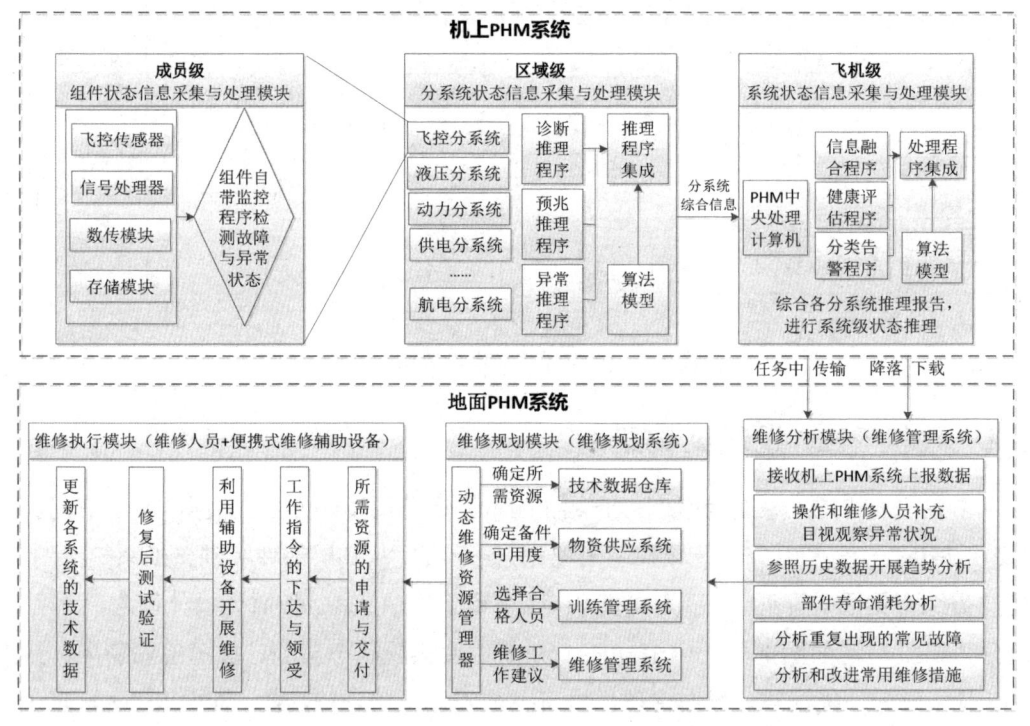

图 4.8　飞机 PHM 逻辑架构示意图

飞机级 PHM 结合智能信息融合、管理及传输能力，对分布于全机各区域管理器的 PHM 进行管理控制，综合各区域管理器提供的 PHM 数据，实现机上 PHM 系统的最高层次的综合功能，充当了机上 PHM 与地面 PHM 信息用户之间的纽带，并借助模型/算法的推理能力，将区域级 PHM 输出与影响任务及飞行安全的已知系统故障模式及维修历史等关联数据进行对比。经过判读、识别与融合等处理，进行跨分系统的诊断决策，产生维修需求，提供机上处置措施并生成机上告警指示，进而形成全机健康状态的报告和记录。此外，飞机级 PHM 还具备管理 PHM 处理优先级的功能，包括 PHM 信息的融合、分析、分类、分级及加密处理。根据需要，飞机级 PHM 可以通过数据链、地面局域网、5G 等通信手段，选择性地将信息数据传输至地面 PHM 系统，并与后勤保障系统进行数据交互。主要执行的功能包括：①执行跨系统故障数据综合；②飞机健康状态的综合评价；③管理 PHM 事件处理的优先级；④管理 PHM 软件配置与 PHM 数据存储；⑤管理 PHM 信息发布传输；⑥发布全机测试命令；⑦按需启动 PHM 数据下行链路，支持地面 PHM 快速完成数据分析与保障作业规划；⑧存储当前和预测的状态/系统性能、损耗品状态、配置信息及其他相关的 PHM 数据。

机上 PHM 的核心任务是数据采集、状态监测与部分关键故障的诊断等，与之对应的地面 PHM 则作为数据处理中心，承载数据深度挖掘、故障增强诊断、机群健康状态趋势分析、寿命预测、使用保障计划生成等需要借助各类算法模型进行大量数据处理与分析的功能。它是一个云平台系统，采用开放式架构，通过软件开发的模式实现主要功能，具体包括：①飞机平台 PHM 与地面 PHM 的数据接口控制，提供维护人机接口，并实现机上 PHM 数据的综合管理，主要有 PHM 数据的提取、处理及发送，上传与下载等；②基于机上 PHM 的综合信息，判断飞机的健康状态，支持飞行任务计划的编制与调整；③综合分析机上 PHM 提供的各类信息，确认、核实信息的准确性，确认分析故障，确定维修工作项目；④结合机群历史使用、维修数据，分析整个机群的使用状态，支持机群的维修计划编制与调整；⑤基于实施监测数据的收集、分析与积累，提供地面诊断、预测、趋势分析及机群的寿命管理，处理飞机有寿件的寿命消耗情况，执行有寿件使用情况跟踪与设备材料状态的评价；⑥提供算法模型开发环境及 PHM 知识发掘工具，构建与完善 PHM 知识库，为飞机提供增强的诊断能力；⑦与飞机地面保障信息系统进行联动，触发、激活保障系统中的任务调度、维修计划、备件采购等保障业务活动。

4.4　PHM 系统物理架构设计

在 PHM 物理架构的设计过程中，功能与逻辑架构提供了重要的信息和指导。功能架构中已经明确了系统的基本功能模块及它们之间的依赖关系和交互方式，逻辑架构揭示了这些功能模块之间的信息流、数据传递路径及可能的通信协议。通过深入分析功能与逻辑架构，我们能够获得有关物理架构所需的模块、接口、数据流和通信需求等关键信息，从而为物理架构设计奠定基础。

物理架构设计需要遵循一系列原则，以确保系统具备高性能、可靠性和可维护性。首先是模块化与分层原则，要求将系统分解为相对独立的模块或层次，以简化设计和提高模块的可复用性；其次是冗余与容错原则，通过引入冗余元件和容错机制，增强系统的可靠性和稳定性；然后是系统开放性原则，要求设计具备可扩展性，能够方便地集成新的组件或功能；再次是与飞机总体设计协调原则，主要确保 PHM 系统的物理架构与飞机其他分系统的设计相互协调，实现整体性能的优化；最后是成本控制原则，强调在设计过程中要平衡性能和成本，选择合适的技术和解决方案，以实现经济可行的物理架构。

物理架构设计是一个逐步迭代细化的过程，首先深入分析功能与逻辑架构，明确关键模块、接口和数据流，根据模块的功能和依赖关系，将系统划分为逻辑上相对独立的分系统或模块。在此基础上进行接口设计，明确信息传递路径和通信要求，根据备选原则选择合适的技术和平台，平衡成熟度与先进度，设计冗余和容错机制，以增强系统的可靠性，并确保物理架构与飞机总体设计协调一致，保证系统的整体性能。最后，进行物理架构的仿真和测试，验证设计的可行性和性能，并根据结果进行必要的调整和优化。整个过程需要综合考虑系统性能、成本、可维护性等因素，以达到高效、可靠的健康管理系统物理架构。本节以飞机为案例，介绍PHM物理架构的设计方案。

4.4.1 典型PHM物理架构方案

根据逻辑架构设计方案，机上PHM系统多采用"分布式采集、分层分区域管理、集中决策"的三层处理架构，应设计开放式通用化软/硬件处理平台，尽量减小成员系统间的耦合程度，便于持续升级、扩展与移植。在这样的逻辑架构下，飞机级PHM一般采用"计算平台（LRU或LRM）+通用处理软件+核心数据库"的物理架构，实现对全机PHM信息的处理；区域级以"通用处理软件+核心数据库"的架构形式为主；成员系统级主要以BITE及专用传感器等形式存在，合理优化和规范接口类型，减少接口数量和类型。所有成员系统的信息处理均采用分区域综合设计，通过相应的总线传输。机上PHM系统的主要接口包括以下4类。

（1）与各成员系统的数据总线接口，主要用于健康管理数据的交互。

（2）与供电系统的电气接口，主要用于核心处理机的供电。

（3）与地面PHM系统的物理接口，主要用于数据加载与卸载。

（4）与机体结构的安装接口，提供机载PHM系统的安装接口和维护通道。

飞机级PHM典型物理架构示意图如图4.9所示。

在满足上述条件的情况下，不同的飞机需要根据自身的总体设计与硬件约束来选择不同样式的物理架构，满足个性化的PHM需求，根据作者对现有公开资料的调研，目前主流的飞机PHM物理架构可概括为三种，分别为寄存式、独立式和共享式，分别代表了不同的设计理念。寄存式将飞机级PHM处理机嵌入航电系统综合处理机中，同时各区域级PHM以分区软件形式驻留在分系统核心处理设备上；独立式的飞机级PHM处理机以独立的LRU形式存在，各区域级PHM仍以分区软件的方式宿驻于分系统核心处理设备上；共享式采用分布式模块化航电架构（Distributed Integrated Modular Avionics，DIMA），在飞机级和区域级均使用通用的PHM模块设计。

第 4 章　PHM 总体设计

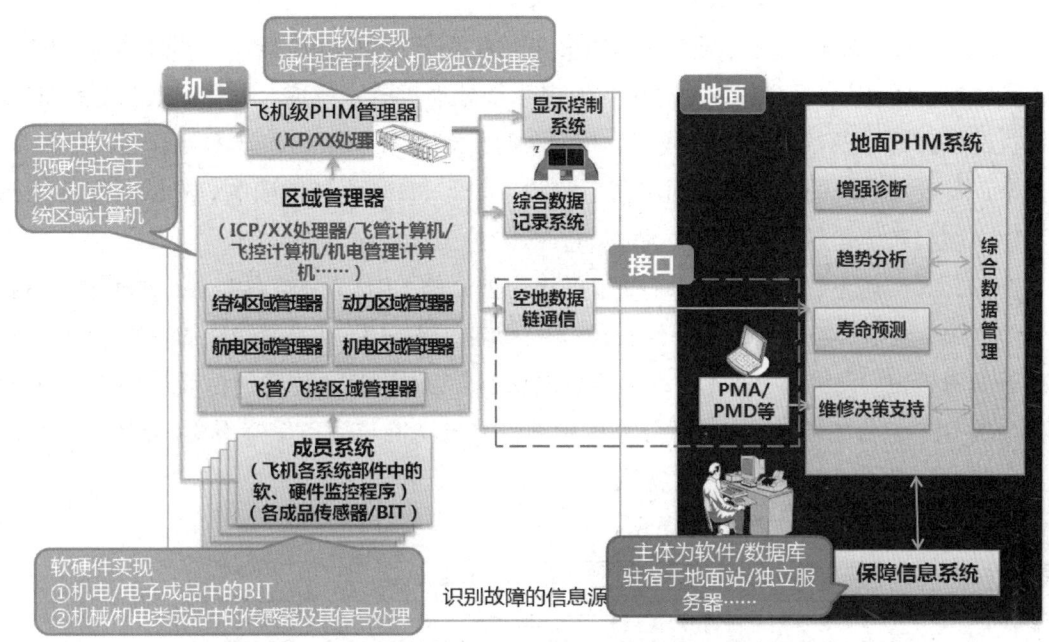

图 4.9　飞机级 PHM 典型物理架构示意图

寄存式架构下，飞机级 PHM 处理机以 LRM 形式（专用集成计算板卡）宿驻在航电系统箱架内，共用航电机箱的电源、通信接口等硬件资源；区域级健康管理功能以分区应用软件的形式驻留在各区域核心计算机或飞机级 PHM 处理机内，无独立硬件；各层级 PHM 的通信共享机载数据总线，飞机级 PHM 与地面 PHM 系统交互由航电系统的接口统一实现。

寄存式架构示意图如图 4.10 所示。

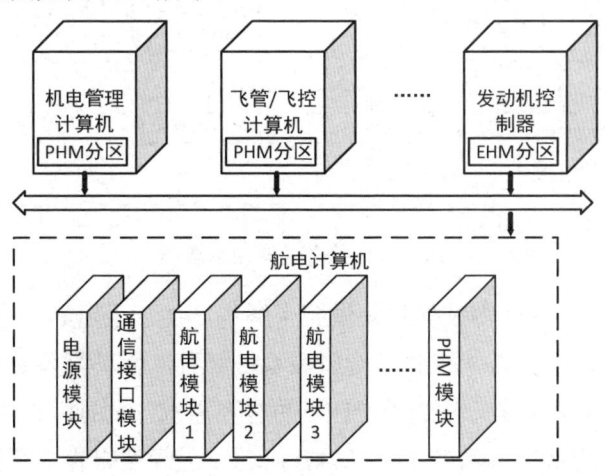

图 4.10　寄存式架构示意图

这种设计的优点在于高度的整合性，减少了硬件的冗余和复杂性，对飞机总体设计的约束较少，不需要各成员系统提供独立硬件，不增加系统质量，形式简单，易于实现，且允许PHM系统与航电系统之间实现更加快速的数据交换和决策响应，有助于提高PHM系统的实时性。然而，由于PHM处理机与航电系统处理机紧密集成，高度依赖航电系统综合处理机的硬件环境及接口环境，通信、信号处理受硬件环境限制，技术与管理耦合关系错综复杂，和航电系统的功能范畴与界限不清晰，因此PHM系统的研制、测试、验证、维护等工作必须与航电系统同步开展，后续的升级维护工作相对复杂。

在独立式架构下，飞机级PHM处理机作为独立的LRU存在，具有独立的硬件、软件，专用的电源、通信、信号处理等硬件资源；各区域级PHM仍以应用软件的形式驻留在各区域核心处理机内。飞机级PHM通过机载总线获取各区域PHM传输的诊断结果和各成员系统传输的BIT与传感器数据；原各分系统管理计算机功能与接口保持不变，与地面PHM的交互功能由飞机级PHM系统独立实现。

独立式架构示意图如图4.11所示。

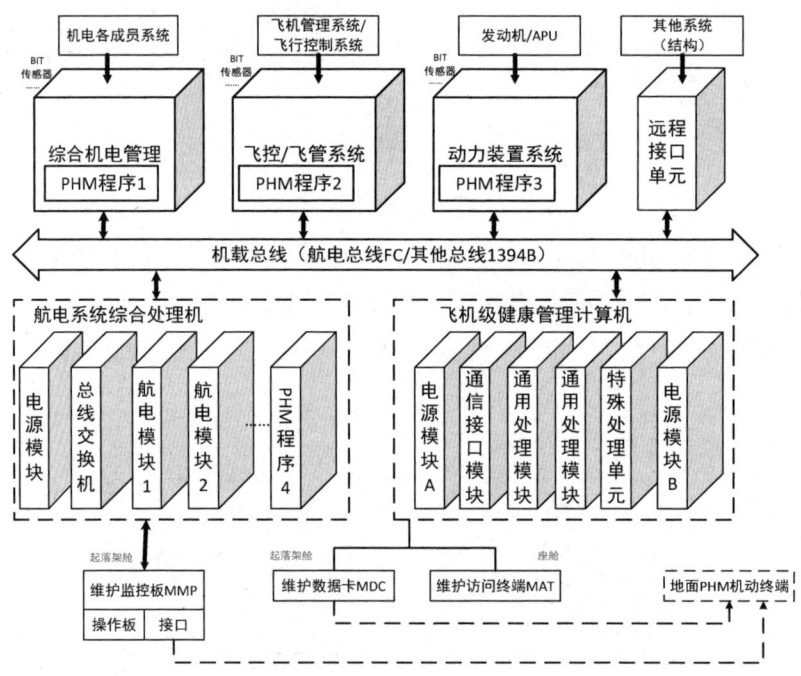

图4.11　独立式架构示意图

这种设计的优点是PHM与其他系统做到了解耦，便于采用渐进式、增量式开发模式，同时独立硬件可单独定制算力、存储、接口等系统配置，使其具备更强大的信号处理、人工智能推理、数据存储等功能，更符合PHM的客观需求。此外，PHM作为独立硬件，在进行地面测试、维修测试等保障工作时可独立启动，无须像寄存式那样需要启动航电系统来配合，可降低对地面保障设备的需求（一般飞机的航电系统功耗与发热量较高，需要地面提供电源和冷却辅助）。这种设计的缺点是研制与使用成本较高，独立硬件（一般是定制开发）的引入使得飞机总体设计必须要为其做出一定调整，使其能够接入航电、机电、飞控总线网络,增加了接口的复杂性,此外,独立硬件会对飞机的质量、可靠性与保障成本带来不利影响。

在共享式架构下,PHM 的架构与 DIMA 一样,在飞机级和区域级均使用通用的 PHM 模块设计,飞机级 PHM 处理机采用独立硬件,并宿驻于航电机箱中,与航电系统共用电源、通信接口、通用数据处理等资源;各区域 PHM 采用与飞机级 PHM 一样的独立 PHM 硬件模块实现区域 PHM 功能。

共享式架构示意图如图 4.12 所示。

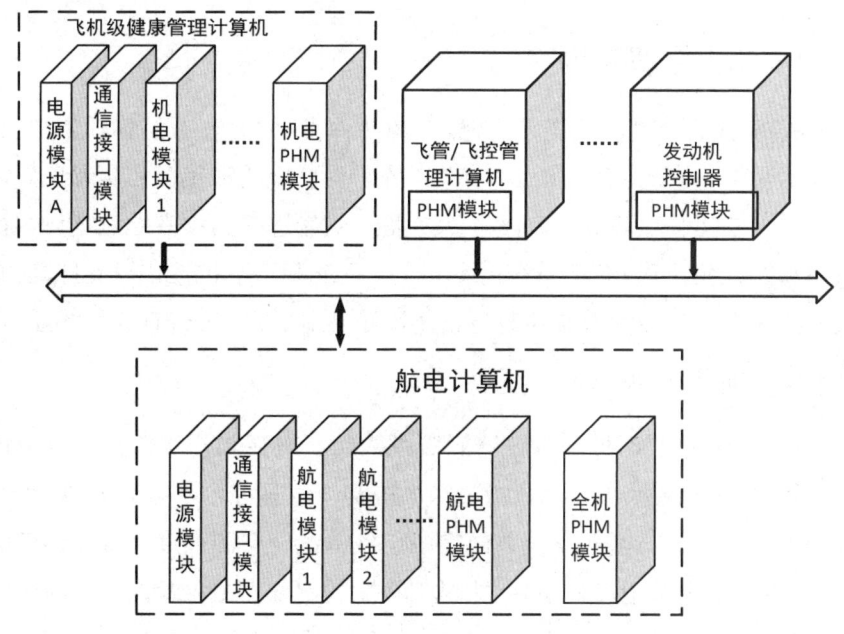

图 4.12　共享式架构示意图

这种设计思想具有高度的通用性和灵活性,允许不同的系统采用相同的 PHM 模块,该模块通常与飞机其他计算存储模块有相同的结构,这样构成的系统具备高度的标准化与分布式部署能力,相比于寄存式与独立式,共享式可以实现根据飞机的不同功能需求进行资源的配置,使设计师对模块的数量与部署位置按需进行优化,如果资源需求发生变化,那么模块的增加或减少很方便,有助于提高 PHM 系统的可扩展性和成本效益。与此同时,它的缺点也比较突出,因为使用标准计算模块,PHM 的一些个性化需求难以满足,这种架构对设计的要求较高,要将飞机上所有计算存储的需求纳入统一框架统筹规划,涉及多专业多领域协同,管理协调难度较高。

综上所述,这三种不同的物理架构模式分别强调了集成性、独立性和通用性。选择合适的模式应根据具体飞机设计需求、性能要求和成本约束来进行综合考虑。每种模式都有其独特的优点和挑战,需要在飞机 PHM 系统设计中进行权衡和选择。寄存式架构适合航电系统复杂、数据分析实时性要求高、对飞机质量高度敏感且 PHM 研制预算较为充足的飞机，通常是战斗机、无人机等；独立式架构适合分系统数量多、PHM 相关数据量大、对质量要求不太敏感且研制进度很紧张的飞机，如体量较大的运输机、特种飞机等；共享式架构适合生产数量巨大、对运维费用高度敏感且需要频繁升级改进的飞机，如商用客机、通用航空器等。需要指出的是，这三种架构并没有严格的界限，实际设计过程中需要基于飞机的客观需求，对三种模式的优缺点进行综合权衡并辅以针对性改进，以确保 PHM 系统能够更好地满足飞机的性能、成本和运营要求。

4.4.2 飞机 PHM 物理架构案例

本节以 F-35 和波音 787 两种飞机为例，介绍两种飞机 PHM 系统物理架构的解决方案。F-35 飞机是一款多用途战斗飞机，其 PHM 系统需要良好的覆盖度和实时性，以满足敏捷部署、快速出动、便捷修理等需求。波音 787 是一款先进的远程双通道宽体客机，具有高度的燃油效率和舒适性，其 PHM 系统需要安全、可靠和可维护性，以支持高强度的使用，并显著降低运维成本。不同的使命任务与总体设计导致了它们的 PHM 系统显著不同。

1．F-35 飞机 PHM 物理架构

F-35 飞机的 PHM 系统是分级区域式逻辑架构与寄存式物理架构的典型代表，机载 PHM 系统采用飞机级、区域级、成员级三级系统实现信息综合，地面 PHM 系统作为飞机保障信息系统的一部分，与其他系统共同完成任务指派、资源调度、维修管理等功能。这套 PHM 方案是建立在机载设备测试性、状态监测、关键部件故障诊断与寿命预测和与后勤保障基地远程支援等能力基础上的。美军强大的后勤保障体系能够对 F-35 飞机的 PHM 信息做出自动响应，在飞机完成任务返回地面时，后勤保障系统已经通过数据链获取到飞机健康状态信息，并提前做好保障准备。

F-35 PHM 系统的物理架构设计考虑了 F-35 飞机作为一款多用途战斗机的独特要求和高度的系统复杂性，整机 PHM 采用了分层智能推理结构，在成员级、区域级和飞机级都设计了相应的处理器来实现不同能力的数据分析与故障推理，综合多个设计层次上的多种类型的 PHM 模型，便于从部件级到整个系统级综合应用故障诊断和预测技术。F-35 飞机 PHM 系统架构如图 4.13 所示。成员级 PHM 位于 F-35 飞机的各个分系统的部件中，这些部件通常被称为成员系统。这些管理器由软件和硬件监测程序组成，在设计时进行了优化布局，以实现最佳性能，包括各类传感器和机内测试/自检设备（BITE）。这一层次是 PHM 系统的基础，负责收集飞机自身的监测信息和状态参数，并利用传感器、BIT/BITE 和模型等数据，借助故障诊断算法进行成员级的故障诊断。一旦故障被识别，相关信息将直接传递给中间层的区域管理器。

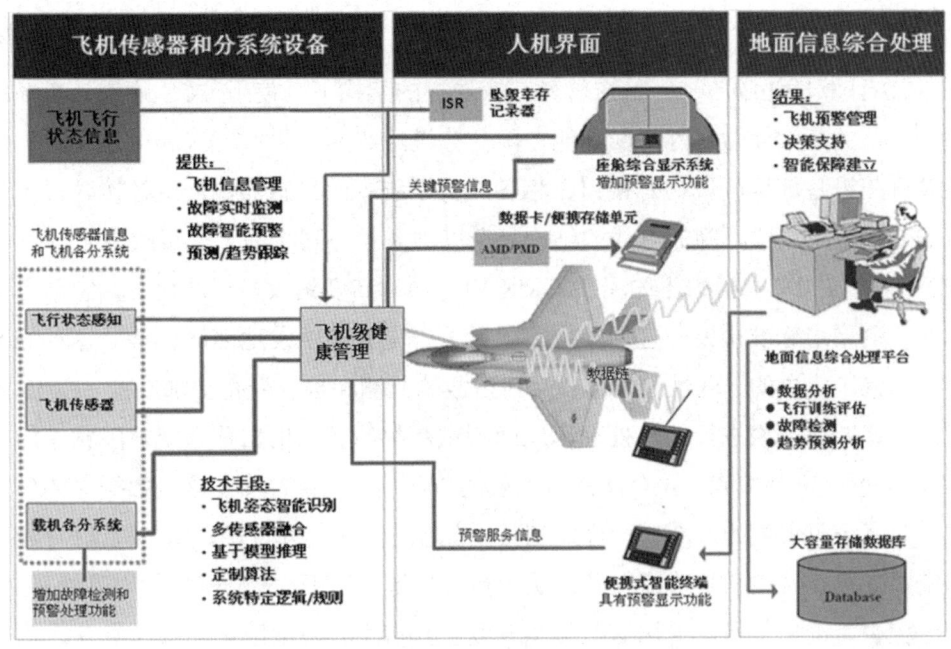

图 4.13 F-35 飞机 PHM 系统架构[45]

区域级 PHM 包括推进系统、结构、任务系统、机电系统和航电系统,每个区域 PHM 管理器都具备信号处理、信息融合和区域故障推理的功能,按需部署在各分系统的处理机或者飞机综合核心处理机(Integrated Core Processor,ICP)中。飞机级 PHM 也宿驻在 ICP 中,负责对所有系统的故障信息进行关联,确认并隔离故障,并最终形成维修信息和供飞行员使用的知识信息。这些信息传递给地面的自主保障信息系统,以供判断飞机的健康状态、安排飞行任务、实施技术健康管理、更新战斗机的状态记录、调整使用计划、生成维修工作项目,以及分析整个机群的健康状况。值得注意的是,F-35 飞机的 PHM 系统采用了基于模型的推理、人工神经网络和模糊逻辑等技术,这些技术使系统能够更好地消除虚警,正确隔离故障。此外,F-35 飞机的 PHM 软件包含了战斗机总代码中的 10%,每次飞行可以储存 1~5GB 的 PHM 数据,这为后续的维护和改进提供了宝贵的数据支持。

2. 波音 787 飞机中央维护系统物理架构

对于波音 787 这类民航客机,因为飞机体积较大且飞机生产数量较多,所以其机载维护系统(Onboard Maintenance System,OMS)通常采用分级区域式逻辑架构与共享式物理架构,OMS 所需的计算与存储功能由全机通用的计算模块实现。波音 787 的 OMS 系统驻留在飞机级通用核心系统(Common Core System,CCS)中,CCS 是全机的信息处理中心,它由通用数据网络、通用计算模块组与远程数据管理中心组成,采用开发式工业接口标准 ARINC664 的光纤以太网,连接了所有需要与 CCS 进行通信的系统。CCS 采用的通用计算模块与其所在的集成式机柜具备很强的开放性与拓展性,航空公司可根据自身需求增减相关的通用计算模块，每个模块可安装符合波音公司规定协议的机载软件，实际上 OMS 就是部署在 CCS 计算模块中的一个特定软件。在这样的架构下，使用 CCS 通用计算模块为全机提供标准化的高效算力，可降低其他专用计算机的数量。此外，CCS 的通用数据网络在全机主要机载设备部署区域均有接口，将各成员系统中的传感器数据直接接入，可替代大量传统的专用数据总线，降低总线的结构复杂度与质量，同时易于升级改进。

波音 787 的共享式架构还体现在 OMS 内部结构高度集成与标准化上，它与各个成员系统的通信均采用标准协议，包括报告故障、报告配置和触发地面测试等。这种标准化的通信方式确保了信息的一致性和可靠性，使得故障监测和报告变得更加高效。OMS 还使用基于模型的诊断方法来进行故障处理和地面测试，故障模型根据分系统故障状态的影响和与 LRU 的关联性进行编码，并存储在可加载的诊断信息数据库中。这个数据库的生成和维护依赖于波音公司提供的诊断模型开发工具，它通过导入各种资源，如飞机接口控制文档、商用航空服务设计文档和故障模式及影响分析文档等，确保了故障模型的准确性和有效性。在运营过程中，维护人员可使用这些模型开发工具自主开发故障诊断模型算法，进一步提升了 OMS 的适应性。

波音 787 飞机的 ACMS 系统架构示意图如图 4.14 所示。

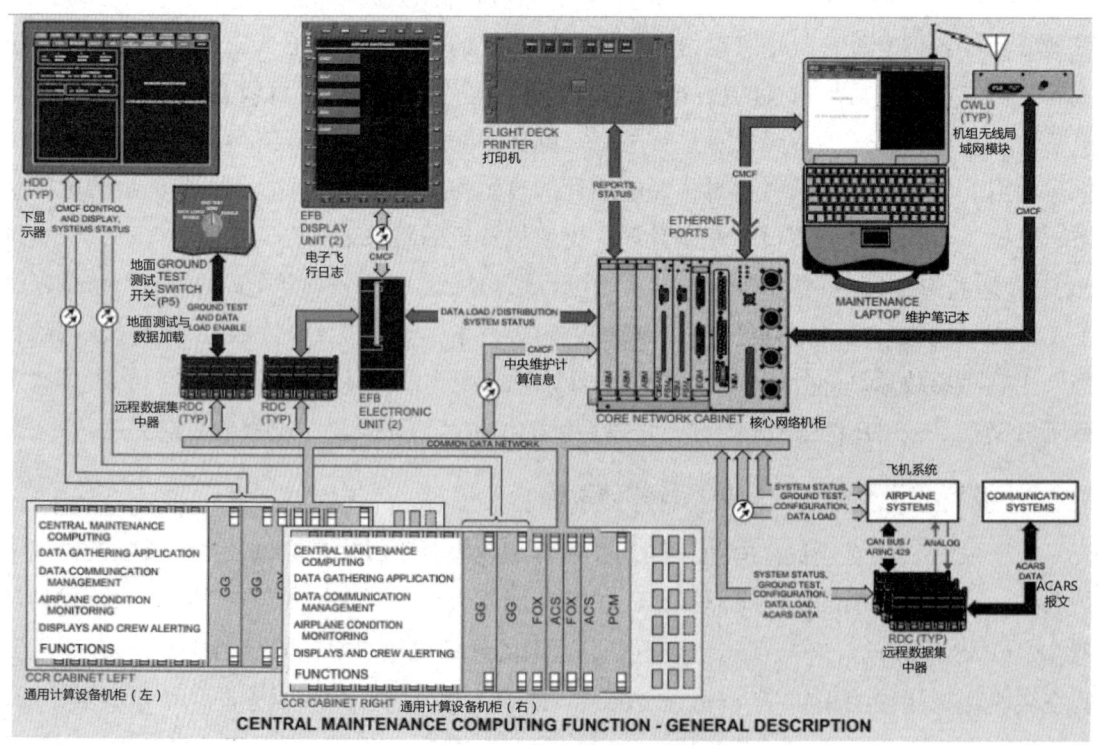

图 4.14　波音 787 飞机的 ACMS 系统架构示意图

4.5 小结

本章介绍了 PHM 系统的总体设计框架，并将其与装备系统的总体设计相结合以展示二者间的协同关系。在本章开头我们详细解析了研发组织模式与设计流程，进一步阐明了 PHM 系统的研制需要多个角色及其职责的综合管理。这不仅包括总体组负责人、系统工程师和架构工程师等在总体层面的角色，还涵盖了分系统组中硬件、软件和测试工程师等的专门任务。只有构建出这样具有层次性和专业性的 IPT，才能确保各方利益攸关者能够有效地进行沟通和协作，让高度复杂的 PHM 系统得以合理管理并顺利研制。

本章还通过具体的航空装备案例详细解释了 PHM 系统的功能、逻辑和物理架构设计方案。这些方案旨在提供全面的视角，以展示如何将 PHM 从理论框架转变为具体的系统解决方案。通过这种方式，我们希望能够为研究者和工程师提供一个更加实用和直观的参考，以便他们在实际应用中更有效地利用 PHM 技术。

通过对 PHM 系统的总体设计与具体研发的深入讨论，我们旨在强调这一复杂工程过程中多学科协作的重要性。从总体方案设计到各分系统的具体实施，都需要高度协调和集成，这一点尤为关键，因为只有当各分系统与总体系统能够无缝对接时，PHM 系统才能最终发挥出其预期的功能和性能。第 5 章将专注于将本章所讨论的各种设计和理念具体落地，主要是如何依据 PHM 的 IPT 组织模式、系统功能、逻辑和物理架构，进一步开展 PHM 系统的研发工作，包括 PHM 对象的筛选、通信网络构建、传感器布局及诊断和预测算法的开发等方面。

第 5 章

PHM 工程研制

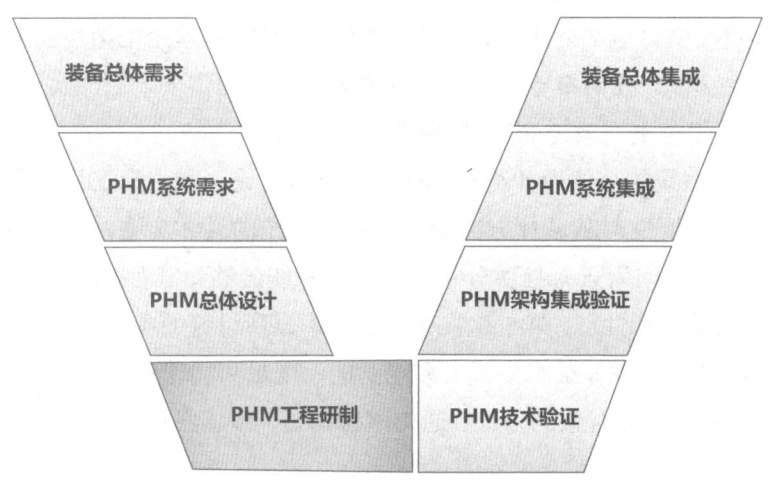

　　PHM 工程研制是在总体设计的基础上，将概念方案转化为实际可用的系统的关键阶段，是连接设计阶段和应用阶段的桥梁，直接决定了 PHM 系统的实际性能和效果。在研制阶段，我们需要将前期的需求分析和概念设计转化为具体的技术实现，同时为后续的系统集成、测试验证和实际应用奠定基础。

　　PHM 工程研制的首要任务是筛选系统的关键故障模式。这一步骤通常采用 FMMECA 方法，既要识别系统可能出现的故障模式，又要分析这些故障的发生机理和对系统的影响程度。通过 FMMECA 方法，可以确定哪些故障模式值得被监测、诊断和预测，从而明确 PHM 系统的处理对象。这一过程实际上界定了系统需要关注的故障范围，因此决定了 PHM 系统性能的下限。在确定了关键故障模式后，下一步是建立系统测试性模型并进行优化。系统测试性模型是 PHM 系统设计的重要基础，它描述了系统各组件之间的关系及故障传播路径。通过系统测试性模型，我们可以评估系统的可测试性，确定最优的测试点位置。这个步骤与传感器布局优化密切相关。合理的传感器布局可以确保获取足够的监测数据，为后续的算法开发提供坚实的数据基础。系统测试性模型和传感器布局的优化是一个迭代过程，需要综合考虑技术可行性、成本效益和系统性能等多方面因素。

PHM 系统的构成框架设计是研制阶段的核心内容之一。这包括了软/硬件环境的设计和集成。在硬件方面，需要考虑传感器的选型和安装、数据总线的设计、机载 PHM 计算机的配置等。传感器是 PHM 系统的"眼睛"和"耳朵"，其性能和可靠性直接影响数据采集的质量。数据总线是 PHM 系统的"神经网络"，负责高效、可靠地传输大量数据。机载 PHM 计算机是系统的"大脑"，需要具备足够的计算能力来处理大量的监测数据。

在软件方面，PHM 系统的架构设计至关重要。这包括了底层的操作系统选择、中间层的数据库设计，以及顶层的应用程序开发。软件架构需要考虑系统的实时性、可靠性、可扩展性和可维护性。数据库设计需要兼顾数据存储效率和查询性能，还要考虑数据的完整性和安全性。顶层应用需要提供友好的人机交互界面，使操作人员能够直观地了解装备的健康状态并做出正确的维护决策。

PHM 算法的设计和实现是研制阶段的另一个重点。这包括了数据预处理、状态监测、异常检测、故障诊断、寿命预测和运维决策支持等一系列算法。数据预处理算法负责对原始数据进行清洗、滤波和特征提取，为后续分析奠定基础。状态监测算法实时跟踪装备的运行状态，及时发现异常情况。异常检测算法进一步分析这些异常，判断是否存在潜在的故障风险。故障诊断算法在检测到异常后，能够快速定位故障部位和类型。寿命预测算法基于历史数据和当前状态，预估关键部件的剩余使用寿命。运维决策支持算法综合考虑装备状态、任务需求和保障资源，为维护人员提供最优的维护策略建议。这些算法的开发需要深厚的理论基础和丰富的工程经验。本书将对每类算法的本质进行深入剖析，用数学语言进行凝练概括，并对解决每类算法的不同方法、路径进行全面综述。这不仅能帮助读者理解算法的工作原理，还能为算法的选择和优化提供指导。

PHM 工程研制是一个系统工程，需要从顶层设计入手，统筹考虑各个环节。它始于关键故障模式的筛选，经过系统测试性模型的建立和优化，涵盖了硬件环境的搭建、软件架构的设计，以及核心算法的开发。每一个环节都至关重要，相互影响，共同决定了 PHM 系统的最终性能和效果。本章将详细讨论 PHM 工程研制的各个方面，包括 FMMECA 方法、系统测试性模型的建立与优化、传感器布局策略、硬件系统设计、软件架构开发、核心算法实现等。我们将通过理论分析与实际案例相结合的方式，全面阐述 PHM 工程研制的关键技术和方法，为读者提供系统、深入的学习参考。

5.1　PHM 对象的确认

PHM 对象的确认和优化是一个系统化、循序渐进的过程，旨在建立高效、可靠的健康管理系统。这个过程始于潜在故障的识别，通过 FMMECA 和标准化分类，全面把握系统的故障模式。随后，通过详细的故障影响分析，评估各种故障场景对系统的影响。在此基础上，评估基于状态的维护策略的可行性，权衡技术和经济因素。确定可行性后，进行监测能力需求评估，明确所需的传感器配置和性能要求。接着，制定具体的诊断规则，确保系统能够准确识别和区分各种故障。最后，通过综合分析和权衡，确定最佳的监测方法和传感器配置。这一系列步骤不仅考虑了技术可行性，还注重成本效益，旨在实现 PHM 系统的最优设计和实施，为装备的可靠运行和高效维护提供强有力的支持。由于需求评估、可行性评估等方法已在前面章节中已经介绍过，因此本节重点阐述增强型故障模式和影响分析、系统测试性模型构建优化等内容。

5.1.1　系统/部件增强型故障模式和影响分析

增强型故障模式和影响分析（Enhanced FMMECA，EFMMECA）是传统 FMEA 的一种扩展，它将 PHM 相关的要素融入其中，是一种针对产品或过程中可能发生的故障模式进行分析和评估的系统化方法。与传统的 FMEA 相比，它加入了故障效果的描述，故障原因的分析，故障的监测、诊断与预测方法等信息，以及更多的数据分析和评估方法，从而更为全面和精确地评估故障的重要性与影响。一般，EFMMECA 表主要包括如下内容。

（1）故障模式（Failure Modes）：部件可能发生的故障模式。

（2）效应（Effects）：故障模式的后果效应。

（3）关键度（Criticality）：故障模式的严重程度。

（4）发生频率（Frequency）：故障模式的发生频率。

（5）部件（Component）：受故障直接影响的部件。

（6）模块（Module）：部件所在的分系统。

（7）故障机理（Mechanism）：故障模式的底层原理。

（8）传感器（Sensor）：可观测到故障症状的传感器。

（9）诊断（Diagnostics）方法：可检测到该故障模式的诊断技术。

（10）预测（Prognostics）方法：可预测该故障模式的预估技术。

EFMMECA 在执行过程中更强调对以下方面的分析，用来辅助 PHM 系统设计。

（1）关注故障模式的前兆或症状。

传统的 FMECA 方法往往只关注明显的故障模式，而忽略了故障前可能出现的前兆或症状。在 EFMECA 中，故障前兆的信息是必须填入的内容，这有助于识别并监测可能出现的故障症状，可以使维护从反应式转为主动式。例如，滚珠轴承可能在完全出现故障之前有噪声增加或振动模式变化，这些症状如果得到监测和分析，就可以提前预测和避免大的故障。

（2）考虑观察故障模式症状或效果的传感器及其放置要求。

EFMMECA 会针对故障模型来分析如何部署传感器以便更有效地捕捉故障模式的症状。在实际工程中，为了确保故障模式的有效监测，需要具体分析和确定传感器的种类与位置。简单地增加传感器数量并不实际，反而可能增加系统复杂性和成本。例如，一个压力传感器的敏感度与部署位置可能影响其能够检测的故障范围，而对传感器的微小调整或规格变化可能会显著增强其监测能力。

（3）关注用于诊断和预测故障的方法。

在获得故障模式和影响信息的基础上，EFMMECA 专门分析如何更准确地诊断或预测这些故障，针对不同类型、不同影响和不同机理的故障，提出最适合的诊断或预测方法，如逻辑推断、物理模型、数据驱动等。

（4）关注系统之间的交联关系。

当只关注系统内部的特性而忽略整个系统的交互性时，可能会遗漏一些关键的系统间故障模式，因此 EFMMECA 强调在分析过程中考虑分系统之间的交互作用，特别是故障发生后的传播逻辑与影响。

表 5.1 所示为 EFMMECA 信息表，该表介绍了几类典型的故障模式与其相应的关键信息。

表 5.1　EFMMECA 信息表

故障模式	故障特征	关键度	发生频率	部件	模块	传感器	诊断方法	预测方法
轴承磨损	演化机理为摩擦、应力。前兆为异常振动、温度上升。诱因为超负荷运行、润滑不足。故障传播会增加马达负担、加速其他部件磨损。影响为传动系统效率降低	II	高	轴承	传动系统	振动传感器	振动频谱分析	时间序列分析或数据驱动模型
电路断路	演化机理为物理应力、老化。前兆为电流不稳、信号延迟。诱因为负载突增、湿度高加速焊点腐蚀。故障传播会导致系统断电。影响为控制器失效、传感器数据丢失	I	低	电路板	控制模块	电流传感器	电流突变检测	电路老化模型或数据驱动模型
润滑油泄漏	演化机理为密封失效、材料老化。前兆为泵下面出现液体、噪声增加。诱因为压力和温度过高。故障传播会导致系统压力下降。影响为系统失效、污染环境	II	中	油泵	冷却系统	温度传感器	目视检查、温度突升检测	温度趋势分析或数据驱动模型
电池过放	演化机理为超过设计放电深度、化学反应不可逆。前兆为电池电压骤降、无法充电。诱因为使用时间过长、电流过大。故障传播会导致电量耗尽。影响为设备停机、电池使用寿命缩短	I	中	电池	电源模块	电压传感器	电压下降速度	电化学模型或数据驱动模型

续表

故障模式	故障特征	关键度	发生频率	部件	模块	传感器	诊断方法	预测方法
风扇堵塞	演化机理为尘埃积累、异物阻挡。前兆为风扇转速下降、噪声增大。诱因为使用环境脏乱、缺乏维护。故障传播会导致散热效果降低。影响为部件过热、设备不稳定	III	高	风扇	冷却系统	温度传感器	RPM变化检测	热力学模型预测
传感器失效	演化机理为电磁干扰、老化。前兆为数据波动、无信号输出。诱因为环境因素、电源问题。故障传播会导致数据丢失。影响为控制错误、操作失误	III	低	传感器	监测模块	无	数据完整性验证	—
电缆磨损	演化机理为物理应力、环境侵蚀。前兆为电缆外皮损伤、信号中断。诱因为长时间摩擦、环境湿度高。故障传播会导致信号传输受阻。影响为数据丢失、设备无法操作	II	低	电缆	通信模块	电流传感器	电流连续性检测	—
马达过载	演化机理为负载超出设计值、供电不稳。前兆为马达温度过高、转速不稳。诱因为输入功率突增、驱动异常。故障传播会导致降低效率。影响为马达使用寿命缩短、设备停机	III	中	马达	传动系统	电流传感器	负载异常检测	马达性能退化模型或数据驱动模型

获得 EFMMECA 后，需要对其中的故障模式进行综合筛选，输出 PHM 要监测的故障模式范围和相应的设计方案，一般分为以下 5 个步骤。

（1）故障模式的危害性评估：根据表 5.1，对故障模式进行排序。危害性评估通常考虑故障模式的严重程度（S）、发生概率（O）和检测难度（D）。可以使用风险优先级数（Risk Priority Number，RPN）来表示故障模式的危害性，$RPN = S \times O \times D$。根据 RPN 值，筛选出危害性较高的故障模式作为 PHM 监测的重点。

（2）故障模式的筛选方法：需要特别关注 RPN 值较高的故障模式，这些高风险故障模式代表了对系统性能和安全性影响最大的潜在威胁，通常对每个高 RPN 故障模式进行深入分析，包括故障发生的具体条件、可能的先兆信号及故障发展的动态过程。同时进一步考虑故障模式的检测方法，评估故障模式在实际操作中的可检测性。

（3）监测成本与效益分析：在确定 PHM 监测的故障模式范围时，需要考虑监测成本与效益。对于高危害性的故障模式，虽然其监测成本可能较高，但由于其对系统性能的影响较大，因此具有较高的监测效益。而对于危害性较低或检测难度较大的故障模式，需要权衡监测成本与效益，合理确定监测范围。

（4）监测策略的制定：基于细化分析的结果，制定针对性的监测策略，确定监测的关键参数和指标，以及必要的数据采集频率和方法。在确定单个故障模式的监测策略的同时，需要考虑不同故障模式之间的相互作用，既包括多个故障模式相互作用可能导致的复合故障的监测方法，又包括单个传感器监测多种故障的情况。

（5）PHM 设计方案的输出：基于以上 4 个步骤的结果，制定针对性的 PHM 设计方案。这些方案应综合考虑单个故障模式的监测需求和多个故障模式相互作用的复杂性，选择适合监测已识别高风险故障模式的技术和工具，如振动、温度、流量、位移、油液等监测技术，结合相关数据分析与算法，实现对关键故障模式的诊断和预测。

根据上述标准，对表 5.1 中的故障模式进行综合筛选，重点监测轴承磨损、润滑油泄漏、电池过放、风扇堵塞 4 个故障模式，尽管风扇堵塞的关键度为Ⅲ，但由于其发生频率较高，这表明它对系统的可靠性有显著的影响，因此被包含在重点监测范围内。

关于运用 EFMMECA 方法进行故障模式筛选分析的详细流程，感兴趣的读者可参考文献[46-48]。通过对故障模式的综合筛选和分析，可以有效控制 PHM 系统监测的故障模式范围，为制定有效的预测性健康管理策略提供了重要基础，这不仅有助于提前识别和预防潜在故障，还可以优化监测资源的配置，从而提高 PHM 系统的效费比。

5.1.2 寿命件分析

PHM 除考虑装备中易发生故障的部件和系统之外，还要考虑那些在长时间运行中极易发生退化失效的部件。此类部件通常称为寿命件，或者有寿件。更严格地讲，寿命件指在产品或设备中具有有限使用寿命的部件。这些部件在使用过程中会逐渐磨损或老化，最终可能导致整个系统或设备失效。寿命件的寿命通常可以通过操作次数、通电时间或其他形式的使用量来衡量。典型的寿命件及其对应的寿命缩短原因如表 5.2 所示。

表 5.2 典型的寿命件及其对应的寿命缩短原因

系统类型	寿命件	寿命缩短原因
航空发动机	涡轮叶片	高温、高压、材料疲劳
	涡轮机盘	持续的热循环导致材料老化
	燃烧室组件	高温腐蚀、高压运行环境
液压系统	液压泵	持续高压下的磨损、污染造成的损害
	液压油滤芯	油液污染、材料劣化
	液压缸	密封件损坏、液压油污染、过度使用
电气系统	电池	充放电循环、温度变化、老化
	线路板和接插件	热胀冷缩、振动、潮湿环境
燃油系统	燃油滤芯	燃油污染、滤芯堵塞
	燃油泵	燃油污染、泵体磨损
起落架系统	减震器	液压油泄漏、密封不良
	轮胎	高载荷、硬着陆磨损
	刹车盘	高温摩擦、材料疲劳

续表

系统类型	寿命件	寿命缩短原因
飞行控制系统	控制计算机	温度变化、电子元件老化
	传感器	持续高温高压、元件精度下降
航空电子系统	显示器	显示器老化、电子元件失效
	导航设备	电子元件老化、振动和冲击

除根据专家知识选取寿命件之外，确认装备中的寿命件还需要综合考虑设备的使用年限、设计寿命、材料特性、载荷条件等，可从如下因素出发进行分析，确定寿命件。

1）使用年限与设计寿命

根据设备的已使用年限和设计寿命规定，对于临近或超过设计寿命的部件和设备，应特别关注其剩余使用寿命，并纳入后续的安全评估工作范围。

2）材料与载荷特性

寿命件通常指那些容易受到材料疲劳、蠕变断裂或其他形式的退化影响的部件。因此，在对寿命件进行分析和选取时，需要从考虑材料特性出发，如耐腐蚀性、强度、韧性等。同时，需要考虑受到温度、压力和振动等载荷条件影响较大的部件或设备。

3）疲劳试验与寿命评估

若实验条件允许，则可通过开展加速寿命实验来确认装备中包含的寿命件。该类实验考虑材料属性分布、载荷谱、任务剖面等因素，充分分析各部件的性能变化。此外，还可以通过有限元分析等方法来模拟装备在特定工况下的性能退化情况，以确定其中包含的寿命件。

4）维护与更换策略

根据装备的维护与更换策略，以确保设备的安全性和可靠性为前提，对于需要定期检查和维护并在必要时更换的部件，可以酌情考虑将其定为寿命件。

5.1.3 特殊事件分析

复杂装备内系统、分系统、部件发生故障和性能退化虽然不是从业人员希望看到的，但仍然属于装备自身的自然属性，不可避免，只能加以管控。此外，还需要关注特殊事件，这类事件通常是由外因导致或超出使用限制导致的，发生概率较低，有一定概率导致装备发生故障，无法被认为是正常操作下的情况。

仍然以航空装备为说明案例。飞机在飞行过程中经常会遇到因自然因素导致的特殊事件，如鸟撞、雷暴、冰雪等。此外，由于飞机驾驶人员的操作习惯和流程不规范等因素，飞机也会遇到超出其使用界限的特殊事件，如机尾擦地、重着陆和硬着陆等。这些特殊事件发生时，可能会损伤飞机结构或降低某些核心系统的效能。因此，在确认 PHM 对象时也需要考虑特殊事件的影响。

目前,各飞机制造商从自身生产设备的实际运行情况出发,对特殊事件的界定并不完全统一,既包含共性部分又包含差异部分。本节以波音和空客作为典型案例,参考相关论文,列举特殊事件,如表5.3和表5.4所示。

表5.3 波音系列飞机特殊事件分析

序号	B737	B777
1	硬着陆/大侧载着陆	硬着陆/大侧载着陆
2	严重紊流/失速/抖振/超速	严重紊流/失速/抖振/超速
3	高能停机/热损伤	高能停机/热损伤
4	襟/缝翼放下超速	襟/缝翼放下超速
5	超重滑行	超重滑行
6	发动机和吊挂损伤	发动机和吊挂损伤
7	厨房泄漏	—
8	水银泄漏	水银泄漏
9	刹车卡滞	刹车卡滞
10	轮胎磨平	轮胎磨平
11	机轮轴承失效	机轮轴承失效
12	鸟撞/冰雹撞击	鸟撞/冰雹撞击
13	雷击	雷击
14	液压油与钛合金反应	液压油与钛合金反应
15	客舱超压	—
16	灰尘过多	灰尘过多
17	冰/雪	冰/雪
18	前起落架超过最大牵引角或最大牵引力	前起落架超过最大牵引角或最大牵引力
19	火山灰	火山灰
20	机尾擦地	机尾擦地
21	热空气管路泄漏	—
22	超重着陆	超重着陆
23	发动机叶片脱落引起的损伤	发动机叶片脱落引起的损伤
24	短舱卸压活门打开	
25	起落架放下超速	起落架放下超速
26	胎面脱落/爆胎	
27	酸液泄漏	酸液泄漏
28	机身抖振	机身抖振
29	主起落架摆振	—
30	空调出口管路失效	空调出口管路失效
31	客舱卸压	客舱卸压
32	燃油冷冷浸透	
33	—	客舱过度卸压
34	—	3号和6号襟翼支撑销失效

表 5.4 空客系列飞机特殊事件分析

序号	A320	A330
1	液体泄漏测量	液体泄漏测量
2	硬着陆/重着陆	硬着陆/重着陆
3	起落架放下超速	起落架放下超速
4	襟/缝翼放下超速	襟/缝翼放下超速
5	机身鸟撞/冰雹撞击	机身鸟撞/冰雹撞击
6	胎面脱落/爆胎	胎面脱落/爆胎
7	刹车过热	刹车过热
8	飞行过载/超速	飞行过载/超速
9	雷击	雷击
10	发动机鸟撞/异物进入	发动机鸟撞/异物进入
11	机尾擦地	机尾擦地
12	前起落架牵引过载	前起落架牵引过载
13	前起落架超过最大牵引角	前起落架超过最大牵引角
14	冲出跑道/滑行道	冲出跑道/滑行道
15	灰尘过多	灰尘过多
16	火山灰	火山灰
17	发动机失效	发动机失效
18	发动机侧向载荷	发动机侧向载荷
19	液体泄漏	液体泄漏
20	登机门异常运动	登机门异常运动
21	应急门异常运动	—
22	主起落架接地振动	超重着陆
23	发动机停车	发动机停车
24	超重滑行	超重滑行
25	地面大风	地面大风
26	电气修理	电气修理
27	有冰环境飞行	—
28	—	横向负载飞行

归纳总结表 5.4 中的特殊事件，事件来源大致可以分为 4 类：①外部威胁（如鸟撞、雷击）；②超出使用限制（如超速、超重）；③恶劣运行环境（如火山灰、灰尘）；④使用问题（如液体泄漏）。其中，外部威胁由于其不可控且不可避免，因此无论是从危害程度还是从防范的难度来说都是比较大的，需要重点考虑。

针对特殊事件的分析流程和方法，业界也还未形成统一、公认的标准规范。目前，相关流程的具体操作多参考欧洲宇航与防务工业协会制定的《后勤保障分析国际程序规范》（*International Procedure Specification for Logistics Support Analysis LSA S3000L*）（简称 S3000L）中的第八章——损伤与特殊事件分析（Damage and Special Event Analysis，DSEA）。典型的特殊事件分析流程可以划分为如下三部分。

（1）获取特殊事件统计数据，为特殊事件分析做准备。为提高分析有效性和可信度，特殊事件的统计数据中需要尽可能地包括原因、概率和对飞机各级装备的影响。目前，国际上多采用实时监测和定期报告的方式为飞机制造商和运营商提供参考，欧洲航空安全局（European Union Aviation Safety Agency，EASA）、美国联邦航空管理局（Federal Aviation Administration，FAA）、国际民用航空组织（International Civil Aviation Organization，ICAO）都会发布年度安全报告，为分析当年和数年内的特殊事件发展做参考。中国民用航空局发布的《民用航空器使用困难报告和调查》（AC-121-60）也规定了运营商需要向有关部门定期（如每月度）汇报运营过程中的特殊事件，并根据每年的统计结果，发表年度《中国民航不安全事件统计分析报告》。

（2）特殊事件分析实施。在拿到风险分析数据后，对于运营飞机，特别是新的飞机，需要在验证过程中建立特殊事件与各层级装备损伤等后果之间的联系。该步骤主要分三步进行：建立失效模式、确定受影响的区域、特定事件发生的后果。

（3）分析特殊事件后，需要对应分析结果形成报告，为未来应对特殊事件做参考。这一步也称特殊事件分析的输出。考虑到需要充分应对特殊事件，因此分析报告中主要包含特殊事件描述、特殊事件影响的装备、受影响装备的安装区域、特殊事件发生后引起装备发生的失效模式、对飞机的最终影响及级别。

5.1.4 传感器选型

在分析装备故障模式、寿命件及特殊事件的基础上，需要选择合适的传感器类型，充分反映装备的状态。按照装备传感器的布局和监测对象，传感器参数可以划分为装备监测参数和环境监测参数。其中，装备监测参数表示装备结构、性能等内在状态，是PHM研究的核心依据；环境监测参数重点衡量装备工作的外在环境，辅助PHM系统识别不同的工况，提升识别效果。本节以航空装备为案例进行介绍。

1. 装备监测参数选型

在设计航空装备机载PHM系统时，选择合适的监测参数至关重要，必须遵循一系列科学的原则和方法来进行选择，本节对多个飞机PHM系统开发过程中重点考虑的监测对象进行分析，其选择监测参数的原则可总结为9条，如表5.5所示。

表5.5 PHM监测参数的选择原则

监测参数的选择原则	考虑原因	典型案例
关键性	确保所选参数对飞行安全和任务完成具有关键影响	发动机转速、温度和压力
可测性	确保所选参数能通过现有的或可发展的测量技术进行准确测量	发动机温度、振动信号
可靠性	确保所选参数具有稳定的输出特性，受环境影响较小	油液中的金属元素含量、电路中的电流和电压

续表

监测参数的选择原则	考虑原因	典型案例
敏感性	确保所选参数能够及时捕捉到装备的微小变化，提前发现潜在的故障	振动信号、油液金属元素含量
典型性	确保所选参数能代表特定类型故障的特征	振动信号（转子不平衡、轴承磨损）、油液金属元素含量（磨损状态）
实时性	确保所选参数能实现实时监测，以便及时发现和处理故障	发动机管路流量、电路中的电流和电压
可维护性	确保所选参数的监测设备便于安装、调试与维修，不会对飞机结构有巨大影响	电路中的电流和电压、油液分析
集中性	确保所选参数集中在航空装备的关键部件上	发动机、液压等分系统
可扩展性	确保所选参数便于与其他参数进行融合，形成综合性的监测体系	温度、压力、流量等多个参数的融合

基于上述原则，航空装备 PHM 系统的典型监测参数可分为温度、压力、振动等 7 类，分布于全机各个分系统中，其主要特性信息如表 5.6 所示。

表 5.6　航空装备 PHM 系统的典型监测参数

监测参数类型	监测参数名称	监测频率	反映的故障	所用传感器
温度	发动机涡轮前温度、机匣轴承温度	1～10Hz	热平衡问题、涡轮叶片过热、轴承润滑不良	热电偶、红外传感器、热敏电阻
压力	发动机润滑油压力、液压系统压力	0.1～1Hz	油液泄漏、泵或阀门故障、系统堵塞	压力传感器、压力变送器
振动	发动机机匣轴承振动值、转子振动	1～10kHz	转子不平衡、轴承磨损、结构松动	加速度传感器、速度传感器、位移传感器
油液分析	油液金属元素含量、颗粒物数量	每架次/周	磨损、污染、润滑不良	光谱分析仪、颗粒计数器、黏度计
电流和电压	发动机控制系统电流、电子设备电压	1～10kHz	电气故障、控制系统异常	电流互感器、电压互感器、霍尔传感器
流量	燃油流量、液压流量	0.1～1Hz	燃油系统故障、液压系统效率	流量计、涡轮流量传感器、超声波流量传感器
应力和应变参数	机翼应变、机身结构应力	0.1～1Hz	结构疲劳、裂纹、过载	应变片、光纤传感器
声学参数	发动机噪声、机身结构噪声	1～10kHz	发动机叶片损坏、结构松动	麦克风、声发射传感器

需要指出的是，制定监测参数集是一项高难度且复杂的工作，需要 PHM 设计团队与飞机总体设计团队反复沟通，充分考虑各个方面的影响与限制因素，进行综合权衡，需要考虑的因素详见 4.1 节。不同机型的监测参数集由于 PHM 的性能需求和 PHM 研制与部署成本的限制可能存在较大差异。

2. 环境监测参数选型

与装备监测参数选型类似，环境监测参数选型同样需要遵循关键性、可测性、可靠性和敏感性等原则,以确保 PHM 系统对装备的运行环境有更清晰的认知。基于这些原则,航空装备 PHM 系统在飞机的全运行阶段需要监测的参数主要包含表 5.7 中的类型。

表 5.7 航空装备 PHM 系统典型环境监测参数

外部环境参数	影响的航空装备	飞机运行阶段
结冰条件(如低温环境中的积冰、冰晶)	机翼、尾翼、发动机进气口、空速管、迎角传感器、防冰和除冰系统	爬升、巡航、下降
湍流(大气湍流、颠簸)	飞行控制系统、结构部件、乘客和机组人员安全	爬升、巡航、下降
风切变(突然的风速和风向变化)	升力系统、控制面、自动驾驶仪、飞行管理系统	起飞、进近和着陆
雷击	电子系统、航电设备、外部结构、天线	爬升、巡航、下降
火山灰	发动机(可能导致熄火)、空速管、风挡玻璃、机身外表面	巡航、高空飞行
极端温度(高温或低温)	发动机性能、液压系统、燃油系统、电池性能	地面运行、起飞、爬升、巡航
沙尘和沙暴	发动机、过滤系统、风挡玻璃、活动部件磨损	地面运行、起飞、着陆
鸟撞	发动机、机头、风挡玻璃、机翼前缘	起飞、进近和着陆
强降水(暴雨、冰雹)	发动机进气、风挡视野、起落架、制动性能	起飞、着陆
高湿度(湿热环境)	导航和通信设备、电子系统、机舱舒适度	地面运行、爬升、巡航、下降

从表 5.7 中可以看出,装备在不同运行阶段需要重点考虑的环境监测参数存在差异,影响的航空装备也不相同。因此,制定环境监测参数集也是 PHM 效能与监测传感器布局平衡的艺术,也需要与飞机总体设计团队反复沟通,只有这样,才能最大限度地利用环境监测参数识别航空装备的工况和外部运行状态。

5.1.5 系统测试性模型构建与优化

系统测试性模型主要用来描述系统中的要素,通常包括故障模型、测试模型和故障-测试相关性分析。故障模型描述系统可能出现的故障类型和特征;测试模型描述可用于检测这些故障的测试方法和工具;故障-测试相关性分析是连接故障模型与测试模型的桥梁,通过它可以评估特定的测试策略能在多大程度上检测和隔离系统中的故障。目前工程上经常使用的系统测试性模型主要包括相关性矩阵模型(D 矩阵)、故障树模型和有向图模型。D矩阵使用一个矩阵描述系统中各个故障和测试之间的依赖关系,矩阵的每一行代表一个故障,每一列代表一个测试,矩阵元素表示特定测试对特定故障的检测能力;故障树模型通过逻辑图表示故障和其原因之间的关系,用于系统故障模式的定性分析;有向图模型利用模块节点、测试节点、有向边来刻画故障与测试的关联关系。系统测试性模型所包含的最关键的信息是故障和测试的关系,以上三种方法中的 D 矩阵的模型形式对这种关系的描述最为直观,且易于编码实现,故在工程上的应用最为广泛。本节以 D 矩阵为例,介绍系统测试性模型的建模与优化方法。

D 矩阵可以用下述形式表示:

$$D = \begin{bmatrix} d_{11} & d_{12} & \cdots & d_{1n} \\ d_{21} & d_{22} & \cdots & d_{2n} \\ \vdots & \vdots & & \vdots \\ d_{m1} & d_{m2} & \cdots & d_{mn} \end{bmatrix}$$

式中，第 i 行矩阵 $D_i=[d_{i1} \quad d_{i2} \quad \cdots \quad d_{in}]$ 表示第 i 个故障在各测试点 D_j（$j=1,2,\cdots,n$）上的反应信息，它表明了 D_i 和 D_j 的相关性。而第 j 列矩阵 $D_j=[d_{1j} \quad d_{2j} \quad \cdots \quad d_{mj}]^T$ 表示第 j 个测试点可测得各组成部件的故障信息，它表明了 D_j 与各组部件 D_i（$i=1,2,\cdots,m$）的相关性。其中

$$D_{ij} = \begin{cases} 1 & \text{当 } D_j \text{ 可测得 } D_i \text{ 故障信息时（} D_j \text{ 与 } D_i \text{ 相关）} \\ 0 & \text{当 } D_j \text{ 不能测得 } D_i \text{ 故障信息时（} D_j \text{ 与 } D_i \text{ 不相关）} \end{cases}$$

建立 D 矩阵的方法一般分为三种，第一种方法基于已知的故障诊断模型进行故障逻辑转化，如将故障树模型转化为 D 矩阵，这种方法适用于对故障逻辑研究比较成熟，且有经工程验证的故障树模型的情况；第二种方法基于仿真模型的分析结果，通过对系统运行机理进行仿真建模，获得故障与测试的关系，特别适用于数字电路等能够在仿真软件中模拟故障现象和测试结果的系统；第三种方法建立"多信号流图"等框图模型，分析每个故障在系统中的传播路径，通过收集测试点在每条传播路径中的分布情况来确定故障与测试之间的对应关系。由于前两种方法需要预先构建精确的诊断模型或仿真模型，因此一般在工程中用于特定的组件或较为简单的系统，第三种方法的构建方式简单直接，且能够复用EFMECA 分析中的故障传播路径信息，转换为 D 矩阵的开销可控，目前已成为测试性建模的主流方法，本节对故障信息流方法做简要介绍。

故障信息流框图是一种表示系统内部组件之间及组件与测试之间信息交换流程的图形化方法。在这个框图中，节点代表系统的组件和测试，而有向边则表示故障信息的方向，即组件之间或组件与测试之间的依赖关系。通过分析故障信息如何在系统中传播，可以确定哪些测试能够检测或隔离特定的故障。数学上，我们可以将故障信息流框图模型表示为一个有向图 $G=(V,E)$，其中，V 是节点集合，代表系统的组件和测试；E 是有向边集合，代表故障信息的流向。

下面以固定翼无人机飞控系统的故障信息流框图模型作为案例进行介绍，该系统包括以下组件。

传感器 1（A）：风传感器，负责监测固定翼无人机飞行环境的风速和风向。

传感器 2（B）：惯性测量模块（IMU），负责监测固定翼无人机的飞行空间姿态。

控制单元（C）：中央处理器，接收传感器数据并发出指令。

执行器 1（D）：方向舵，根据控制单元的指令调节固定翼无人机的飞行航向。

执行器 2（E）：升降舵，根据控制单元的指令调节固定翼无人机的俯仰。

监控模块（F）：安全监控系统，负责监测固定翼无人机的安全状态。

冗余模块（G）：备用控制器，用于在主控单元发生故障时提供备用控制策略。

数据记录器（H）：日志系统，负责记录系统运行数据和故障信息。

故障传播路径分析涵盖以下测试场景。

测试 1：检测风传感器（A）的故障。

测试 2：检测惯性测量模块（B）和中央处理器（C）之间的通信故障。

测试 3：检测方向舵（D）的功能是否正常。

测试 4：检测升降舵（E）在特定光照条件下的响应。

测试 5：验证安全监控系统（F）对固定翼无人机安全故障的检测能力。

故障信息流框图模型如图 5.1 所示。

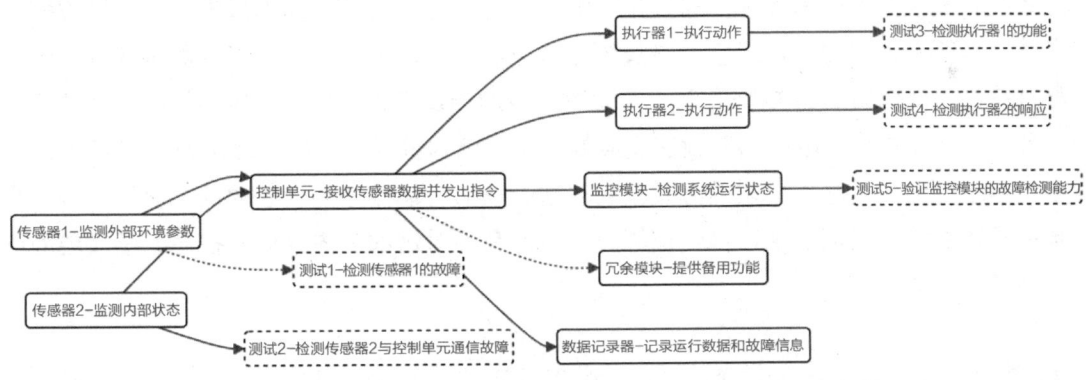

图 5.1　故障信息流框图模型

根据图 5.1，我们可以将这 8 个组件和 5 种测试场景的信息转换成 D 矩阵，行代表系统的组件（A 到 H），列代表测试操作（测试 1 到测试 5），矩阵元素表示特定的测试是否能够检测到特定组件的故障：

$$D = \begin{bmatrix} 1 & 0 & 0 & 0 & 0 \\ 0 & 1 & 0 & 0 & 0 \\ 0 & 1 & 0 & 0 & 0 \\ 0 & 0 & 1 & 0 & 0 \\ 0 & 0 & 0 & 1 & 0 \\ 0 & 0 & 0 & 0 & 1 \\ 0 & 0 & 0 & 0 & 0 \\ 0 & 0 & 0 & 0 & 0 \end{bmatrix}$$

对于传感器 1（A），只有测试 1 能检测到其故障，因此将矩阵的第 1 行第 1 列置为 1；对于传感器 2（B）和控制单元（C），测试 2 能检测到与它们相关的通信故障，因此在对应的行中，将第 2 列置为 1；对于执行器 1（D）和执行器 2（E），分别由测试 3 和测试 4 检测，因此在它们对应的行中，分别将第 3 列和第 4 列置为 1；监测模块（F）的故障可以通过测试 5 检测到，因此在 F 对应的行中，将第 5 列置为 1；冗余模块（G）和数据记录器

(H) 在此设定中没有直接对应的测试，因此它们的行保持为 0。此时，如果 **D** 矩阵中有两行完全相同，那么意味着这两个组件对于所有测试的响应相同，可以视为测试特性上的模糊组。例如，如果第 2 行和第 3 行完全相同，那么表明对于所有测试，组件 B 和 C 的故障检测响应相同，理论上不能区分哪个组件发生了故障。如果 **D** 矩阵中存在全零行，那么表示该组件的故障不能被任何测试检测到，这可能暴露了测试计划的盲点。针对上述情况，需要考虑增加新的测试来覆盖这些组件，或者重新评估这些组件的重要性和故障影响。如果确定某些组件故障对系统影响不大，那么也可以考虑从测试计划中排除这些组件以简化测试。

初始的 **D** 矩阵反映了系统测试的初始特性，可以在此基础上进行优化，核心目标是在满足系统测试性要求的前提下，通过精简测试集合来降低测试时间和成本。这一过程的关键在于，从所有可能的测试组合中寻找既能覆盖所有关键故障模式又能将测试代价最小化的测试策略。优化后的 **D** 矩阵有助于实现更高效的测试流程，提升系统维护的经济性和可操作性，尤其在资源受限或需要快速反应的情境下尤为重要。可用于优化 **D** 矩阵的方法有很多，包括以遗传算法为代表的方式系列算法、以信息熵排序为代表的信息流算法等，需要根据具体的情况灵活选用，由于篇幅原因，本节不对这部分内容展开描述，感兴趣的读者可参考文献[49-50]。

5.2　PHM 系统框架构建

PHM 系统框架构建是实现状态监测、故障诊断、寿命预测和决策支持等核心功能的关键环节。本节旨在探讨 PHM 系统的通用组成，为工程实践提供系统性指导。尽管不同工程系统对 PHM 的需求可能导致其系统框架在逻辑与物理架构上存在差异，但仍存在一些共性的设计原则和关键要素。

一般来说，PHM 系统框架的构建需要综合考虑硬件和软件两个方面。在硬件方面，主要包括传感器网络、数据采集与传输总线及机载计算机等核心组件。传感器作为 PHM 系统的"感知神经"，其选型、布置和信号处理直接影响数据质量和系统性能。数据总线承担着信息传输的重要任务，需要在带宽、实时性和可靠性之间寻求平衡。机载计算机作为系统的"大脑"，负责数据处理、算法执行和决策支持，其性能和可靠性直接决定了 PHM 系统的整体能力。在软件架构设计方面，需要考虑系统的可扩展性、模块化和实时性等要求。典型的 PHM 软件架构通常包括数据采集与预处理、特征提取、状态评估、故障诊断、寿命预测和决策支持等功能模块。软件架构的设计还需要考虑数据管理、人机交互、系统集成等方面，以确保 PHM 系统能够高效、可靠地运行，并与其他系统无缝对接。本节将详细讨论 PHM 系统硬件构成和软件架构设计的关键技术与方法。通过系统性地阐述，为 PHM 工程师提供全面的系统架构构建指南，助力实现高效、可靠的 PHM 系统设计与实施。

5.2.1　PHM 硬件构成

PHM 硬件系统主要由传感器、设备测试模块（BIT/BITE）、数据总线、机载 PHM 综合处理计算机、云计算设施等构成。传感器作为 PHM 系统的"眼睛"，负责实时监测装备的各种物理参数和环境条件，如温度、压力、振动、电气等，其精度、响应速度和稳定性直接影响到 PHM 系统的整体效能。设备测试模块（BIT/BITE）用于对装备内部的关键部件进行周期性或实时的自我诊断，及时发现潜在故障并上报给上层处理单元，其准确性、覆盖率和故障检出率是衡量其性能的关键指标。数据总线连接各个分系统和处理设备的神经网络，负责传输各种数据和控制指令，其带宽、延迟和数据完整性是保证信息流畅传递的关键因素。机载 PHM 综合处理计算机负责对采集到的数据进行初步分析和处理，为后续的决策提供支持，其计算能力、存储容量和处理速度直接影响着整个系统的反应速度与智能化水平。云计算设施通过高速数据网络将分散的装备数据汇聚到云端进行处理和分析，实现数据的集中管理和共享利用，其数据中心的规模、服务器的性能及数据读取接口的兼容性是影响其服务能力的重要因素。

航空装备 PHM 的主要硬件构成示意图如图 5.2 所示。

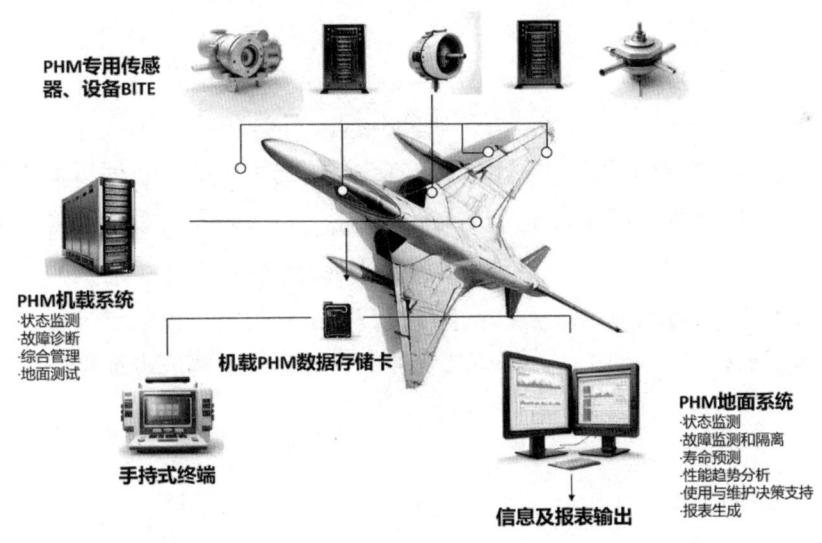

图 5.2　航空装备 PHM 的主要硬件构成示意图

在航空航天、交通能源、先进制造等高精尖装备领域，PHM 硬件系统的设计和选择需要综合考虑多种约束与限制，以确保其在极端环境下的稳定运行和高效性能。首先，环境适应性是关键因素之一，所选用的传感器、数据总线和机载处理设备必须具备良好的环境适应性，能够在高/低温、高湿、强振等恶劣环境下保持稳定的性能。其次，由于装备的空间、能源和载重限制，因此传感器的质量、体积和功耗限制也不容忽视，PHM 硬件系统的设计应尽量轻量化和小型化,一方面可以选用低功耗的元器件和处理器,另一方面可以通过软件手段实现智能化的能源管理。安全性与可靠性是装备的生命线,PHM 硬件还需要通过冗余设计、容错机制等手段进一步提高系统的可靠性与安全性,同时兼顾维修性与可扩展性,在设计时应充分考虑未来可能的功能升级和技术更新需求,预留足够的接口和空间以便于后期的扩展和维护工作。本节以航空装备为案例(见图 5.2),分别介绍传感器、数据总线、机载 PHM 综合处理计算机等构成机载 PHM 系统的核心硬件,包括它们的类型、核心指标、应用方式等。

1. 传感器的选型与优化

在经过故障模式分析、特殊事件分析和寿命件分析,并确定了监测参数集后,需要对相应的传感器进行综合选型与部署优化,确定传感器的部署方案,其优化目标是对传感器的型号、位置、数量等配置进行调整,以获得传感器配置成本与 PHM 性能要求之间的最佳平衡。如果传感器数量太多、分布过广,那么可能导致 PHM 系统的可靠性下降,同时对飞机结构设计和运维保障造成不利影响;过少的传感器可能达不到状态监测需求,容易造成故障漏检和虚警。此外,还需要考虑将传感器的安全性、环境适应性作为传感器选型的约束。本节介绍一种 PHM 传感器优化配置的通用数学模型,不同应用对象可根据具体的应用背景在该模型的基础上进行调整。

假设传感器和故障的集合分别为 $S=\{s_1,s_2,\cdots,s_n\}$,$F=\{f_1,f_2,\cdots,f_m\}$,故障 f_i 在传感器 s_j 上的关联度为 d_{ij},传感器 s_j 的部署成本为 $C_{\text{deploy},j}$、维护成本为 $C_{\text{maintain},j}$、环境适应性(稳健性)为 $C_{\text{robust},j}$,故障 f_i 的发生概率为 $P_{\text{fail},i}$、危害程度为 H_i,传感器 s_j 检测到故障 f_i 的概率为 $P_{\text{detect},ij}$,传感器 s_j 隔离故障 f_i 的概率为 $P_{\text{isolate},ij}$,传感器的数量上限为 $N_{\max}$,允许的传感器部署位置空间为 L_{allowed},系统要求的最小检测率为 $\text{DR}_{\min}$,系统的最小隔离率为 $\text{IR}_{\min}$,危害程度为 1 级的故障集 F_1(故障总数为 m_1)的最小检测率为 $H_{\min}$,决策变量 x_j(是否选择传感器 s_j)为 $x_j \in \{0,1\}$。传感器优化的目标函数(总成本最小化)可写为

$$\min \sum_{j=1}^{n} \left(C_{\text{deploy},j} + C_{\text{maintain},j} + C_{\text{robust},j} \right) x_j$$

其中,要考虑的约束条件主要包括如下几项。

传感器数量限制:

$$\sum_{j=1}^{n} x_j \leqslant N_{\max}$$

传感器部署位置限制:

$$\forall j \in \{1,2,\cdots,n\},\ s_j \in L_{\text{allowed}}$$

检测率和隔离率限制:

$$\frac{1}{m}\sum_{j=1}^{n}\sum_{i=1}^{m} d_{ij} P_{\text{detect},ij} x_j \geqslant \text{DR}_{\min}$$

$$\frac{1}{m}\sum_{j=1}^{n}\sum_{i=1}^{m}d_{ij}P_{\text{isolate},ij}x_j \geq \text{IR}_{\min}$$

危害程度为 1 级的故障的检测率限制：

$$\frac{1}{m_1}\sum_{f \in F_1}\sum_{j=1}^{n}d_{1j}P_{\text{detect},1j}x_j \geq H_{\min}\ x_j \in 0,1,\ \forall j \in 1,2,\cdots,n$$

对于故障预测和剩余使用寿命预测的效能，目前并没有公认的指标作为选择传感器的依据。然而，考虑到 PHM 预测，特别是针对时间的预测能力，可以从传感器输出信号与时间相关性的角度进行选择。本节将时间序列的单调性和时间相关性作为选择参考。

单调性：

$$\text{Mon}(X) = \left|\frac{\text{No. of }\Delta x_t > 0}{T-1} - \frac{\text{No. of }\Delta x_t < 0}{T-1}\right|$$

时间相关性：

$$\text{Corr}(X,T) = \frac{\left|\sum_{t=1}^{T}(x_t - \bar{X})(t - \bar{T})\right|}{\sqrt{\sum_{t=1}^{T}(x_t - \bar{X})^2 \sum_{t=1}^{T}(t - \bar{T})^2}}$$

其中，X 表示传感器输出的时间序列；x_t 表示 t 时刻的时间序列值；Δx_t 表示时间序列的差分值。

上述约束条件主要描述传感器的效能和空间约束。除此之外，传感器的环境适应性（或稳健性）也应当作为选型优化的重要约束条件。传感器的环境适应性描述的是传感器在各种非正常环境条件下的承受与适应能力。这些环境条件包括气候环境、机械环境和电磁环境等。例如，光纤光栅应变传感器需要在机载环境中长期应用，因此需要评估其在温度变化、湿度波动和化学介质影响下的适应性。较为典型的有安全系数、稳定性、灵敏度稳定性、量程稳定性等。

安全系数为

$$C_{\text{safety}} = \frac{L_{\text{extra}}}{L_{\text{norm}}}$$

式中，L_{extra} 表示极限荷载，是装备能够承受的最大荷载，也称破坏荷载；L_{norm} 表示工作荷载，是装备实际使用中的荷载。

完好率：在备件、安装、检查过程中，状态完好的传感器与传感器总数的比例，即

$$R_{\text{good}} = \frac{N_{\text{good}}}{N}$$

式中，N_{good} 表示状态完好的传感器数；N 表示传感器总数。

稳定性：描述传感器在长时间工作后输出的变化情况。稳定性可以通过测量传感器在一段时间内的输出变化来评估，数学描述为

$$C_{\text{stability}} = \frac{\Delta O_{\text{period}}}{\Delta O_{\text{init}}}$$

式中，ΔO_{period} 是传感器在长时间工作后的输出变化量；ΔO_{init} 是传感器初始状态下的输出。

灵敏度稳定性：描述传感器在不同工作条件下的灵敏度变化情况。灵敏度稳定性可以通过两次测试的灵敏度值之差除以本次测试的灵敏度值来计算。数学描述为

$$C_{S_{\text{stability}}} = \frac{\Delta S}{\Delta S_{\text{test}}}$$

式中，ΔS 是两次测试的灵敏度值之差；ΔS_{test} 是本次测试的灵敏度值。

量程稳定性：描述传感器在不同量程下的输出稳定性。量程稳定性可以通过测量传感器在不同量程下的输出变化来评估。数学描述为

$$C_{R_{\text{stability}}} = \frac{\Delta O_R}{O_{R\text{full}}}$$

式中，ΔO_R 是传感器在不同量程下的输出变化量；$O_{R\text{full}}$ 是传感器的满量程输出。

上述模型的各类参数需要根据 PHM 系统的实际需求来设定，考虑到传感器优化模型的目标函数和约束条件均可表示为线性关系，当对象系统的规模较小，传感器总数不多时，可直接使用线性规划求解，将目标函数和约束条件线性化，并将决策变量 x_j 限制为 0/1 整数变量，使用商业求解器或开源求解器求解该整数线性规划模型，可以获得全局最优解。

对于复杂装备系统 PHM 的传感器总体设计规划，由于传感器的数量庞大，线性规划并不适用，因此可以考虑通过遗传算法、模拟退化算法、粒子群等启发式方法来求解，其中遗传算法是非常成熟、应用非常广泛的算法，它是通过模拟自然进化过程来解决优化问题的启发式搜索算法，其基本思想是，在候选解的种群中模拟自然选择的过程，通过迭代来逐步改进解的质量。首先需要为问题的解决方案设计一种编码方式。对于传感器优化问题，解可以被编码为长度为 n 的二进制字符串，其中 n 是传感器的总数，每个基因 x_j 代表一个传感器是否被选中。然后构建适应度函数，用于评价解的好坏，这是遗传算法中最关键的部分。对于最小化问题，适应度函数可以定义为目标函数的倒数或负值，以确保成本越低，适应度越高：

$$\text{Fitness}(x) = -\sum_{j=1}^{n}\left(C_{\text{deploy},j} + C_{\text{maintain},j}\right)x_j$$

对种群中的所有基因进行适应度计算后，首先从当前种群中选择较优个体作为下一代的父母，常见的选择方法包括轮盘赌选择、锦标赛选择等。然后采用交叉和操作生成新的后代。一个常用的交叉操作是单点交叉，其中一个随机选择的点将父本划分为两部分，并交换这些部分来产生子代。变异则通过随机改变个体中的一个或多个基因来引入新的遗传多样性，在二进制编码中，一个简单的变异操作可以是随机翻转某个基因的值。最后需要一个终止条件来结束搜索过程，常见的终止条件包括达到最大迭代次数、适应度达到某个

阈值等。通过以上步骤，遗传算法能够在解空间中进行有效搜索，并逐渐找到成本最低的传感器部署方案。需要注意的是，遗传算法的性能在很大程度上依赖其参数（如种群大小、交叉率、变异率等）的设置，因此在实际应用中可能需要通过多次实验来调整这些参数以获得最佳性能。

需要指出的是，在实际的 PHM 系统传感器优化设计中，存在诸多难以直接获取参数的问题，包括传感器部署成本、单个传感器对特定故障模式的检测率和隔离率等，它们通常需要依赖大量的历史运行数据和专业领域知识进行估计与校准。然而，在复杂系统中，获取足够的实际运行数据往往具有挑战性，如系统运行环境多变、故障发生概率较低、数据采集成本高昂等。

为了解决上述问题，可以借助专业的系统仿真软件对复杂系统进行虚拟建模和仿真。这种基于模型的方法能够在受控环境下模拟各种工作条件、故障模式及其传播过程，从而为传感器的性能评估提供数据支持。具体而言，可以采用以下技术路线。

1）依托高保真度的系统动力学模型获取

系统动力学模型旨在通过微分方程等数学表达式描述系统各分系统之间的相互作用及其动态演化过程。对 PHM 系统而言，动力学模型需要能够准确描述被监测设备的工作机理、故障模式及其发展趋势。以航空发动机为例，可以建立包括热力学模块、空气动力学模块、结构动力学模块等在内的多物理场耦合模型。热力学模块描述发动机内部的燃烧、流动等过程，空气动力学模块模拟压气机和涡轮的气动性能，结构动力学模块刻画旋转部件的应力应变状态。将这些模块有机结合，并融入常见故障模式（如压气机涡轮损伤、燃烧室结焦等）的数学描述，即可推理温度、流量、压强等传感器对常见故障的检测率。

2）依托传感器响应模型获取

传感器响应模型旨在量化特定传感器对系统状态和故障模式的观测能力。根据传感器的测量原理，可采用理论模型或数据驱动模型进行描述。以测量发动机振动的加速度传感器为例，其响应可通过理论模型描述。将发动机动力学模型的输出（如叶片应力应变）与加速度计的传递函数相耦合，即可模拟出其在正常及故障情况下的输出信号，而对于一些工作机理复杂的传感器，则可以采用基于数据的黑盒模型（如人工神经网络）对其响应进行拟合。获得响应模型后即可通过试验或仿真来评估传感器对特定故障的检测率与隔离率。

3）基于仿真数据的参数估计获取

通过系统仿真软件，可以在虚拟环境中模拟大量的工作条件和故障场景，从而生成足够的传感器输出数据。利用这些数据，结合统计学习、优化算法等技术手段，即可对传感器的关键参数（如检测率、隔离概率等）进行估计。以航空发动机振动传感器为例，可以在发动机动力学模型中注入各种程度的叶片损伤故障，并采集加速度传感器在这些工况下的输出数据。基于这些数据，可以构建故障诊断模型（如基于小波分析的裂纹检测模型），并评估其诊断性能，进而估计出传感器对该故障模式的检测率。此外，还可以通过蒙特卡洛仿真等方法，估计传感器的其他参数（如噪声水平、失效率等）的分布情况。

上述三种方法提供了获得传感器对特定故障检测隔离性能的思路，避免了对大量实际运行数据的需求，能够在受控的虚拟环境中针对性地评估传感器的性能。同时，由于仿真条件可控，因此所得参数的可重复性和统计意义也更加可靠。这种方法的前提是建立了高精度的系统动力学模型和传感器响应模型，因此模型的建立和校准是关键的一环。

2. 数据传输与总线

PHM 系统需要全面获取飞机全寿命周期内的各类状态参数、故障诊断和维护信息等海量数据。这些数据具有数据量大、种类多样、采集实时性高、安全性要求高、处理实时分布式及数据融合复杂等典型特点。以某型运输机为例，整机共有 20 多万个参数点，光是基本的状态参数就达到 170GB/h 的传输速率，如果加上故障诊断、维护和非结构化数据，如故障描述文本、现场图片/视频、维护报告等，那么 PHM 系统需要处理的数据量将是一个天文数字。同时，对于一些关键系统（如飞控、发动机等），状态参数的采样频率可达 20Hz 或更高，如发动机转速、推力等核心参数更是需要 100Hz 以上的高采样频率，要求数据总线具备足够的带宽和确定性传输能力。

此外，飞机 PHM 系统处理的数据直接关系到飞行安全，需要有严格的安全保障措施，确保数据的完整性、可靠性，防止被窃取或恶意攻击。另外，由于飞机构型复杂、服役环境多变，因此 PHM 系统必须采用分布式架构，支持机上数据实时采集、边缘处理及地面决策，满足数据时效性要求，而对这些多源异构数据进行融合分析，寻找潜在的故障模式和趋势也给数据处理带来极大的挑战。考虑经济性和质量等因素，机载 PHM 系统一般不单独维护网络搭建，而是通过借用机上各系统现有网络进行 PHM 数据传输。在原有机载系统架构基础上，满足 PHM 性能需求，同时尽量适应系统架构，尽可能不增加系统负担。可以看出，PHM 系统对数据的需求体现了大数据的典型特点，无论是数据量、种类、实时性、安全性还是处理复杂度，都是前所未有的，因此构建高效的机载数据网络平台，实现多源数据的实时采集、高速传输和智能处理是 PHM 系统发展的关键基础。

针对 PHM 系统数据的上述特点，有必要制定科学合理的数据传输和管理策略，以确保各类数据在机载网络中的高效传输。首先，要根据不同数据类型的带宽需求，采用差异化的数据压缩和传输模式。对于带宽需求较高的状态参数数据，可采用无损压缩或小波变换等算法，以最大限度地节省带宽资源；而对于带宽需求较低的维护信息、故障诊断数据等，则可不做压缩而直接传输。同时，要根据数据实时性等特点，设计不同的传输模式，如状态参数采用周期循环传输以保证实时性，故障诊断信息采用事件触发传输以节省带宽等。

其次，结合 PHM 系统的分布式架构特点，需要采取分级分布式的数据采集和处理策略。PHM 系统通常采用三级架构：成员级负责各分系统内部的数据采集，区域级负责对本区域内数据进行汇总管理，飞机平台级负责全机数据的集中决策处理。为实现数据在异构总线间的无缝传输，需要统一规范总线数据传输格式，建立通用的数据包格式、信息标识协议等标准。同时，针对不同总线传输媒体和服务质量要求，设计优化的总线传输算法，如区分快变数据和慢变数据的传输策略，快变数据采用基于带宽的实时调度算法，慢变数据采用基于延迟的非实时算法，充分利用网络空闲时间等，有效提高带宽利用效率。此外，由于飞机数据传输具有实时性、安全性高的特点，数据传输策略还需要注重实时性和可靠性保障机制，如采取时间触发的确定性调度算法、端到端时间约束机制、数据冗余传输及自动切换等措施，以确保关键数据的实时可靠传输。

基于 PHM 系统对数据传输的上述需求特点和策略设计，需要构建一套满足要求的机载 PHM 数据总线解决方案，如图 5.3 所示。该解决方案通常采用分级分布式的架构设计，分为成员级、区域级和飞机平台级三个层次。成员级主要负责各分系统内部的数据采集，利用 CAN 总线、1394B 总线、1553B 总线、429 总线等低速传感器总线技术在本系统内部收集状态参数、故障诊断信息等数据。这些低速总线的传输速率一般在 1Mbit/s 以下，能够经济高效地满足分系统内部的数据传输需求。区域级负责对本区域内成员级数据进行汇总管理，一般也采用上述低速总线。飞机平台级作为整个 PHM 系统的核心，负责对全机数据进行集中处理和决策分析，各成员级通过高速 AFDX/TTE 总线或 TT-FC 总线将汇总数据上传至区域级处理节点，这些高速总线具有 100Mbit/s～1Gbit/s 的传输能力，能够支持实时大带宽数据的高效传输。三级架构的有机结合，实现了分布式采集、区域汇聚、集中决策的无缝衔接。低速总线收集原始数据，高速总线实现区域内实时数据传输，远程总线负责跨区域的长距离、大带宽数据传输，最终将全机数据聚集到飞机平台级进行统一处理和分析决策。

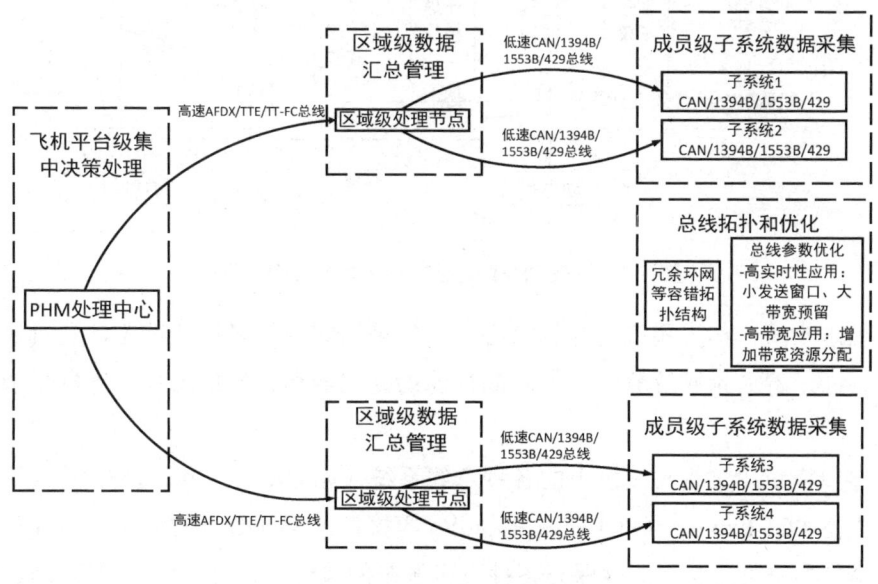

图 5.3　飞机 PHM 总线架构示意图

在机载数据总线的组网拓扑方面,可采用冗余环网等容错拓扑结构,提高总线的可靠性和容错能力。在关键节点可设置冗余热备份,实现自动切换备份,避免单点故障导致全线中断。在进行总线选型的同时,还需要针对不同应用场景,优化总线的配置参数。例如,高实时性应用可配置更小的发送窗口、更大的带宽预留等;对带宽需求较高的场景,可适当增加带宽资源分配。通过上述总线架构和优化配置,可以构建起一个覆盖整机、多层次交互的机载数据网络,实现核心高速数据的确定性实时传输,以及低速维护数据的经济传输,为PHM系统提供全面的数据传输支撑和保障。

3. 机载PHM综合处理计算机

机载PHM综合处理计算机作为PHM系统数据交流、处理和管理的中枢神经,负责收集、处理、分析和分发来自飞控系统、机电系统、航电系统等各个分系统的监测数据,通过各种算法进行数据融合,监测飞机系统和组件的实时状态,实现对飞机系统可能出现的影响安全或任务完成的关键故障进行告警。同时为未来的智能化扩展需求预留接口,支持引入轻量化的人工智能算法,以进一步提升机载数据处理的效率。机载PHM综合处理计算机的架构设计强调模块化、灵活性和可扩展性,确保能够适应不断变化的技术和运营需求,其架构由以下几个主要模块组成(见图5.4)。

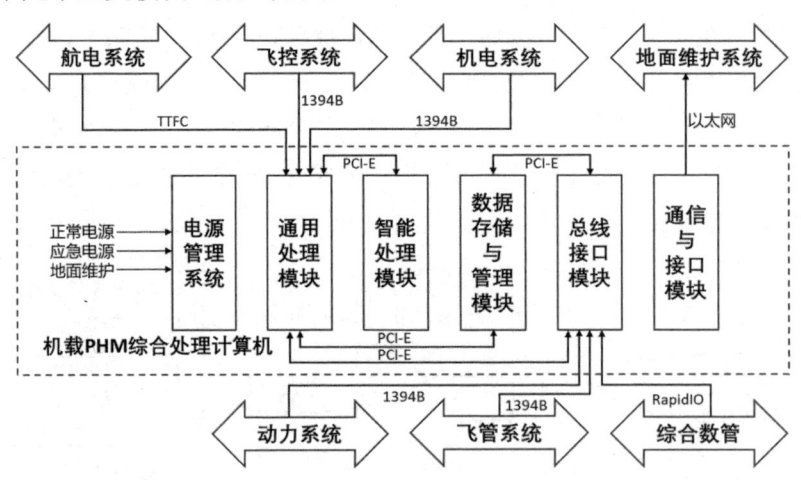

图5.4 机载PHM综合处理计算机架构示意图

通用处理模块:作为系统的计算核心,一般采用航空级多核处理器,负责执行数据处理、故障诊断、寿命预测等算法,拥有高性能的处理器和大容量内存,支持复杂的数据处理任务。

总线接口模块:负责与飞机上的各种总线系统(如CAN、429、1553总线等)进行通信,一般支持PCI Express(PCI-E)、RapidIO等接口,保证数据的快速收集和传输,同时支持多种航空数据通信标准,确保与各种飞机系统的兼容性,实现数据的高效收集和发送。

智能处理模块：根据机载数据生成速度和处理响应时间要求，可定制航空级 AI 处理器或高性能 GPU，专门处理需要复杂算法或人工智能技术的数据分析任务，如轻量化的卷积神经网络、注意力网络等深度学习模型，为快速处理海量机载数据提供支持。

数据存储与管理模块：负责高效地存储、检索和管理大量飞机数据。采用高速固态存储技术，支持快速数据访问和大容量数据存储，同时保证数据的安全性和完整性。

通信与接口模块：提供与飞机其他系统（如显控分系统、地面维护系统）的数据交换接口，支持多种通信标准，如以太网、光纤通信等，确保数据能够实时、可靠地传输。

电源管理系统：采用模块化的电源管理设计，增加冗余设计和电源监测技术，提高温度、振动、电磁干扰等环境适应能力，确保其在各种飞行环境下都能稳定工作。

机载 PHM 综合处理计算机的典型工作模式是一个高度集成和自动化的过程，旨在实现飞机 PHM 数据的实时采集、处理、存储、分析和展示，涉及其内部的多个模块与飞机其他系统的交互。机载 PHM 综合处理计算机从飞控系统、机电系统、航电系统等飞机各分系统接收数据，这些数据包括但不限于飞行参数、系统状态、故障指示、维护信息等。不同系统根据数据采集频率和类型的不同，通过各种航空数据总线技术进行传输。数据被送至通用处理模块，在此模块中，数据经过初步的融合和预处理，如果有对图像、音频、振动等大容量数据处理的需求，那么使用智能处理模块，利用轻量化的人工智能算法进行整机级的状态监测与故障预警。处理后的数据和分析结果被存储在数据存储与管理模块的高速固态驱动器中，这个模块不仅负责存储原始数据和处理结果，还通过实现数据压缩、加密和冗余备份，确保数据的安全性和完整性，还支持高效的数据检索和管理功能，确保数据可以被快速准确地访问，为后续的数据导出和展示提供支持。处理结果可以通过通信与接口模块导出至飞机的其他系统，如显控分系统、地面维护系统等，用于进一步的深度分析和决策支持。数据导出采用多种通信标准和网络协议，包括但不限于以太网和光纤通信，确保数据的快速且安全传输。

5.2.2　PHM 软件架构设计

PHM 软件架构是指在软件工程领域中，为了实现 PHM 系统的功能需求而设计的软件组件的结构和组织方式，它是系统的蓝图，定义了软件组件之间的关系、交互方式及其与硬件和其他系统的接口。PHM 软件架构对于形成 PHM 系统的能力至关重要，因为它直接影响到系统的效率、可靠性、可维护性和未来的可扩展性。一个良好的软件架构能够确保 PHM 系统有效地收集、处理和分析装备的健康数据，从而为装备使用和维护人员提供准确的健康状态信息与维护决策支持。随着装备系统的复杂性不断增加，PHM 系统的作用日益凸显，PHM 软件架构必须具备高度的灵活性和适应性，以适应不断变化的功能性能要求和硬件环境。本节以航空装备为例，介绍飞机 PHM 机载软件架构设计的一般原则、行业标准,以及一个典型的机载 PHM 软件架构方案。

1．机载 PHM 软件架构设计的原则与标准

主流的 PHM 软件架构通常基于模块化和分层的原则,以支持不同层次的数据处理和分析。这些架构可能包括数据采集层、数据处理层、健康评估层、决策支持层及系统管理层。在这些层次之上,可能还会有一个接口和服务层,用于实现与其他飞机系统的集成。这些架构的设计通常遵循行业标准,如 ARINC653 和 FACE(Future Airborne Capability Environment),以确保系统的互操作性和可扩展性。PHM 软件架构的设计通常需要遵循以下几个基本原则和要点。

1)开放性和模块化设计

这是 PHM 软件架构最为关键的设计原则。开放性要求软件架构对外开放,提供标准化的接口和数据模型,支持第三方软/硬件系统的无缝集成和功能扩展,增强 PHM 系统的互操作性。模块化设计要求将整个 PHM 系统被划分为多个相对独立的功能模块,每个模块只负责单一职责,通过明确定义的接口相互调用,实现低耦合、高内聚。这种设计不仅提高了系统的可维护性、可重用性和灵活性,还便于进行分布式部署、增量开发和持续集成,有利于满足未来功能和性能需求的快速演进。以波音 787 飞机的航空电子系统为例,它采用开放式综合模块化架构,将整个航电系统划分为众多软/硬件模块,每个模块负责特定的功能,如数据处理、导航、通信、状态监测等,所有模块通过标准的 ARINC 664 协议相互连接,构建成一个高度集成、可扩展的开放系统。这种设计满足了航空电子系统对开放性和灵活性的需求。

2)标准规范化

标准规范化是 PHM 软件架构设计的重要法则,要充分吸收国内外已有的 PHM 相关标准和最佳实践,遵循公认的行业规范,提高系统的可靠性、安全性和协同性。主流的 PHM 标准如 OSA-CBM、ARINC 653、MIMOSA 等,对 PHM 系统的功能划分、接口规范、数据模型等提出了明确要求。遵循这些标准不仅有利于复用成熟的技术方案和产品,提高开发效率,还有利于实现多系统、多平台间的互操作,促进产业生态的繁荣发展。例如,波音 787 飞机采用了 ARINC 653 标准,将整个航电系统划分为多个应用分区,每个分区运行一个应用,相互隔离,各自占用一定的资源,有利于系统安全性和实时性的保障。同时波音 787 飞机还采用 ARINC 661 标准对所有航电设备的数据进行建模,构建统一的数字化机载系统,提高了数据共享和管理的效率。

3)分布式处理

复杂的 PHM 系统通常采用分布式架构,分层次部署软/硬件组件,实现"就地采集、就地处理"的分布式数据处理模式。这种架构灵活性强,易于扩展,有利于提高系统的实时性能、容错能力和稳健性，适应复杂的任务环境。一般在成员级、区域级都有各自的数据采集与处理功能。

4）健壮性和稳健性

健壮性和稳健性是 PHM 软件系统的基本要求，需要在架构设计层面对异常情况、极端环境等进行预判和容错设计，确保系统在任何条件下都可以连续可靠地运行。常用的健壮设计包括任务隔离、进程监测与恢复、热备份等机制。稳健性强调系统的抗干扰能力，要求架构层具备较强的自检自恢复能力，能避免局部故障的蔓延，保证最小服务等级的连续可用。例如，F-35 飞机的 PHM 系统采用 ARINC 653 标准架构，应用级别实现任务隔离，保证各模块的时间和空间隔离性，避免单一故障对整个系统的影响。同时，PHM 系统软件采用冗余设计，提供热备份支持，一旦主系统发生故障，可快速切换至备份系统，确保系统连续可用。这对提高战斗机的生存能力至关重要。

在机载 PHM 标准方面，目前广泛参考的有 OSA-CBM、ARINC 653 和 FACE 架构，它们分别在 PHM 软件功能划分、应用开发和操作系统层面为 PHM 软件提供了参考依据。OSA-CBM 是 PHM 领域最具代表性的参考架构，已在 1.5 节对其进行了介绍。ARINC 653 是美国航空无线电集成公司针对商用飞机制定的一项应用软件标准，它对应用程序级别的分区和健壮分区操作系统的接口做出了规范，该架构的核心是将应用程序分割到不同的分区中运行，每个分区是一个独立的内存空间，互不干扰。操作系统层负责对分区进行调度和资源分配，确保分区间的时间和空间隔离。这种分区化设计大幅提高了系统的可靠性、安全性和稳健性，适合对安全性能要求苛刻的航空电子系统。

FACE 架构，即未来航空能力环境，是由美国国防部发起的一种开放式软件环境。它为航空系统提供了标准化的操作系统段（OSS）、端口段（PSS）等，支持可移植性和可重用性，降低软件寿命周期成本。FACE 架构主要包括 4 个层次：操作系统层、端口层、传输层和应用层。操作系统层提供标准的 API 和接口，端口层实现与硬件和操作系统的交互，传输层负责通信协议；应用层可以部署各种应用程序。这种分层设计使应用可在不同平台间无缝移植。对于机载 PHM 软件，可采用 FACE 架构实现模块化、可重用、可移植设计。例如，将数据处理、故障诊断、健康评估等不同功能模块化为独立的应用，并通过标准端口层对接操作系统和硬件实现软/硬件解耦，提高复用率和可维护性。

此外，还有一些 PHM 领域的其他参考架构，如 MIMOSA OSA-EAI（开放系统远程状况监测与控制标准）、CESO（IEEE 1856 标准）等，分别对机电一体化系统的 PHM 有较为详细的规范。根据具体应用场景和系统特点，可参考各类架构的优点进行定制化设计。不同的 PHM 软件架构具有不同的特点，适用于不同的场景。例如，OSA-CBM 架构更注重通用性，模块化程度高，但实施复杂；ARINC 653 架构更侧重于系统的安全性和时间确定性，适合严格的实时性要求；FACE 架构提高了应用的可移植性和可重用性，有利于加快开发速度。需要根据 PHM 系统的具体需求，选择合适的架构作为参考和指导，并结合实际情况进行创新性优化设计。

2. 机载 PHM 软件架构典型案例

参考 ARINC 653 和 FACE 架构的要求，结合飞机机载 PHM 系统的功能性能要求，本节提出一种飞机机载 PHM 软件的参考架构，具体包括操作系统层、端口层、传输层和应用层，如图 5.5 所示。

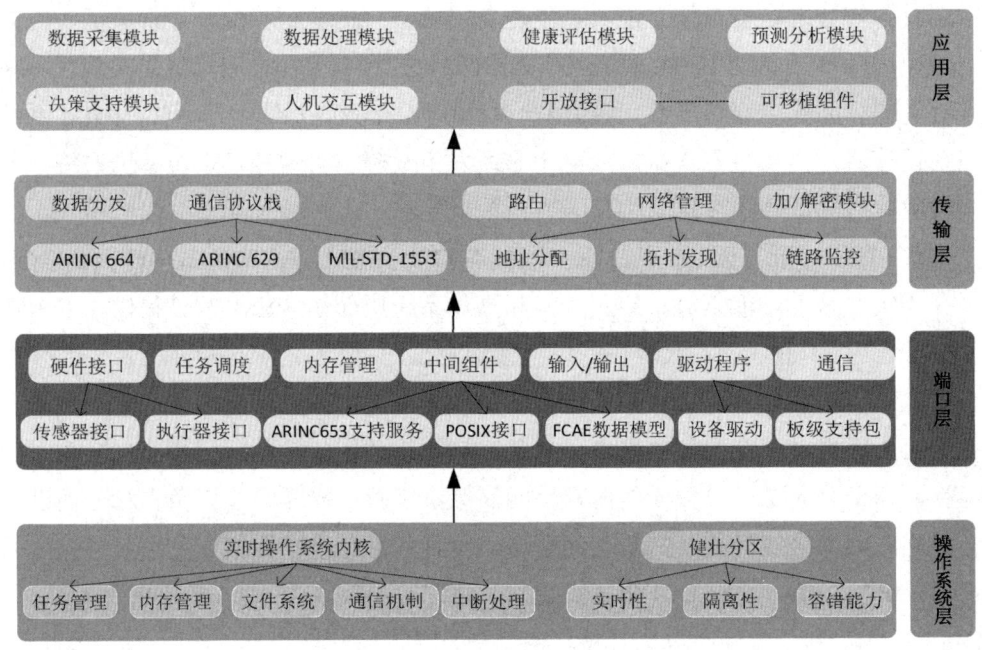

图 5.5　机载 PHM 软件典型架构示意图

操作系统层是整个架构的基础，需要选择一款健壮的、实时的、安全可靠的操作系统内核，满足航空电子系统的严格要求。常用操作系统有 VxWorks、LynxOS、QNX Neutrino 等。操作系统的核心功能包括任务管理、内存管理、文件系统、通信机制和中断处理等。此外，要完全符合 ARINC 653 标准，操作系统还需要支持健壮分区（Robust Partition）和分区通信机制。每个分区相当于一个虚拟机，拥有独立的内存空间，可加载应用程序和运行库，实现时间和空间的隔离。系统通过静态或动态分区分配资源，确保实时性和确定性。

端口层位于操作系统层与传输层之间，定义了应用程序与操作系统之间的接口，实现应用对硬件和操作系统的访问，主要包括硬件接口、中间组件、驱动程序等，为各类传感器、执行器等硬件设备提供标准化接口，实现诸如任务调度、内存管理、输入/输出（I/O）和通信等功能，这些接口使得应用程序能够请求操作系统提供的服务，而无须关心底层的硬件细节。端口层的设计允许应用程序以一种标准化的方式与操作系统进行交互，从而提高了软件的可移植性。

传输层负责在不同的应用程序之间提供数据传输服务,这一层通常涉及网络协议和服务,还包括数据分发、路由、链路监测、加/解密等功能,以支持复杂的数据交换需求。传输层的设计需要考虑实时性、可靠性和坚韧性,以确保 PHM 系统能够在恶劣环境或部分链路遭受故障和破坏时,仍能及时响应飞机 PHM 数据传输的需求。

应用层是 PHM 软件架构的顶层,它包含了执行 PHM 核心功能的应用程序。这一层包括了数据采集、数据处理、健康评估、预测分析、决策支持和人机交互等模块。应用层的模块通过端口层与操作系统层进行交互,获取所需的服务和资源。在该架构中,应用层的模块被设计为可重用的组件,它们可以通过标准化的接口与其他系统或组件集成,也可以实现特定需求,如特定的传感器数据格式、维护策略和用户界面。

总的来说,该架构设计符合 ARINC 653 和 FACE 的相关要求,系统各层按功能职责明确划分,操作系统层为整个系统提供基础支撑,端口层实现上层应用与硬件设备的交互,传输层负责网络通信,应用层集成了各项 PHM 核心功能。通过这种分层设计,可以很好地支持机载 PHM 系统的模块化、可移植和可维护等需求。同时健壮分区设计确保了系统的实时性、隔离性和容错能力,各层之间通过标准化接口进行交互,增强了系统的扩展性和开放性。

5.3 PHM 数据处理与算法设计

PHM 数据处理与算法设计是实现 PHM 功能的关键,状态监测、异常检测、故障诊断、寿命预测和运维决策支持等功能都依赖有效的数据处理与先进的算法设计。本节介绍 PHM 核心的三类算法,分别是数据预处理、监测/诊断/预测和运维决策支持。数据预处理是 PHM 系统的基础。原始传感器数据通常包含噪声、异常值和冗余信息,需要经过一系列预处理才能用于后续分析。典型的数据预处理技术包括数据清洗、去噪、标准化、特征提取等。这些技术的应用不仅能提高数据质量,还能降低后续算法的计算复杂度,提高系统的整体效率。状态监测和异常检测算法能够实时跟踪装备的运行状态,及时发现潜在的异常。故障诊断算法进一步分析异常的原因,定位具体的故障部位和类型。寿命预测算法基于历史数据和当前状态,预估关键部件的剩余使用寿命。运维决策支持算法综合考虑装备状态、任务需求和保障资源,为维护人员提供最优的维护策略建议。算法训练完成后,还需要对其性能进行严格的验证,并在实际使用中不断根据使用反馈进行迭代升级,以适应新的环境要求。PHM 数据处理与算法研究过程示意图如图 5.6 所示。

本节将详细讨论这些算法的数学本质和主要建模方法,从算法的基本原理出发,阐述其核心思想和理论基础,并探讨不同算法在解决 PHM 问题时的优势和局限性。需要指出的是,本节介绍的算法内容仅限于问题本质与核心思想层面,对算法具体的操作和运用并未过多涉及，因为不同 PHM 使用场景对算法的需求迥异，所以在实际应用中应保持开放和创新的态度，根据具体问题和场景对算法进行定制和优化。

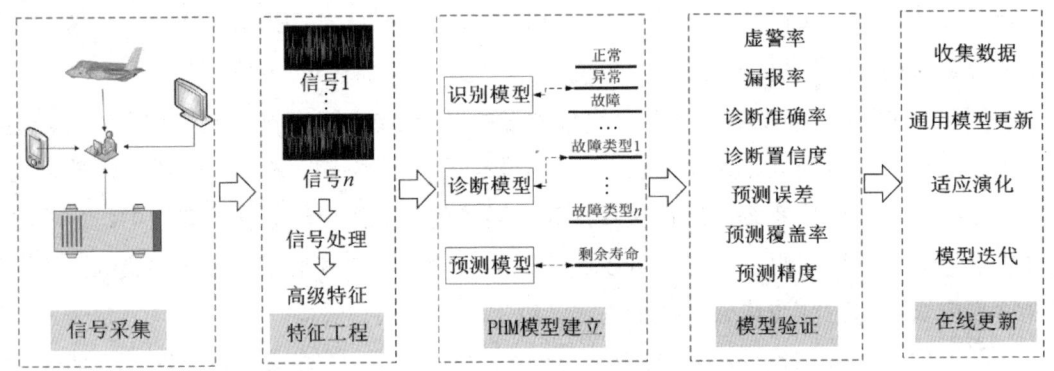

图 5.6　PHM 数据处理与算法研究过程示意图

5.3.1　数据预处理

在实际应用中，由于设备传感器质量、运行环境、产线设计约束等影响，因此采集的数据充斥着噪声、重复、错误、冗余等问题，多被认为是"脏数据"，影响 PHM 应用的效果，无法直接用于检测设备维护和维修决策。为应对数据质量问题，需要在异常检测等 PHM 核心步骤之前对数据进行预处理，使数据更清晰地表达设备的健康状态，提高异常检测、故障诊断和剩余使用寿命预测的准确性。数据预处理的基本思路可用数学表达式概括为

$$\tilde{D} = P(D; K, M)$$

式中，D 表示未经处理的数据集；$\tilde{D}$ 表示预处理后的数据集；P 表示数据集预处理的类型（如去噪、数据清洗、特征提取等）；K 表示从业人员具备的专家经验；M 表示预处理采用的数学模型。数据集 D 可进一步表示为多类型时间序列集合的形式：

$$D = \{X^1, X^2, \cdots, X^n\}$$

式中，n 表示数据类型数，也称数据集的数据维度。

在数据预处理基本思路的前提下，预处理类型按照本质问题差异，大致可以划分为值域变换、数据空间转换、数据集结构变换三类问题。

1. 值域变换

值域变换问题是一种采样点对采样点的变换，不改变时间序列采样点间的时序关系及序列整体趋势，可以理解为从数据域 R_x 至数据域 R'_x 的数值变换：

$$\tilde{x}_t = P(x_t; X, K, M) \quad \tilde{x}_t \in R'_x, \ x_t \in R_x$$

式中，x_t 表示单类型传感器序列在时间戳 t 的采样点；P 表示数据预处理方法；$\tilde{x}_t$ 表示预处理结果。需要强调的是，时间序列中的采样点严格来讲包含两个属性 $x = [v, t]$，其中，v 表示采样点数值，t 表示采样点所处的绝对时间或相对时间位置。在这一定义前提下，上述

数学表达式点明的预处理结果是点对点的,并不代表处理过程中只考虑单采样点的数值关系,也会考虑到其他采样点对某一点的影响。例如,去噪中经常采用的均值滤波、中位滤波、Kalman 滤波、傅里叶变换降噪等,都是考虑邻接时间域或时间序列整体对某一点的影响。本节给出 Kalman 滤波的核心步骤供读者参考。

(1)假设存在如下线性系统:

$$x_k = F_k * x_{k-1} + B_k * u_k + \omega_k$$

$$z_k = H_k * x_k + v_k$$

式中,ω_k 表示过程噪声,其满足零均值,Q_k 表示协方差的正态分布,即 $\omega_k \sim N(0, Q_k)$;v_k 表示观测噪声,其满足零均值,R_k 表示协方差的正态分布,即 $v_k \sim N(0, R_k)$;x_k 表示状态变量;u_k 表示输入变量;z_k 表示观测变量;F_k、B_k、H_k 表示线性系统的变换矩阵。

Kalman 滤波分为预测与更新两个步骤。

(2)预测:根据前一时间戳的状态估计,估计当前状态,即

$$\tilde{x}_{\{k|k-1\}} = F_k * \tilde{x}_{\{k-1|k-1\}} + B_k * u_k$$

$$\tilde{P}_{\{k|k-1\}} = F_k * P_{\{k-1|k-1\}} * F_k^{\mathrm{T}} + Q_k$$

式中,$\tilde{x}_{\{k-1|k-1\}}$ 表示 $k-1$ 时刻的最优估计值;$\tilde{x}_{\{k|k-1\}}$ 表示由 $k-1$ 时刻的最优估计值状态转移得到的 k 时刻的估计值;$P_{\{k-1|k-1\}}$ 表示 $k-1$ 时刻估计的状态估计协方差矩阵的最优估计值;$\tilde{P}_{\{k|k-1\}}$ 表示由 $k-1$ 时刻状态估计的状态协方差矩阵的最优估计值经过状态转移得到的 k 时刻的估计值。

(3)更新:利用观测值优化当前状态估计值。

① 计算观测残差:

$$\tilde{y}_k = z_k - H_k * \tilde{x}_{\{k|k-1\}}$$

② 计算观测残差协方差:

$$s_k = H_k * P_{\{k|k-1\}} * H_k^{\mathrm{T}} + R_k$$

③ 计算最优 Kalman 增益:

$$K_k = P_{\{k|k-1\}} * H_k^{\mathrm{T}} * s_k^{-1}$$

④ 修正 $k-1$ 时刻的状态估计值:

$$\tilde{x}_{\{k|k\}} = \tilde{x}_{\{k|k-1\}} + K_k * \tilde{y}_k$$

⑤ 修正 $k-1$ 时刻的状态估计协方差矩阵的最优估计值:

$$P_{\{k|k\}} = (I - K_k * H_k) * P_{\{k|k-1\}}$$

式中,$\tilde{x}_{\{k|k\}}$ 表示 k 时刻的最优估计值;$P_{\{k|k\}}$ 表示 k 时刻估计的状态估计协方差矩阵。

经过 Kalman 滤波的基本流程,状态估计由于考虑了观测值、历史数据和线性方程特性等多方面因素,因此协方差稳定在可接受范围内,抑制过程噪声。同时,正如前文所述,经过除噪,最终修正了 x_k 单点的值,但滤波过程考虑了时间序列前后时刻采样点、线性系统模型(专家知识 K)等因素。

除滤波之外，均值填补、插值法和逐步回归等为代表的缺失数据补全，本质上是，首先将未记录数据时刻的值自动填补为0，然后将这些采样点的值替换为满足时间序列整体变化趋势的值；接着进行数据归一化处理，将不同范围的传感器序列中各采样值缩放至标准值域中（如$[0,1]$值域、$[-1,1]$值域）。数据对齐和同步可以看作特殊的值域变换，其主要将时间序列采样点中时间元素t调整为相对时间，以对齐不同时间序列。

2. 数据空间转换

数据空间转换问题本质上是对时间序列隶属的数据空间进行线性或非线性变换，以将其映射至新的数据空间。通常来说，数据空间转换将高维的数据空间采样点转换为低维的数据空间采样点，该问题的数学表达式可以描述为

$$\tilde{y}_{k:k+w} = P(x_{t:t+v}; X, K, M)$$

式中，$x \in A^n$，$y \in B^m$，一般而言$n > m$；$x_{t:t+v}$表示$[t:t+v]$间的时间序列；$y_{k:k+w}$表示变换后数据空间$[k:k+w]$定义域的值。对于单类型的时间序列，特征提取可以看作时间维度的降维过程。例如，对包含10个采样点的序列提取平均值特征，可看作将10维空间的样本点压缩，映射至1维空间的采样点。按照特征类型差异，特征提取可以划分为时域、频域和时频域三类。常见的特征提取方法如表5.8所示。

表5.8 常见的特征提取方法

	特征名称	特征提取方式	特征名称	特征提取方式
时域特征	均方根	$F_{RMS} = \sqrt{\frac{1}{n}\sum_{i=1}^{n}x_i^2}$	冲击系数	$F_{IF} = \dfrac{F_{PV}}{\frac{1}{n}\sum_{i=1}^{n}\sqrt{|x_i|}}$
	方差	$F_{VAR} = \frac{1}{n}\sum_{i=1}^{n}(x_i - \tilde{x})^2$	波形因数	$F_{SF} = \dfrac{F_{RMS}}{\frac{1}{n}\sum_{i=1}^{n}\sqrt{|x_i|}}$
	峰值	$F_{PV} = \max(|x_i|)$	曲线积分	$F_{LI} = \sum_{i=0}^{n}|x_{i+1} - x_i|$
	波峰因数	$F_{CF} = \dfrac{F_{PV}}{F_{RMS}}$	峰间值	$F_{PP} = \max(x_i) - \min(x_i)$
	峰度	$F_{KT} = \dfrac{\sum_{i=1}^{n}(x_i - \tilde{x})^4}{nF_{VAR}} - 3$	香农熵	$F_{SE} = -\sum x_i^2 \log(x_i^2)$
	余隙系数	$F_{CI} = \dfrac{Pv}{\left(\frac{1}{n}\sum_{i=1}^{n}\sqrt{|x_i|}\right)^2}$	偏度	$F_{SK} = \dfrac{\frac{1}{n}\sum_{i=1}^{n}(x_i - \tilde{x})^3}{\left(\frac{1}{n}\sum_{i=1}^{n}(x_i - \tilde{x})^2\right)^3}$
频域特征	快速傅里叶变换峰值	$F_{PVT} = \max(r_k)$, $r_k = \sum_{t=-\infty}^{+\infty}x(t)e^{-i\omega t}$	快速傅里叶变换能量	$F_{EN} = \sum_{k=1}^{N}r_k$
时频域特征	小波变换分域1能量	$D_1 = \sum_{i=1}^{n_1}cD_{1i}$	小波变换分域3能量	$D_3 = \sum_{i=1}^{n_3}cD_{3i}$
	小波变换分域2能量	$D_2 = \sum_{i=1}^{n_2}cD_{2i}$	小波变换混合能量	$A = \sum_{i=1}^{n}cA_i$

第 5 章　PHM 工程研制

对于多类型时间序列共同组成的数据空间，数据空间转换问题通常包含降维处理与多传感器融合处理两类。这两类方法并没有明显的界限，甚至部分从业人员也会将降维处理看作多传感器数据融合的一种特例。例如，主成分分析（PCA）是基于协方差最小原则将高维数据映射至低维数据空间的；T 分布随机近邻嵌入（t-SNE）是一种非线性降维方法，其将欧几里得距离转换为条件概率以表示点与点之间的相似度，进而实现高维数据向低维数据的投影；传感器融合方法的范围更广，甚至可以看作多传感器数据联合特征提取、数据降维等方法的综合。例如，将多维时间序列输入自编码器（AE）等深度学习模型，从嵌入层（Embedding Layer）提取维度更低的压缩特征。

3．数据集结构变换

数据集结构变换本质上是指数据集样本的存储方式、数据表征形式、数据类型及样本量等发生变化，以适应和提高 PHM 算法模型训练、识别数据的效果。例如，为改善异常检测模型的分类效果，通常采用过采样或下采样，平衡数据集中正常与异常数据的数据量。例如，SMOTE 算法是过采样的典型算法，其基本思想是，针对每个少数类样本 x_i，从它的最近邻中随机选一个样本 $\tilde{x}_i$，在 x_i 和 $\tilde{x}_i$ 的连线上随机选取一点作为新的少数类样本。合成策略的具体算法流程如下。

（1）对于少数类数据集中的每一个样本 x_i，计算它到同类数据集中所有其他样本的距离，得到其 k 近邻样本集。

（2）根据预先设置的样本不平衡比例确定采样倍率 N，对于每一个少数类样本 x_i，从其 k 近邻中随机选择若干样本。

（3）对于每一个随机选出的 k 近邻样本 $\tilde{x}_i$，分别与原样本按照如下公式构建新的样本 x_{new}：

$$x_{\text{new}} = x_i + \text{rand}(0,1)(\tilde{x}_i - x_i)$$

此外，为改善多工况下的 PHM 算法和应用效果，从业人员也可根据实际开发需求，按照工况控制指令、工况指示信号等，人为或自动化地对长序列传感器数据进行分割，以提高 PHM 算法模型对工况的识别能力。

5.3.2　状态监测/异常检测、故障诊断、寿命预测算法

状态监测/异常检测、故障诊断和剩余使用寿命预测作为 PHM 系统功能设计中承上启下的重要组成部分，利用前续原始数据预处理得到的基本特征空间，按层级整合、提炼，得到被测对象的健康信息，支撑后续运维决策。对比 PHM 系统的硬件布局和软件架构设计，PHM 算法设计研究更加广泛，研究方向和技术类型也更丰富。坚实的研究基础为从业人员带来"甜蜜的烦恼"，在各个功能模块中，具体涉及哪些技术类型？各类方法的优点和缺点是什么？这就是本节要回答的问题。

1. 异常检测

异常检测作为 PHM 核心功能的开端，其功能是分析和辨识被测对象传感器数据模式，发现异常模式和趋势。异常检测的研究思路依据异常模式了解程度的差异也有所不同，其本质问题总体可以看作监督学习问题和无监督学习问题两类。其中，监督学习问题明确回答"什么是异常模式"，直接判定数据是否符合异常模式的条件；而无监督学习问题主要回答"什么是正常模式"，间接将不符合正常模式的数据判定为异常。

监督学习问题本质上可进一步被看作分类问题，在正常数据与异常数据标注完整且数据量较大时，异常检测可以被看作典型的分类问题，其典型数学描述方式为

$$S_i = F_{cls}(X)$$

式中，X 表示实施传感器数据；F_{cls} 表示分类模型；S_i 表示数据分类结果。一般情况下，异常检测可以被看作二分类问题，也就是数据只被划分为正常和异常两类。

该类方法的思路如下。

（1）收集并标注数据 $X = \{X_{norm}, X_{anomaly}\}$，其中，$X_{norm}$ 为正常标签数据，$X_{anomaly}$ 为异常标签数据。

（2）将数据 X 划分为训练数据 X_{train} 与测试数据 X_{test}；确定分类模型 F_{cls}。

（3）利用训练数据 X_{train} 更新分类模型 F_{cls} 的结构、参数、标签边界等模型属性。

（4）完成训练后，利用测试数据 X_{test} 测试模型效能。

（5）测试完成后，将分类模型 F_{cls} 部署至实际运行场景中，对实时数据进行分类，判定实时数据是否处于正常和异常状态。

从业人员根据计算量、数据特性（如线性、非线性、数据量等）、系统运行环境等各类因素，可以选择不同类型模型作为分类模型 F_{cls}。例如，将逻辑回归（Logistic Regression）作为线性分类模型，通过学习数据的特征和标签之间的关系，确定判别边界，其优势在于速度快、操作简单，但对非线性数据效果有限；支持向量机（SVM）模型能够处理高维特征空间的线性与非线性数据，适应性强；随机森林（Random Forest）通过集成多棵决策树实现大数据规模和特征类型的分类；k 近邻（KNN）算法通过计算新样本与训练样本的距离，找出 k 个最近邻进行多数表决，适用于非线性分布数据，且实现简单、无须进行大量训练，但对异常值过于敏感，往往虚警率较高；神经网络，特别是深度神经网络能够处理复杂的非线性关系和大规模数据，但训练时间长、对计算资源要求高的神经网络需要大量标签数据。

随着复杂系统的可靠性和稳定性日益提高，发生异常的概率降低，异常数据获取难度升高，异常检测面临数据不平衡与小样本的挑战。为应对这两个挑战，现有研究和应用主要从两种解决思路出发。

第一种思路沿袭监督学习的分类方法解决框架，其核心思想是，利用对有标签的异常

数据特性的理解，利用数据模型产生更多的异常数据，平衡正常数据和异常数据。该方法通常利用生成对抗神经网络（GAN）等生成式网络，从少量的异常数据中学习异常模式下的数据分布规律，依据该分布规律生成大量的异常数据以训练分类器。该方法的基本流程如下。

1）训练阶段

（1）确定数据生成模型和数据分类器。
（2）将原始数据样本送入生成器，得到重建样本 $x_{\text{train}} \rightarrow \hat{x}_{\text{train}} = G(x_{\text{train}})$。
（3）将原始数据样本分别输入至分类器，得到分类结果 $S_i = D(x_{\text{train}})$。
（4）计算分类器的分类准确率，优化分类器的结构和参数。
（5）步骤循环，直至分类准确率达到要求。

2）应用阶段

（1）将测试或应用数据输入训练完成的模型中，计算得到异常评价指标。
（2）根据异常评价指标，判定输入数据是否发生异常。

应对小样本和数据不平衡挑战的第二种思路是将异常检测问题看作聚类问题。根据 D. M. Hawkins 在《异常值识别》（Identification of outliers）一书中的定义，异常是指数据集中偏离其他数据程度高的数据，以至于使人怀疑偏离来自其他机制[51]。在这一定义驱使下，以聚类为代表的无监督学习方法，都被应用于异常检测中，其基本的数学描述方法为

$$S_i = F_{\text{cls}}(M(x)), \quad M(x) > M_{\text{thd}}$$

式中，$M(x)$ 表示数据的度量函数；M_{thd} 表示偏离正常数据程度的阈值，根据选择方法的不同，该度量函数可以是距离、分布差异、密度等。其核心思想在于理解正常数据的模式和边界，当考察数据不满足正常数据的特性时，即认为考察数据异常。然而，由于异常产生的机制是不确定的，因此异常挖掘算法检测出的"异常数据"是否真正对应实际的异常行为，不是由异常挖掘算法来说明、解释的，只能由领域专家来解释，异常挖掘算法只能为用户提供可疑的数据，以便引起用户的注意并最终确定是否为真正的异常。该方法的一般流程如下。

（1）收集数据 X，全部作为正常数据；确定聚类函数 F_{cls}。
（2）利用训练数据 X_{train}，训练并确定 F_{cls} 的度量函数边界 M_{thd}。
（3）接收实时数据 x，计算数据度量值 $M(x)$，并判断其与度量函数边界的关系。
① 若 $M(x) > M_{\text{thd}}$，则认为实时数据处于异常状态。
② 若 $M(x) < M_{\text{thd}}$，则认为实时数据处于正常状态。

根据正常数据考虑的机制不相同，无监督学习的核心区别在于数据度量的差异。例如，k-means 方法作为聚类方法的典型代表，其重点考察异常值与正常值簇的距离，其中马氏距离、余弦距离等都可以作为距离进行计算；DBSCAN、LOF 等基于密度的方法，以正常数

据空间密度高、异常数据空间密度低为原则，对样本数据的感知能力很强；GMM、SPOT等基于数据统计分布的方法，在一定的分布假设下，将与正常统计分布不一致的数据标记为异常数据，对低维数据友好。

2. 故障诊断

故障诊断应当是健康状态监测信息的深度凝练，也是异常检测的延伸。严格地讲，故障诊断与异常检测是有本质区别的。异常检测的本质是检测到与正常现象存在明显差异的异常现象，是偏离正常状态的外在表现，是"果"；而故障诊断是对异常现象内在原因的进一步探索，是"因"。对于小规模部件、维修及更换成本低的系统，在实际应用中往往将参数异常与部件故障直接关联，即参数异常时直接认定部件整体发生故障，不再探寻内在原因。这种情况下，异常检测结果等价于故障诊断结果，其核心内容与前面描述的异常检测解决方案无差异，因此不再赘述。

本节需要探讨的是复杂系统中的故障诊断问题，通常相同部件会发生不同类型的故障，且会导致不同的参数异常模式、异常参数组合等。真正意义上的故障诊断是一种从定量分析到定性分析的过程，核心过程主要包括故障识别、故障隔离和故障分级。故障识别确定故障发生的时间，正如前文所述，参数异常是故障发生的"果"，因此当异常被检测到时，即认为是故障发生的时间；故障隔离确定的是故障发生的具体位置和类型；故障分级对已确定发生的故障严重程度进行判定，这两部分是故障诊断中的核心部分，其本质问题可以看作知识推理问题，其一般数学描述方法为

$$F^* = R(F, S)$$

式中，F 表示所有待考虑的故障集合；S 表示所有参数的异常情况；F^* 表示研究对象真实发生的故障子集；R 表示知识推理模型和策略。

不同故障诊断方法本质上是知识推理策略的差异，也是故障诊断的核心难点。根据规则的复杂度，可以设计不同的规则表示和推理策略。

对于规则指向性明确的研究对象，可以采用专家知识的方式实现。这里的专家知识既可以是规则，又可以是从实际故障案例中提取出的关键匹配信息。基于专家知识的故障推理可以抽象描述为

$$\text{IF } S \text{ THEN } F^* \text{ WITH } \text{CF}(S, F^*)$$

式中，S 表示参数异常检测结果，是规则的前提条件，也是故障诊断的证据；F^* 表示故障判定结果，是规则的结论部分；$\text{CF}(\cdot)$ 表示异常检测结果与判定故障存在结果的关联强度，既可以由专家主观设定，又可以在实际数据中统计。比较典型的关联强度可以通过参数异常与故障的关联系数描述，如相关性矩阵（D-Matrix），其元素都是 $[0,1]$ 区间内的连续值，1 表示参数异常与故障完全相关，0 表示参数异常与故障完全无关。可以通过诸如 Teams-RT、简化 Teams-RT、分支定界等方式，推理得到故障诊断结果。作为参考，对于每个 **D** 矩

阵，在得到异常检测结果的前提下，简化 Teams-RT 的典型流程如下。

（1）将参数异常序列左乘相关性矩阵，得到正向序列 R_1。

（2）对参数异常序列中的数值进行反转，即将原参数异常序列中的 1 转变为 0，原参数异常序列中的 0 转变为 1。

（3）将反转后的参数异常序列左乘相关性矩阵，得到反向序列 R_2。

（4）根据 R_1 和 R_2 的计算结果，按照如下规则表来确定故障所属类别。

① 在反向序列 R_2 中，所有值大于 1 对应的故障模式索引因至少有一个与之相关的测试通过而可判定其为正常。

② 验证反向序列后，在正向序列 R_1 中，所有值为 0 对应的故障模式索引均为未知状态，因为既没有通过测试，又没有与其相关的未通过测试。

③ 确定健康和未知集合后，将剩余的所有故障模式归为怀疑集。此时，只需要遍历每个影响怀疑集故障模式为 1 的测点，并将该测点所对应的相关故障模式状态设置为故障集。

为直观地说明算法流程，本节给出实际案例。假设存在如下相关性矩阵：

$$D = \begin{bmatrix} 0 & 1 & 0 & 1 & 0 \\ 0 & 0 & 1 & 0 & 0 \\ 0 & 1 & 0 & 0 & 0 \\ 0 & 0 & 0 & 1 & 0 \\ 1 & 1 & 0 & 0 & 0 \end{bmatrix}$$

并假设存在 5 个信号测试，其中第 2 个信号及第 5 个信号发生异常，即 $M = [0\ 1\ 0\ 1\ 0]^T$，则具体诊断步骤如下。

步骤 1：对相关性矩阵与信号测试序列进行矩阵相乘，得到正向序列：

$$R_1 = [2\ 0\ 1\ 1\ 1]^T$$

步骤 2：反转信号序列得到 M'，并将其与相关性矩阵左乘，得到反向序列：

$$M' = [1\ 0\ 1\ 0\ 1]^T$$
$$R_2 = [0\ 1\ 0\ 0\ 1]^T$$

式中，M' 表示信号测试序列的反转序列。

步骤 3：根据 R_1 与 R_2 的每一列结果，并根据前文所述的规则推理步骤，可以得到如表 5.9 所示的结果。

表 5.9 故障诊断规则表

	R_1 元素	R_2 元素
正常状态	0/1	≥1
未知状态	0	0
怀疑/故障状态	1	0

通过表格规则，查表之后可得，故障 2 和故障 5 未发生，故障 1、故障 3 及故障 4 可

能发生。

对于具备相关性、层次性、不确定性等特点的故障关系，图模型以其直观的表达方式，以及对精确的解析模型弱依赖，能够清晰地描述故障传播路径和解释，因此在航空航天、大型工程机械等领域的故障诊断中应用广泛。例如，故障树作为倒立树状逻辑因果关系图，具有逻辑关系清晰的特点，在可靠性分析、故障诊断中应用广泛；多信号流图源于 NASA 提出的功能故障建模理念及美国 QSI 公司的具体工程实践利用测点与系统组件故障、故障间传播关系，构建系统内部信号传递模型；键合图模型是描述被测对象多能域守恒转化过程的简单、规范的建模方法，通过系统能量传递分析和描述系统动态行为，提供系统结构、功能、特性和元素间关系的信息。

本节以多信号流图为例进行说明。多信号流图是一种分层建模思想，可以直接描述故障模式对其他模块影响的传播途径。多信号流图是一种以节点代表系统变量，以分支（边或弧）代表"节点-节点"的功能级联关系的有向图，它通过识别系统中各个组件的信号属性和各个测试能检测到的信号，在两者之间建立因果关系。多信号流图的构成包括如下内容。

（1）系统构成元件（Component）集合 $C = \{c_1, c_2, \cdots, c_L\}$，与系统相关的独立信号（Signal）集合 $S = \{s_1, s_2, \cdots, s_K\}$，以及每个元件 c_i 对应的一组信号 $S_C(c_i)$。

（2）n 维有限测试（Test）集合 $T = \{t_1, t_2, \cdots, t_n\}$，以及每个测试 t_j 检测的一组信号 $S_T(t_j)$。

（3）p 维测试点（Test Point）集合 $TP = \{tp_1, tp_2, \cdots, tp_p\}$，以及每个测试点 tp_i 对应的一组测试集 $S_{TP}(tp_i)$。

（4）有向图（Directive Graph）$DG = \{C, TP, E\}$，其中有向图的边 E 代表系统的物理连接，描述的是故障、失效的传播关系。

在多信号流图中，一般有 6 类组成单元，包括模块节点、分系统节点、测试节点、与节点、开关节点及连接线，如表 5.10 所示。

表 5.10 多信号流图组成单元信息

组成单元	说明
模块节点	对于每个故障模式，在模型中为基本单元，可表征各类特征时间（如平均失效时间、平均维修时间）及维修成本
分系统节点	用于实现系统的多层次建模，相当于内部有另一个多信号流图模型
测试节点	表示测量执行位置，可在其中定义该节点想检测的信号
与节点	特殊节点，反映系统所含的冗余性，类似电路中的串联。例如，若已知在 z 节点被影响时，x 和 y 一定失效，则必须使用与节点来连接 x、y 和 z
开关节点	通过它的位置控制可表示不同运行模式下的系统所呈现的各种状态。因此它是完成多模式建模的关键节点。另外，它还可以建立相应的动态特征及模型的交互性
连接线	表示信号的流向

多信号流图的一般建模步骤如下。

（1）输入结构模型、原理图或概念方框图。

（2）将信号加入模块或测试中，根据系统的结构和功能，确定每个模块或测点应该包含的信号集。例如，一个简单的功率放大器应该包含输出失真、协调失真、输出功率等，每个指标用一个信号来指示。

（3）为一些特殊的情形修正模型。

如果系统含有冗余，那么测试节点与故障节点共同组成冗余模块；如果系统包含不同的运行模式，那么采用开关节点对其建模；如果系统包含可更换的集成电路，那么通过等效模型对其进行建模，简化的等效模型只需获得故障所需的依赖信息。

本节以起落架液压收放系统为例说明多信号流图的搭建过程。多信号流图的建立来源于对 FMECA 分析表的分析，具体如表 5.11 所示。从液压源部分来分析，引起这一现象的主要原因有：液压泵的泄漏，导致系统供压及流量不足；液压油受到污染，液压油滤在工作中发生堵塞，使得单位时间内通过油滤的流量降低；油箱油量不足，没有足够的流量供给到系统中。从执行机构部分来分析，主要是由泄漏、磨损、油液空气含量升高等原因导致作动筒不能收放到位。从控制部分来分析，起落架液压收放系统中各种阀门的开度过大或过小都会影响系统中正常的压力和流量状态，进而造成起落架收放发生延迟。

表 5.11 起落架液压收放系统故障模式分析表

所属分系统	产品或功能标识	故障模式	故障原因	故障检测方法
回油通道	回油油滤	油滤堵塞	回油油滤堵塞	油滤出口流量
		油滤污染	回油油滤污染	油滤出口流量
	回油单向阀	单向阀失效	阻尼孔堵塞	回油单向阀流量
		单向阀调节范围小	内泄漏严重	回油单向阀压力
		执行元件失稳	阀外泄漏	单向阀两端压差
供压通道	供油油滤	油滤堵塞	油滤堵塞	油滤出口流量
	液压泵	出油量不足	泵吸空严重	泵出口流量
		泵磨损	机械结构磨损	泵出口压力
		泵转速过低	泵转速过低	泵转速
		泵噪声大	油液中含有空气	泵工作分贝
		泵过热	内泄漏大或泵不正常磨损	泵工作温度
	供压单向阀	供压单向阀失效	阻尼孔堵塞	供压单向阀出口流量
		调节范围小	内泄漏严重	供压单向阀出口压力
		执行元件速度失稳	阀外泄漏	供压单向阀两端压差
	蓄压器	蓄压器失效	压力活门失效	蓄压器充气压力
	油箱	油箱油量不足	油箱泄漏	油箱油量
		空气含量过高	密闭性差或排气能力减弱	油液空气含量
		油液流动性低	杂质进入油箱，油液被污染	油液污染

续表

所属分系统	产品或功能标识	故障模式	故障原因	故障检测方法
收放通道	作动筒	活塞杆不动作	筒内泄漏或泵发生故障	作动筒速度
		作动筒速度低	负载过大或筒内泄漏严重	作动筒速度
		作动筒爬行	筒内空气含量过高	作动筒速度跳变
	接近电门	电量不符合规定值	电路故障	电门电量
	节流阀	节流作用减弱，可调节范围小	堵塞造成孔径减小，阀内泄漏严重或阀芯卡住	节流阀出口流量
		执行元件速度失稳	阻尼孔堵塞或节流阀外泄漏	节流阀两端压差

起落架液压收放系统多信号流图的构建过程遵照从系统功能到系统组件逐渐映射的原则，功能失效模型中每个模块都对应具体的底层多信号流图模型。

首先，从功能角度出发，起落架液压收放系统按照功能可划分为供压、收放和回油三个子功能，三个子功能之间存在交联关系。供压模块通过维持出口压力稳定，提供一定流量的油液，根据起落架电磁选择阀的收起/放下动作进行选择，驱动执行机构完成收放功能，之后油液经过回油模块再次回流至供压模块。依照三个子功能之间的交联关系，可首先建立系统功能的传递模型，如图 5.7 所示。

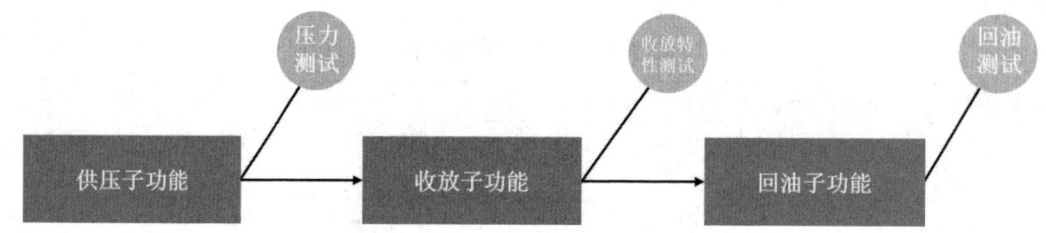

图 5.7 起落架液压收放功能传递图

其次，随着设计过程的推进，依照历史设计数据和专家经验，可以确定完成每个功能模块所需的具体组件。根据起落架液压收放系统层次结构图，结合故障分析表，即可建立系统级的多信号流图模型，模型中的供压通道、收放通道、回油通道分别对应完成供压、收放、回油三个子功能的具体实现。

起落架液压收放系统的定性诊断模型建立过程遵照本书所提出的系统功能到系统组件逐渐映射的原则。功能失效模型中每个模块都对应具体的底层多信号流图模型，通过功能到组件，组件到故障模式的映射关系，最终实现起落架液压收放系统的完整健康演化知识模型的建立。起落架液压收放系统级多信号流图如图 5.8 所示。

起落架液压收放系统多信号流图模型分为三层：系统-分系统-组件，分系统层和组件层的具体模型如图 5.9~图 5.14 所示。依照上述结构组成，以收放通道为例，对于这个分系统，其具体模型如图 5.9 所示，包括作动筒、收放控制组件、节流阀等。其中，作动筒、节流阀和收放控制组件又可以继续向下划分。同理，图 5.11~图 5.13 所示为起落架液压收放系统供压通道及其内部组件的多信号流图模型，图 5.14 和图 5.15 展示了回油通道的分系统级模型,及其内部安全阀、回油单向阀和油滤等组件的底层模型。

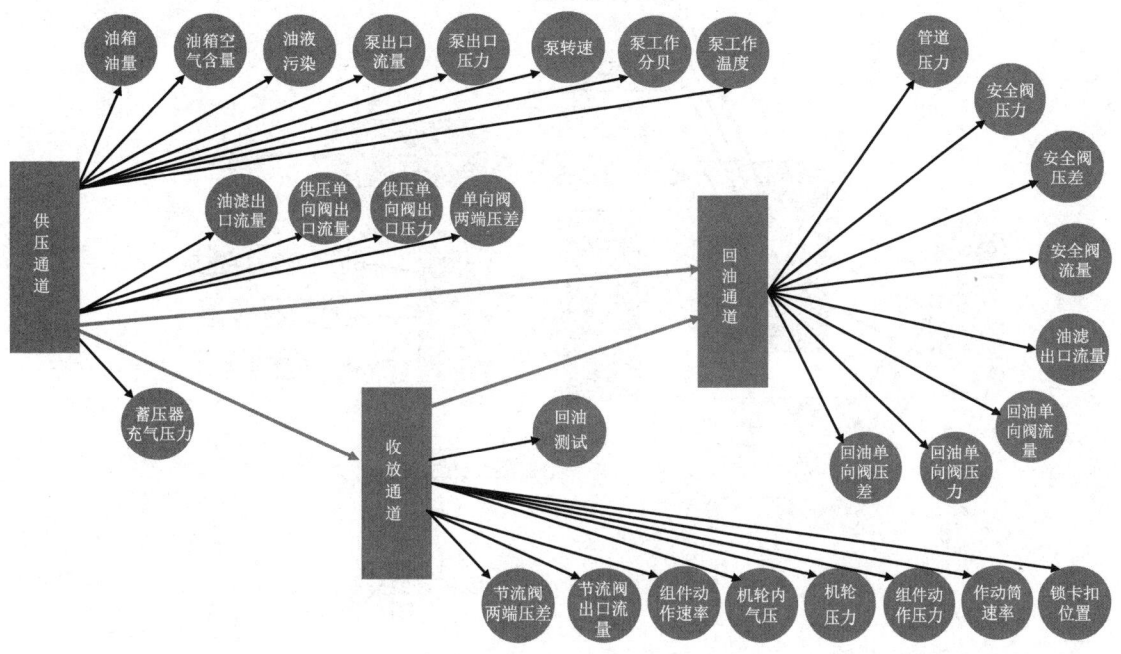

图 5.8　起落架液压收放系统级多信号流图

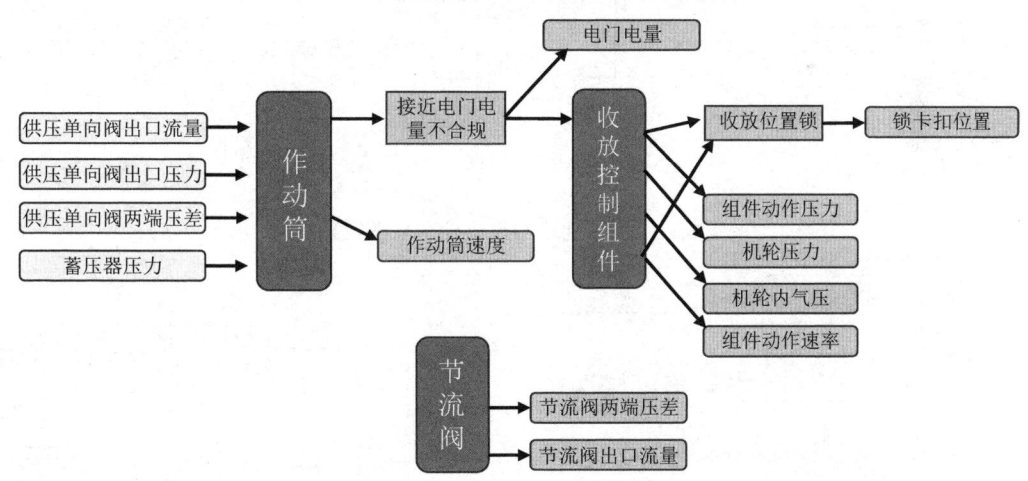

图 5.9　收放通道分系统多信号流图

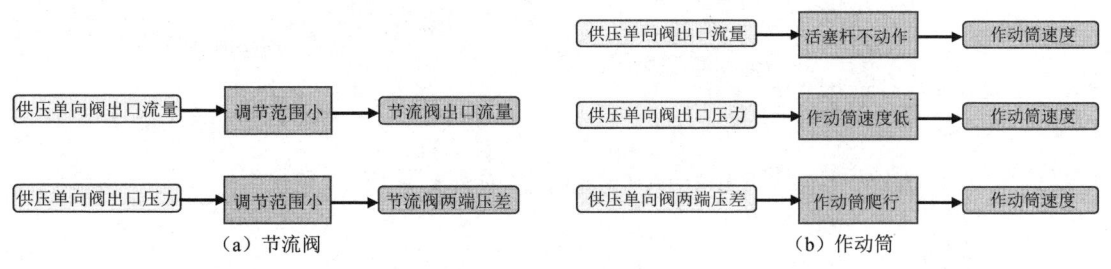

图 5.10　收放通道组件多信号流图

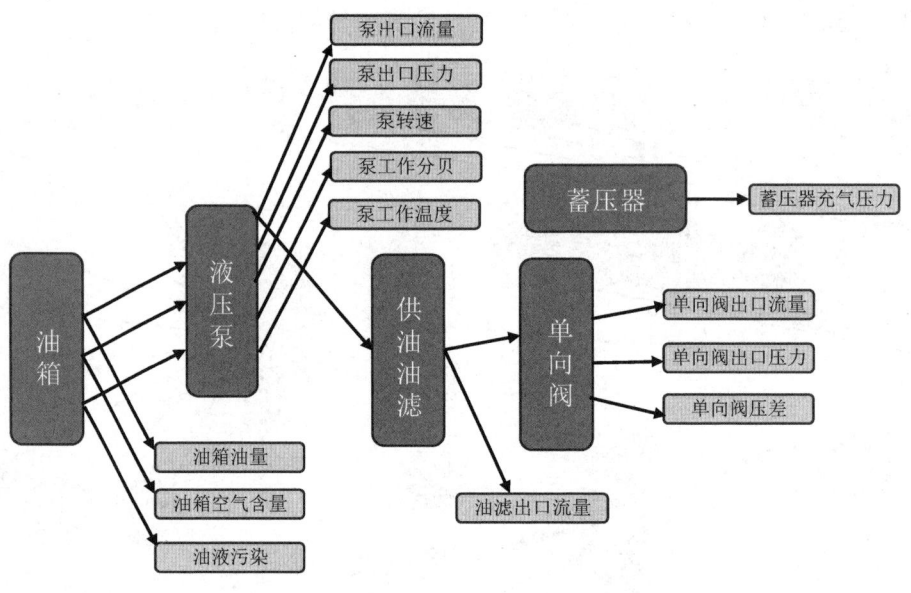

图 5.11 供压通道分系统多信号流图

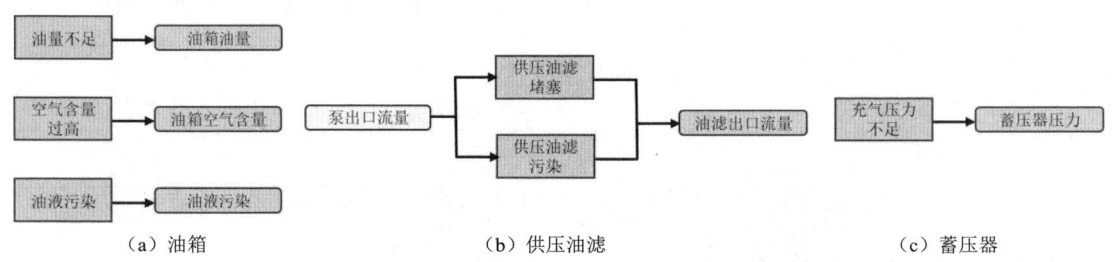

图 5.12 供压通道组件多信号流图(1)

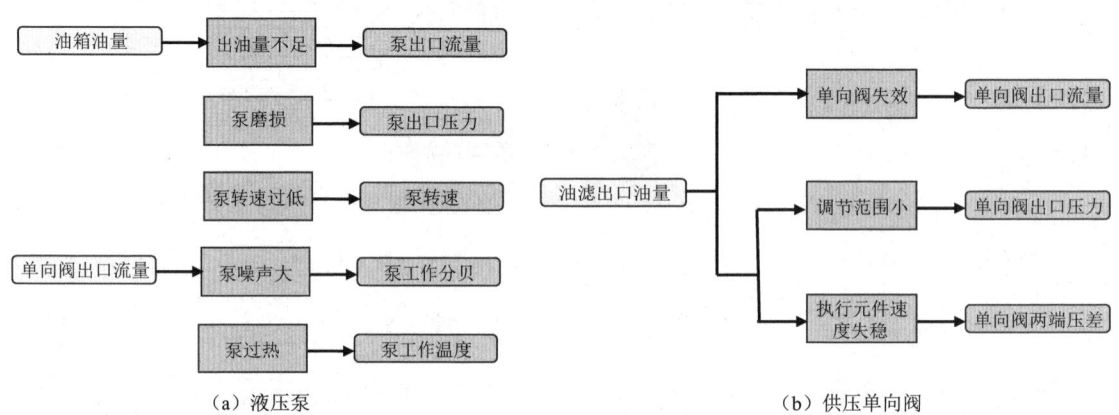

图 5.13 供压通道组件多信号流图(2)

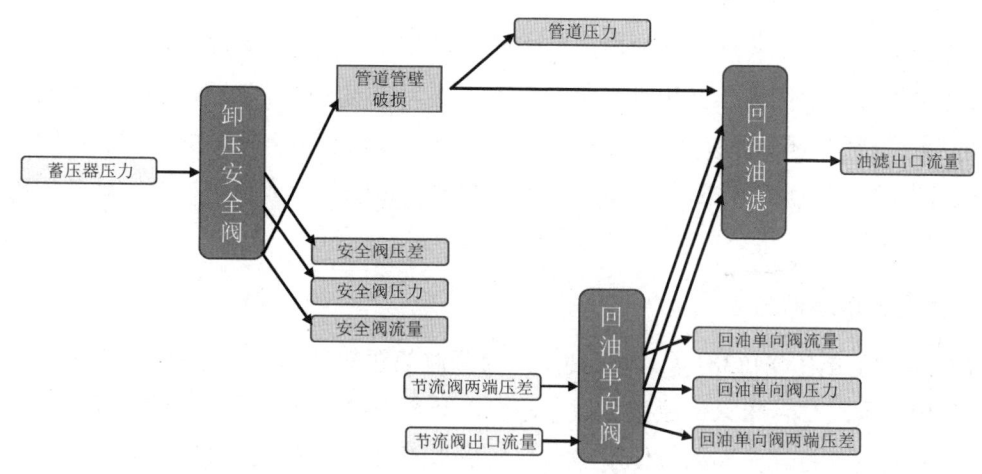

图 5.14 起落架回油通道分系统多信号流图

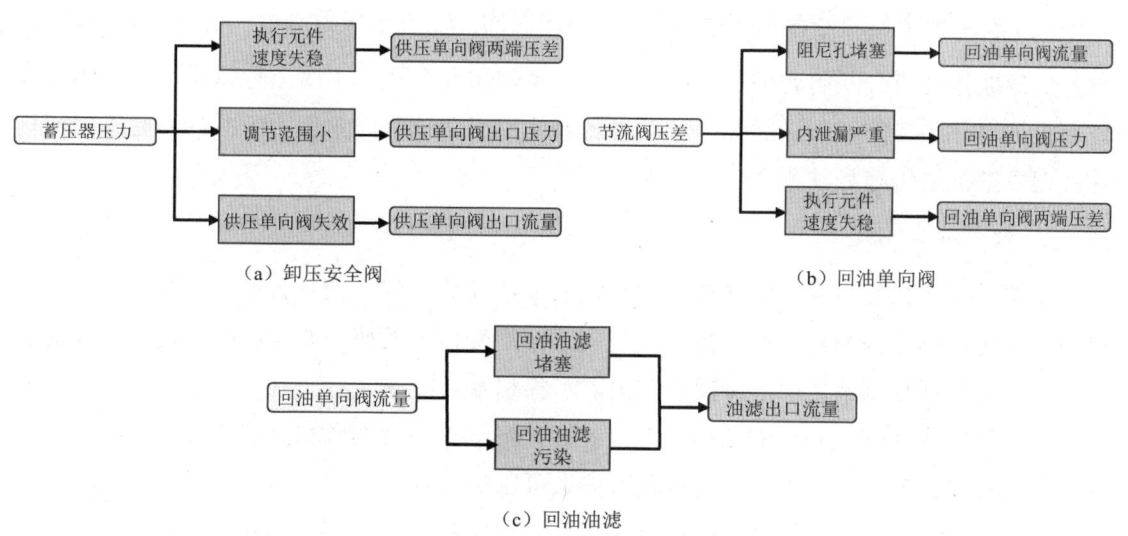

图 5.15 起落架回油通道组件多信号流图

本节已经提到，严格意义上的故障诊断是对异常检测结果（异常参数、异常偏差）的进一步凝练，定性地映射至特定故障模式和严重程度。因此，如何建立异常检测结果与故障模式之间的关系，是故障诊断主要发展和探讨的问题。前文介绍的基于专家知识和以多信号流图为代表的图模型，主要依赖从业人员自身对设备的了解程度，通过人工设计建立映射关系。这种方式费时费力，而且主观性很强，越来越难以适应复杂设备和灵活多变的工作环境。

人工智能技术的发展为故障诊断带来新的契机。其中，知识图谱、大模型在故障诊断中的应用具有极大的潜力。知识图谱本质上也是结构化的图模型，在自然语言处理技术的基础上，从已有的 FMECA 分析表、故障记录、维修手册等文本类提取与故障相关的核心信息，建立部件-参数-故障模式之间的复杂逻辑关系。知识图谱可以被看作模仿人对知识的学习过程，代替人工梳理专家知识，可解释性较高；大模型作为非结构化的知识表示方式，虽然并不像知识图谱一样相对透明，但因其强大的理解能力、泛化能力和生成能力，能够适应更广泛的故障诊断场景。当然，知识图谱与大模型双向驱动的模式能够同时充分发挥知识图谱的强可解释性和大模型的强理解能力，帮助从业人员更方便、高效地监测和隔离设备故障。

3．剩余使用寿命预测

根据国际标准 ISO:13381-1，剩余使用寿命预测问题的基本定义可做如下描述：基于给定失效阈值，通过估计未来健康指征退化趋势，获得系统到达失效状态的时间，并计算与预测时间的间隔，将其作为剩余使用寿命。其基本的数学描述方式可以定义为

$$T_R(t_p, h_{th}) = t\{h_{t+v} > h_{th}\} - t_p$$

式中，T_R 表示剩余使用寿命预测值；t_p 表示预测时间；h_{th} 表示失效阈值；h_{t+v} 表示未来 $t+v$ 时刻的健康指征值。从问题描述可以看出，剩余使用寿命预测本质上是建立、跟踪和推演健康指征退化趋势的过程。因此，可以将剩余使用寿命预测问题进一步拆分为健康指征构建及健康指征退化趋势预测两个子问题。

1）健康指征构建

理想的健康指征直观、定量地描述系统的健康演化过程，应具备退化特性，主要呈现单调性、时间相关性和稳健性等特点，是剩余使用寿命中的核心要素。因此，构建稳健、准确的健康指征是剩余使用寿命预测的关键步骤和重要前提。

健康指征构建的核心目的是利用系统能够采集到的传感器数据，建立某种映射关系，描述研究对象目前的健康程度，这种映射关系可以描述为

$$h_t = G(x_{t-N+1}, x_{t-N+2}, x_{t-N+3}, \cdots, x_{t-N+i}, \cdots, x_t)$$

式中，G 表示传感器数据与健康指征之间的映射模型（关系）；$X = \{x_{t-N+1}, x_{t-N+2}, x_{t-N+3}, \cdots, x_{t-N+i}, \cdots, x_t\}$ 表示接收到的传感器数据。按照人的先验知识参与程度，解决健康指征构建问题大致可以划分为两类思路。

第一类解决思路是专家系统，依靠专家知识选取合适的传感器数据或特征作为健康指征，此时映射关系 G 可由从业人员基于对研究对象退化特性的丰富经验，直接根据物理机理、专家经验设定。当研究对象的退化特性非常直观时，可以直接选取传感器数据作为健康指征。例如，铣削台的刀具裂痕、锂电池的充电容量直观地描述部件的健康程度，可以直接作为跟踪和推演的指标，用于剩余使用寿命预测；此外，依据专家知识从传感器数据中提取合适的基础特征或组合，也是该类解决思路的常用方式。例如，轴承退化中经常将振动信号的均方根特征作为健康指征。为方便读者选取合适的特征，本节列举常用的特征及其计算方式，以供参考。

第二类解决思路的本质是回归问题，利用传感器数据或低阶特征，通过建立合理的映射模型 G^*，在给定评价指标 $r(G)$ 的情况下不断优化模型结构或参数，以期望能够描述研究对象的健康状态或者满足剩余使用寿命预测的需求，该类问题的基本描述框架为

$$\theta^* = \mathrm{argmax}_\theta r\big(G(X);\theta\big)$$

式中，G 表示确定结构的映射函数；X 表示传感器数据和提取的低阶特征；θ 表示 G 的参数；$r(\cdot)$ 表示评价指标。

评价指标 $r(\cdot)$ 可以是单类指标或组合指标，与系统退化特性、研究资源（数据质量等）等都有关系。例如，当退化实验数据充足时，可以直接将剩余使用寿命作为评价指标，此时健康指征等效为剩余使用寿命值或者归一化值。此外，常用的评价指标还包括单调性和时间相关性。

单调性：

$$\mathrm{Mon}(H) = \left| \frac{\mathrm{No.\ of\ } \Delta h_t > 0}{T-1} - \frac{\mathrm{No.\ of\ } \Delta h_t < 0}{T-1} \right|$$

时间相关性：

$$\mathrm{Corr}(H,T) = \frac{\left| \sum_{t=1}^{T}(h_t - \bar{H})(t - \bar{T}) \right|}{\sqrt{\sum_{t=1}^{T}(h_t - \bar{H})^2 \sum_{t=1}^{T}(t - \bar{T})^2}}$$

在指标明确的基础上，健康指征构建的基本步骤如下。

（1）确定映射模型 G 的基本结构和传感器数据特征集 $X = \{x^1, x^2, x^3, \cdots, x^n\}$。

（2）定义奖励函数 $r(G(X);\theta)$，可以考虑系统的实际退化特性、数据质量等客观条件。

（3）递归计算每一步生成的健康指征 $H^{(i)}$，根据奖励函数动态调整映射模型参数 θ。

① 根据输入的传感器类型及特征集 X，在第 i 次迭代的 $G^{(i)}$ 中构建健康指征 $H^{(i)}$。

② 计算 $H^{(i)}$ 的奖励函数 $r(H^{(i)}) = r(G(X))$。

③ 按照设计的策略 π，更新 $\theta^{(i+1)} \leftarrow \theta^{(i)} : \pi$。

④ 若满足奖励函数的边界条件，则终止迭代；若不满足则转入下一次迭代。

健康指征构建的基本框架可以利用不同方法实现，具体可以分为监督学习和无监督学习两类思路，其核心区别在于奖励函数的设计。监督学习方法主要针对加速实验完整，退化数据充足的应用场景，利用训练数据及其对应的剩余使用寿命更新映射模型的参数 θ。该类方法得到的映射模型 G 也被称为端到端（End-to-End）模型，常作为深度学习模型应用的延伸。根据训练数据的特性差异，深度神经网络（DNN）、卷积神经网络（CNN）、递归神经网络（RNN）等深度学习模型都被用于健康指征构建中。例如，CNN 神经网络重点关注多参数和多特征间的内在空间关联性，而 RNN 类神经网络更关注数据序列的时间关联性。在该思路下，映射模型参数更新等价为神经网络内神经元的参数更新，奖励函数 $r(\cdot)$

作为损失函数的主体部分，利用 Adam 算法、SGD 算法、RMSProp 算法等优化策略即可更新参数。

无监督学习的健康指征构建方法也可称为启发式算法，其主要是利用健康指征的评价指标直接作为奖励函数，引导映射模型在参数空间中搜索合适的参数集合。该类构建方法的典型代表为遗传算法和神经网络。例如，在特征工程中，利用加权求和的方式将初阶特征线性组合为高阶特征，就可以利用遗传算法筛选合适的特征组合；深度神经网络可以被看作数据和特征更加非线性的组合方式，通过奖励函数 $r(\cdot)$ 更新深度神经网络，也是非线性组合权重调整的一种典型模式。

2）健康指征退化趋势预测

健康指征退化趋势预测的目的是通过推演未来健康指征的退化过程，确定健康指征到达阈值的时间，计算得到剩余使用寿命。剩余使用寿命预测的本质可以被看作回归问题和序列预测问题。

与健康指征构建方法类似，在加速寿命实验等情况中退化数据足够多的条件下，直接通过健康指征与健康程度的映射关系预测剩余使用寿命，该类问题的一般描述方法为

$$T_R = g(H)$$

该类方法的基本思路是利用数据训练建立端到端模型，建立健康指征与剩余使用寿命之间的映射关系。与健康指征构建方法相似，CNN、RNN 等深度学习模型都能够根据需求建立关系。

然而，并不是所有研究对象都可以利用加速实验寿命或等比例寿命实验获得完整的退化数据，因此在剩余使用寿命预测中，更朴素的方式是将寿命预测问题看作健康指征的序列预测问题，通过迭代跟踪并推演健康指征的演化趋势。该类问题可以利用数学公式描述为

$$\hat{h}_{t+1} = f(h_t, h_{t-1}, h_{t-2}, \cdots, h_1)$$

式中，$\hat{h}_{t+1}$ 表示未来健康指征的预测值；$h_t, h_{t-1}, h_{t-2}, \cdots, h_1$ 表示从时刻 1 到时刻 t 的所有健康指征的历史值。在预测健康指征的基础上，和前文描述的剩余使用寿命预测基本问题的数学描述相同，剩余使用寿命可以表示为

$$T_R(t_p, h_{\mathrm{th}}) = t\{h_{t+v} > h_{\mathrm{th}}\} - t_p$$

式中，T_R 表示剩余使用寿命预测值；t_p 表示预测时间；h_{th} 表示失效阈值；h_{t+v} 表示未来 $t+v$ 时刻的健康指征值。

因此，当将剩余使用寿命预测看作序列预测问题时，其基本流程可以描述为如下形式。

（1）确定预测模型 f，可以依据从业人员的经验、计算资源和部署环境等选择。

（2）依据预测模型 f 和历史健康指征 $h_t, h_{t-1}, h_{t-2}, \cdots, h_1$ 向前迭代，得到 $t+1$ 时刻的健康指征。

（3）判断未来时刻的健康指征是否穿越阈值边界 h_{th}。

① 若穿越，则第一个穿越时刻为寿命终结时刻，计算与预测时刻的距离，将其作为剩余使用寿命预测值。

② 若未穿越，则返回步骤（2）继续新的迭代。

在序列预测问题的步骤框架下，其关键在于预测模型 f 的设计。因此，从系统知识依赖程度的角度出发，预测模型主要划分为基于模型、基于知识和基于数据驱动三类。序列预测方法分类如图 5.16 所示。

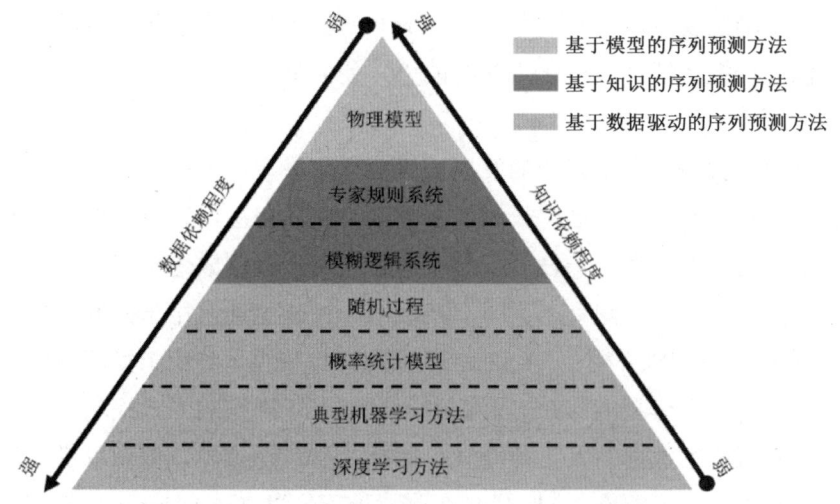

图 5.16　序列预测方法分类

基于模型的序列预测方法依据失效机理，从物理、化学反应角度，通过物理建模的方式抽象描述健康指征的退化过程，是准确度非常高的健康指征退化趋势预测方法。根据系统类型差异，常用的物理机理模型包括有界限模型、耐久模型、应力强度模型、反应速度论模型、最弱环（串联）模型、并联（筷子）模型、累积损伤（疲劳损伤）模型。该类方法常用于材料和部件的剩余使用寿命预测中，其优势在于机理清晰、计算准确，但需要积累复杂的物理机理，在缺乏完备知识的制约下难以建立完善的复杂系统机理模型，使用场景有限。

基于知识的序列预测方法对比基于模型的方法，可以缓解对复杂物理机理模型的依赖。基于知识的序列预测方法的核心在于通过定性知识建立规则和逻辑，采用推理手段定性划分健康指征的退化阶段，进而分阶段预测健康指征的退化趋势。按照知识的明晰程度，现有方法主要围绕专家规则系统和模糊逻辑系统建立知识体系。基于专家规则系统的预测方法以规则的表述方式，明确定义数据与健康指征退化阶段的映射关系。然而，该类方法由于非黑即白的确定性规则，难以准确描述数据与健康指征的映射关系。此外，模糊逻辑系统具有不确定性适应能力强的优势，弥补了专家规则系统确定性约束过强的缺陷，是目前基于知识的序列预测方法中主要的发展方向。总体来看，基于知识的序列预测方法具备结构简单、推理效率高的优势，适合粗粒度剩余使用寿命预测场景，但主观性强且难以形成完备的规则和逻辑，难以适应复杂系统。

基于数据驱动的序列预测方法通过挖掘数据规律弥补系统知识不足的缺陷，是现有剩余使用寿命预测的主流方向，在大数据和算力提升背景下展现出巨大潜力。数据驱动方法的核心思路是依靠数据挖掘健康指征的潜在退化规律，以缓解从业人员过多依赖系统知识的问题。例如，以 Wiener 过程、Gamma 过程和 Weibull 分布为代表的随机过程模型，用于描述具备先验知识的机械系统中应力、部件的磨损和老化过程；以概率统计理论为基础的 Markov 模型，结合实际数据持续更新概率模型参数，以概率分布的形式预测健康指征退化趋势，得到包含不确定度的剩余使用寿命；LSTM 等深度学习模型，具备高效率和高普适性地从数据中深度挖掘系统健康演化规律的能力，使大型复杂设备长期剩余使用寿命预测成为可能。

近年来，随着大数据及人工智能的发展，深度学习模型、大模型等技术逐步应用到剩余使用寿命预测的算法研究中，这些模型具备高效率和高普适性地从数据中深度挖掘系统健康演化规律的能力，使大型复杂设备长期剩余使用寿命预测成为可能。不同的深度学习模型在剩余使用寿命预测中的侧重点不同，例如，CNN 模型通常用于提取多传感器数据序列间的空间关联关系；RNN 类模型（LSTM 模型、GRU 模型）等用于提炼传感器时间序列中的时序关系；自编码器模型能够在无监督学习框架下以降维的方式提取深层特征。这些模型在单任务、有限模态数据的人工智能 1.0 时代得到广泛推广，但难以进一步适应多任务、海量多模态数据的人工智能 2.0 时代。在此背景下，以 Transformer 为基座的大模型成为当前剩余使用寿命预测算法的新研究热点和发展方向。PHM 行业大模型（L2 大模型）的建立，一方面能够同时处理多模态（时间序列、图像）工业现场数据和以运维工序、维修记录为代表的文本数据，具备强大的数据理解能力；另一方面，其灵活的交互能力也为 PHM 的多场景、多任务理解提供支撑。

5.3.3 运维决策支持算法

PHM 决策优化旨在充分利用 PHM 信息，在装备全寿命周期尺度上优化维修保障决策，以提高装备的任务执行能力、降低运维成本、保障装备安全性。然而，如何将 PHM 信息有效地应用于装备全寿命周期的维修保障决策优化中，是一个亟待解决的问题。从数学角度来看，这是一个复杂系统序贯决策优化问题，涉及装备状态空间、决策行动空间、状态转移概率、决策回报、PHM 观测信息等多个要素，目标是寻找一个最优的维修保障决策策略，在满足任务需求和资源约束的前提下，最大化装备的任务执行能力和保障效益。具体来说，PHM 决策优化问题可以用如下的马尔可夫决策过程（MDP）六元组 (S, A, T, R, O, Z) 来刻画。

(1) 状态空间 S：表示装备的健康状态，可用基于退化模型估计的剩余使用寿命、部件退化水平等指标来表征，还需要考虑装备所处的任务状态（如任务类型、优先级、完成进度等）及维修资源的状态（如备件库存、维修能力等）。

（2）行动空间 A：表示针对装备的可选维修保障决策，如预防性维修、机会性维修、故障修复、备件采购、任务分配等不同的决策行动会影响装备后续的健康状态演化和任务执行能力。

（3）状态转移函数 $T(s'|s,a)$：表示在状态 s 下采取行动 a 后，装备转移到下一状态 s' 的概率状态转移受到装备自身退化规律、环境应力、维修效果等因素的影响。

（4）奖励函数 $R(s,a)$：表示在状态 s 下采取行动 a 获得的即时回报，可用装备任务完成情况、维修成本等指标来定义。

（5）观测空间 O：表示 PHM 系统输出的状态监测、故障诊断和寿命预测等信息，是支持维修决策的重要依据。

（6）观测概率 $Z(o|s)$：表示在状态 s 下获得某个 PHM 观测值 o 的概率，反映了 PHM 信息的不确定性。

PHM 决策优化的目标是寻找一个最优策略 $\pi^*: S \rightarrow A$，使得装备在整个寿命周期内获得的累积期望回报最大化：

$$\pi^* = \arg\max_{\pi} E\left[\sum_{t=0}^{\infty} \gamma^t R(s_t, \pi(s_t)) | s_0\right]$$

式中，$\gamma \in [0,1]$ 为折扣因子。求解这个问题需要考虑装备全寿命周期内状态空间和行动空间的演化，平衡短期收益和长期收益，在一定时间长度内连续做出一系列决策，权衡不同决策目标（如短期或临时任务、使用可用度、长期保障效益等）之间的矛盾，因此是一个典型的序贯决策优化问题[52]。

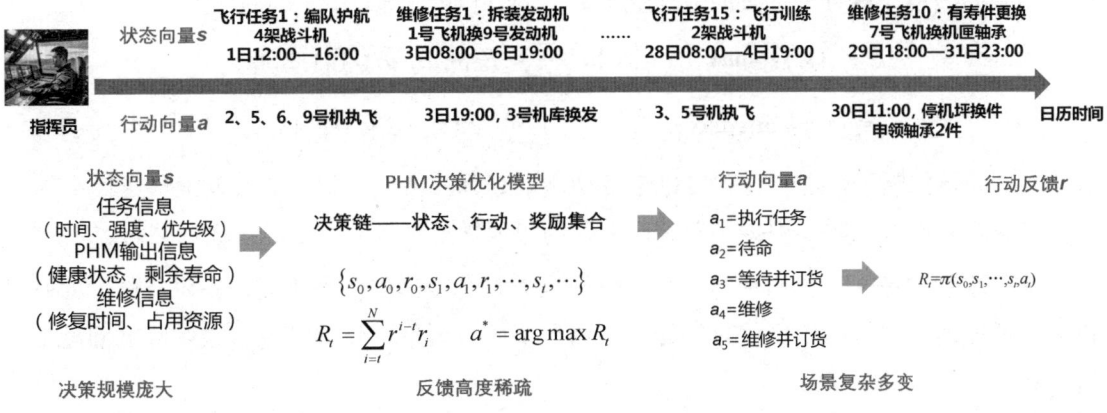

图 5.17 基于 PHM 信息的运维决策优化问题示意图

这个问题可以用基于 MDP 的序贯决策优化模型来刻画其数学本质，但在实际求解时仍面临状态空间爆炸、环境不确定性、目标多样性、知识经验依赖等诸多挑战，需要运用动态规划、强化学习、启发式搜索、多目标优化等方法,并充分利用领域知识,开发针对性的高效求解算法。

在求解 PHM 决策优化问题时,我们面临着三个典型的难点。

(1) 状态空间爆炸:状态变量 $s \in S$ 的维度极高,包含装备健康状态、任务状态和资源状态等多个方面,导致状态空间呈指数级增长。

(2) 环境不确定性:状态转移概率 $T(s'|s,a)$ 和观测概率 $Z(o|s)$ 难以准确获得,环境存在很多不可控的随机因素,如环境应力、人为操作等。

(3) 奖励稀疏性:决策的即时回报 $R(s,a)$ 与长期回报之间存在复杂的耦合关系,大部分决策的影响需要在未来很长一段时间后才能体现出来,导致优化目标难以定义。

针对 PHM 决策优化中的上述挑战,我们可以根据装备未来任务需求的确定性,提出两种不同的求解思路。当装备的未来任务相对确定时,可以将 PHM 决策问题建模为一个多阶段规划问题,使用动态规划方法求解。假设一共有 T 个决策阶段,每个阶段的状态为 s_t,决策为 a_t,观测为 o_t,奖励为 r_t。我们的目标是最大化总期望奖励:

$$\max_{\pi E} \left[\sum_{t=1}^{T} r_t | \pi \right]$$

式中,π 为决策策略,即状态到动作的映射。求解这个问题的一般流程如下。

(1) 离散化状态空间和行动空间,得到有限的状态集合 $\mathcal{S} = \{s_1, \cdots, s_N\}$ 和行动集合 $\mathcal{A} = \{a_1, \cdots, a_M\}$。

(2) 采样或仿真估计状态转移概率 $T(s'|s,a)$ 和观测概率 $Z(o|s)$,得到概率转移矩阵和观测矩阵。

(3) 定义阶段回报函数 $r_t(s_t, a_t)$,可以考虑任务完成情况、维修成本等因素。

(4) 递归地计算每个阶段的最优值函数 $V_t^*(s_t)$ 和最优策略 $\pi_t^*(s_t)$:

$$V_t^*(s_t) = \max_{a_t} \left\{ r_t(s_t, a_t) + \gamma \sum_{s_{t+1}} T(s_{t+1}|s_t, a_t) V_{t+1}^*(s_{t+1}) \right\}$$

$$\pi_t^*(s_t) = \arg\max_{a_t} \left\{ r_t(s_t, a_t) + \gamma \sum_{s_{t+1}} T(s_{t+1}|s_t, a_t) V_{t+1}^*(s_{t+1}) \right\}$$

式中,γ 为折扣因子,这个过程可以通过动态规划算法实现,如值迭代或策略迭代。

(5) 在实际决策时,根据当前状态 s_t,利用最优策略 $\pi_t^*(s_t)$ 选择最优行动 a_t^*。

需要注意的是,当状态空间和行动空间很大时,精确的动态规划是不可行的。此时可以采用近似动态规划、随机优化等方法,通过值函数近似、策略搜索等技术降低问题复杂度[53-54]。

当装备的未来任务具有较高的不确定性时,可以将 PHM 决策问题建模为一个连续状态、连续行动的马尔可夫决策过程,通过深度强化学习等数据驱动方法在线学习最优策略。以深度 Q 网络(DQN)为例,其核心思想是用深度神经网络 $Q_\theta(s,a)$ 来近似状态-行动值函数:

$$Q^*(s,a) = E\left[\sum_{t=0}^{\infty} \gamma^t r_t | s_0 = s, a_0 = a, \pi\right]$$

式中，θ 为网络参数。DQN 的训练流程如下。

（1）初始化 Q 网络参数 θ 和经验回放池 $\mathcal{D}$。

（2）在每个决策步骤 t，根据 ϵ 贪婪策略选择行动 a_t，即以 ϵ 的概率随机探索，否则选择 Q 值最大的行动。

（3）执行行动 a_t，观察下一状态 s_{t+1} 和即时奖励 r_t，将转移样本 (s_t, a_t, r_t, s_{t+1}) 存入经验回放池 $\mathcal{D}$。

（4）从 $\mathcal{D}$ 中随机采样一批转移样本 (s_t, a_t, r_t, s_{t+1})，计算 Q 学习目标。

（5）$y = r + \gamma \max_{a'} Q_{\theta^-}(s', a')$。

（6）其中 θ^- 为目标网络参数，用于提高训练稳定性。

（7）最小化 Q 网络预测 $Q_\theta(s,a)$ 与目标 y 之间的均方误差，更新参数 θ。

（8）定期将 θ^- 更新为 θ，重复步骤（2）～（5）直至收敛。

在实际决策时，根据当前状态 s_t，选择 Q 值最大的行动 $a_t^* = \arg\max_a Q_\theta(s_t, a)$。除了经典的 DQN 算法，近年来还出现了许多 DQN 的变种和改进算法。其中比较有代表性的包括 Double DQN、Dueling DQN、Prioritized Experience Replay、Distributional DQN 等。Double DQN 通过解耦动作选择和价值评估，减少了 Q 值的过高估计问题；Dueling DQN 将 Q 值分解为状态值函数和优势函数，提高了网络的学习效率；Prioritized Experience Replay 根据样本的 TD 误差大小来调整其采样概率，加速了训练过程；Distributional DQN 从分布的角度来刻画价值函数，捕捉了环境回报的随机性。这些变种在一定程度上改善了 DQN 的性能和稳定性。在 PHM 决策优化领域，上述 DQN 变种算法同样具有广阔的应用前景。相比于原始的 DQN，这些变种算法可以更高效、更准确地拟合装备健康状态与维修决策之间的映射关系，加速策略的收敛速度，提高策略的稳健性。例如，Double DQN 可以避免 PHM 系统对某些次优维修决策的过度偏好，Prioritized Experience Replay 可以优先利用对策略优化贡献更大的状态-决策样本，Distributional DQN 则能够建模装备退化过程和维修效果的不确定性。

综上，动态规划方法适用于未来任务相对确定的情况。它通过离散化状态空间和行动空间，估计状态转移概率和观测概率，递归地计算最优值函数和策略，最终得到近似最优解。这种方法的优点是可解释性强，能够利用领域知识引导搜索。但其局限性在于难以处理高维连续状态空间，且需要较为准确的环境模型。而深度强化学习则适用于任务不确定、环境动态变化的情况。它通过函数近似的方式，结合深度神经网络来表示值函数或策略，并通过与环境的交互试错来学习最优策略。这种方法的优点是可以处理复杂的非线性系统，不需要显式地建模环境动力学。但其局限性在于样本效率较低，难以应对稀疏奖励和长期规划问题,且解释性较差。这两类方法在实际应用中往往需要结合领域知识和问题结构,并在建模精度和计算效率之间进行权衡。

5.4 小结

本章节详细阐述了 PHM 工程研制的核心过程,从 PHM 对象的确认到系统框架构建,再到数据处理与算法设计,构成了一个完整的 PHM 系统开发流程。首先通过对系统部件的 EFMMEAC 分析,我们实现了 PHM 对象的精确确认。这一步骤至关重要,它不仅帮助我们识别了关键故障模式,还为后续的监测策略制定提供了重要依据。其次,系统测试性模型的构建与优化是 PHM 工程研制的关键环节。通过建立精确的系统测试性模型,我们能够评估系统的可测试性,优化传感器布局,确保获取足够的监测数据。这一步骤不仅确保了 PHM 系统的数据采集能力,也是后续装备维持一个合理经济的传感器网络的基础。在 PHM 系统框架构建方面,我们详细讨论了硬件构成和软件架构设计。硬件方面,包括传感器网络、数据采集与传输总线及机载计算机等核心组件的选择与配置。软件架构设计则涵盖了系统的可扩展性、模块化和实时性等关键要素。这一整体框架设计为 PHM 系统的功能实现提供了必要的平台支持。最后,PHM 数据处理与算法设计是实现系统核心功能的关键,我们深入探讨了数据预处理、状态监测、故障诊断、寿命预测和运维决策支持等算法的理论基础和核心思想。这些算法的有效集成和应用,使 PHM 系统能够从海量数据中提取有价值的信息,实现监测、诊断、预测、决策的功能。

通过这一系列的研制过程,我们梳理清楚了如何构建一个全面、高效的 PHM 系统。然而,系统的研制并不是终点,而是新的起点,PHM 的综合验证工作是确保 PHM 系统能够在实际应用中发挥预期作用的关键。PHM 综合验证是贯穿整个研制过程的重要工作,其核心目标是确保 PHM 系统能够准确、可靠地执行其设计功能。在第 6 章将深入探讨 PHM 综合验证的方法论、技术路线和实施策略。我们将详细讨论 PHM 验证的阶段、层级和实施原则,以及在总体设计、工程研制、综合集成和试验、部署使用等阶段的验证方法。

第 6 章

PHM 综合验证

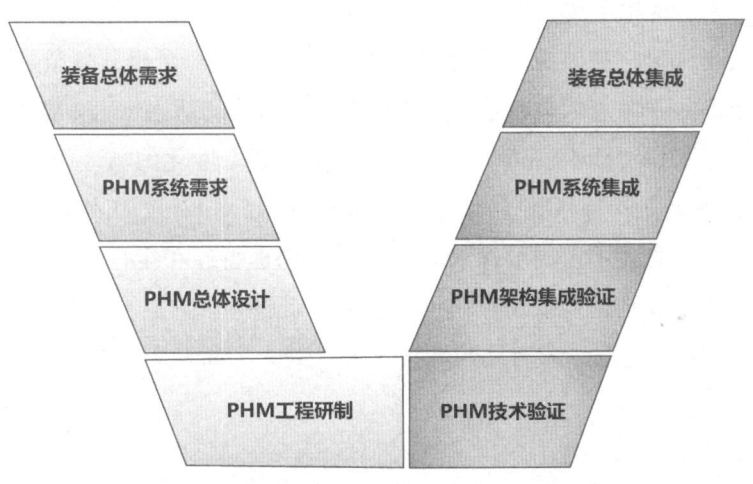

PHM 系统性能验证是指通过系统化的验证过程，评估 PHM 系统是否满足预期的功能和性能要求，从而为 PHM 系统的设计优化、功能完善和工程应用提供科学依据的活动。它贯穿 PHM 系统全寿命周期，包括总体设计、工程研制、综合集成和试验，以及部署使用等各个阶段。PHM 验证的核心是通过多种方法和手段，对 PHM 系统的状态监测、故障诊断、寿命预测、决策支持等关键功能进行全面评估，确保系统能够准确、及时地识别潜在故障，预测剩余使用寿命，并为维修决策提供有效支持。通过严格的验证过程，可以及时发现 PHM 系统在功能实现、性能指标、可靠性等方面存在的问题和不足，为系统改进和优化提供依据，最终确保 PHM 系统在实际工程环境中能够稳定可靠地运行，充分发挥其预测诊断和健康管理功能。

PHM 系统性能验证的主要目的和意义体现在如下方面。

（1）保证 PHM 系统的功能完整性和性能有效性。通过全面的验证过程，可以及时发现 PHM 系统在功能实现、性能指标、可靠性等方面存在的问题和不足，为系统改进和优化提供依据。

（2）降低PHM工程研制风险。性能验证可以在PHM系统正式部署和使用之前，发现并解决潜在的设计缺陷和性能隐患，有效降低研制风险和成本。

（3）提高PHM系统的工程应用效果。通过严格的验证过程，可以确保PHM系统在实际工程环境中能够稳定可靠地运行，充分发挥其预测诊断和健康管理功能。

（4）为PHM系统的持续改进提供依据。验证过程中获得的数据和结果，可以为PHM系统的迭代优化和功能拓展提供重要参考。

（5）增强用户对PHM系统的信心。系统化、规范化的性能验证过程及其结果，可以增强用户对PHM系统性能和可靠性的信心，促进PHM技术的推广应用。

本章阐述了PHM系统在其全寿命周期内进行验证与确认的流程框架，明确了在需求分析、设计与开发、使用与维护等各个阶段的具体内容与要求，对基于分析和评估的方法、仿真验证方法（全仿真和半实物仿真）、实验验证等不同类型、适用于不同场景和阶段的验证方法进行了系统讨论。需要指出的是，PHM综合验证是一个极其复杂且多样化的领域，涉及不同类型装备的独特需求与特性。本书着重于介绍一套适用于大多数装备的通用PHM验证方法，在实际工程实践中，每一种装备都可能需要个性化的验证策略。在很多工程实践中，PHM综合验证是一项很有挑战性，且完成质量普遍不高的工作，原因在于验证过程的烦琐与资源密集。验证不仅需要深入理解装备的物理特性和运行原理，还需要具备先进的数据分析能力，以及构建复杂仿真模型的技术。此外，验证工作往往要求在装备的整个寿命周期内持续进行，这意味着需要长期投入大量的人力和财力资源，以确保验证的深度、广度和时效性。

6.1 PHM验证框架设计

PHM验证框架的设计目的是通过系统化的方法和步骤，通盘考虑全寿命周期的验证工作，提出系统化的验证工作安排，全面覆盖各个阶段和层级的验证需求，在时间、经费、资源等要素的限制下高效完成所有验证工作。PHM验证框架的设计可从装备研制的阶段维度和装备组成的层级维度两个方面展开，结合装备的具体特点，规划整个验证工作，如表6.1所示。阶段维度是指从需求分析开始，经过设计、开发、集成测试、系统测试直到最终的运行验证，每个阶段都应当有明确的验证目标和相应的验证方法。层级维度则涵盖了从装备系统级到分系统级，再到具体部件级的不同层次，确保在每个层次上，PHM系统都能够满足特定的性能指标。在本章后续章节中，作者会按照PHM验证的阶段维度进行展开描述，在每个阶段中对各个层级的验证要点进行逐一说明。

表 6.1　PHM 验证总体框架

项目	装备系统级	分系统级	部件级
总体设计阶段	PHM 系统架构功能、逻辑、物理组成	分系统 PHM 功能分配	—
	专家评审、仿真验证	专家评审、仿真验证	—
工程研制阶段	—	PHM 各功能模块性能系统测试性模型验证	FMECA 验证 失效机理验证 诊断、预测算法性能验证
	—	试验台验证 半实物仿真验证	仿真实验验证 加速寿命实验验证
综合集成和试验阶段	跨分系统功能集成验证、接口兼容性验证		
	综合实验台验证、试运行验证		
部署使用阶段	PHM 系统实际性能评估、使用反馈、PHM 系统与装备运维效益的协同验证		
	PHM 使用全历程数据集构建、基于长期运维数据的验证		

6.1.1　PHM 验证的阶段维度

从阶段维度来看，PHM 系统性能验证主要包括总体设计、工程研制、综合集成和试验，以及部署使用 4 个主要阶段。在总体设计阶段，验证工作主要聚焦于 PHM 系统架构和功能设计的合理性评估。这一阶段的核心任务是确保 PHM 系统的整体框架设计能够满足装备健康管理的需求，并与装备其他系统实现良好的集成，验证方法主要包括需求分析、功能分解、架构评审等。例如，对于某型航空发动机 PHM 系统，在总体设计阶段需要验证其是否覆盖了发动机的所有关键部件和系统，包括压气机、燃烧室、涡轮等；是否考虑了发动机所有可能的工作状态和故障模式；PHM 系统的数据采集、处理、诊断和预测等功能模块划分是否合理等。

工程研制阶段侧重于 PHM 各功能模块的单项验证，包括数据采集、故障诊断、健康评估和寿命预测等核心功能的性能验证。这一阶段需要通过仿真、试验台测试等方法，对 PHM 系统的各项功能和性能指标进行逐一验证。以某型飞机结构健康监测系统为例，在研制阶段需要验证其传感器网络的数据采集能力、信号处理算法的抗噪声性能、损伤识别算法的准确率、剩余使用寿命预测模型的精度等。通常采用的方法包括传感器性能测试、信号处理算法仿真、损伤样本库测试、加速寿命试验等。

综合集成和试验阶段重点关注 PHM 系统与装备其他系统的集成验证，以及在实际或模拟环境下的整体性能验证。这一阶段需要验证 PHM 系统在装备实际工作环境中的功能实现情况，以及与其他系统的接口兼容性和数据交互的有效性。例如，对于某型飞机的健康管理系统，需要在实机或试验机环境下验证其与动力系统、武器系统、通信导航系统等的数据交互是否正常，PHM 系统的告警信息是否能准确传递到相关空/地勤人员，以及在各种工作场景下 PHM 系统的工作稳定性等。

部署使用阶段则持续收集 PHM 系统的实际运行数据，对其长期性能和效果进行评估和优化。这一阶段的验证工作具有长期性和动态性，需要建立完善的数据收集和分析机制，持续评估 PHM 系统的实际效果。例如，对于某型装甲车辆 PHM 系统，需要在实际使用过程中长期跟踪其故障预警的准确率、维修决策支持的有效性、对车辆可用度的提升效果等，并根据实际运行效果不断优化 PHM 系统的算法模型和决策规则。

6.1.2 PHM 验证的层级维度

从层级维度来看，PHM 综合验证涵盖装备系统、分系统和部件三个层级，形成一个自上而下、相互关联的验证体系。

在装备系统层级，验证工作主要关注 PHM 系统对整机健康状态的评估能力和对维修决策的支持效果。这一层级的验证需要从整体角度评估 PHM 系统的性能，包括对装备整体运维效率的提升效果，以及对装备全寿命周期成本的影响等。例如，对于某型军用无人机系统，系统层级的 PHM 验证需要评估其是否能准确反映无人机的整体健康状态，是否能有效支持任务规划和维修决策，以及对无人机系统可用度和保障效率的提升程度等。

分系统层级的验证侧重于 PHM 对各主要分系统（如动力系统、航电系统、武器系统等）的监测和诊断能力。这一层级需要验证 PHM 系统是否能准确识别和定位各分系统的故障，是否能对分系统的性能退化趋势进行有效评估和预测。以某型战斗机 PHM 系统为例，在分系统层级需要验证其对发动机系统、飞控系统、雷达系统等关键分系统的健康监测能力，包括故障检测率、虚警率、故障定位精度、性能退化趋势预测准确度等指标。验证方法可能包括分系统级故障注入试验、历史数据回放分析、半实物仿真测试等。

部件层级则聚焦于关键部件的故障模式识别、退化趋势分析和剩余使用寿命预测的准确性验证。这一层级的验证通常针对装备中的关键功能部件或易损件，需要深入到具体的失效机理和退化过程。例如，对于某型直升机传动系统 PHM，部件层级的验证可能包括对齿轮、轴承、轴等关键零件的故障特征提取能力、不同损伤程度下的识别准确率、剩余使用寿命预测精度等。验证方法可能涉及部件级加速寿命试验、振动信号分析、油液监测数据分析等专业技术。

这三个层级的验证工作相互关联，形成一个完整的 PHM 综合验证体系。部件层级的验证为分系统层级提供基础，分系统层级的验证结果又支撑了系统层级的整体评估。例如，在某型坦克 PHM 系统的验证过程中，首先在部件层级验证对发动机气缸、履带等关键部件的监测能力，然后在分系统层级验证对动力系统、悬挂系统等的诊断和预测性能，最后在系统层级评估 PHM 对坦克整体作战能力和保障效率的提升效果。这种多层级的验证方法能够全面评估 PHM 系统的性能，确保其在不同层面都能发挥应有的作用。

6.1.3 PHM 验证的实施原则

考虑到 PHM 系统本身的复杂性和其验证工作的特点，基于作者在航空领域长期的系统工程实践经验，并借鉴 ARP4754、ARP6887 等航空标准中关于系统验证的核心理念，提出 PHM 综合验证的 4 项实施原则：全面覆盖、重点突出、分级实施、持续优化[55-56]。

全面覆盖是指验证工作需要涵盖 PHM 系统的所有功能模块和性能指标，确保没有遗漏和盲点。这要求建立一个系统化的验证矩阵，将 PHM 系统的每个功能和性能指标与相应的验证方法一一对应。例如，对于某型舰载机 PHM 系统，验证矩阵需要覆盖从传感器数据采集、信号处理、特征提取、故障诊断、健康评估到寿命预测的全过程，以及系统的实时性、可靠性、可维护性等各项性能指标。

重点突出是指针对不同阶段和层级的特点，有针对性地设计验证方案，突出关键环节和核心指标的验证。这要求对 PHM 系统的功能重要性和风险程度进行分析，将有限的验证资源集中在最关键的部分。例如，对于某型导弹 PHM 系统，可能需要重点验证其对制导系统和发动机系统的监测能力，而对某些辅助系统的监测可以适当简化验证过程。

分级实施则是根据装备的复杂程度和 PHM 系统的成熟度，采用不同的验证策略和方法。对于复杂度高、风险大的 PHM 系统，可能需要采用更严格、更全面的验证方法，如硬件在环仿真、全尺寸试验等；而对于相对简单或已有成熟应用经验的 PHM 系统，可以采用更高效的验证方法，如软件仿真、抽样测试等。例如，对于首次应用的新型 PHM 技术，可能需要进行更详细的验证，包括算法的数学验证、大量的仿真测试、实际环境下的长期试验等；而对于已在多个型号上应用的成熟 PHM 技术，可以更多地依赖历史数据分析和有限的实测验证。

持续优化是指 PHM 综合验证不应是一次性的工作，而应该建立一个长期的验证和优化机制。这要求在装备的全寿命周期内，持续收集 PHM 系统的运行数据，定期评估其性能，并根据实际效果不断优化 PHM 算法和模型。例如，某型预警机 PHM 系统在服役后，可以建立一个定期评估机制，每隔一段时间对 PHM 系统的各项性能指标进行评估，包括故障预测准确率、维修建议的有效性、对飞机可用度的提升效果等，并根据评估结果对 PHM 系统进行必要的调整和优化。

6.2 总体设计阶段验证

总体设计阶段是 PHM 系统开发的第一个环节，在此阶段进行全面、系统的验证，可以及早发现设计中存在的问题和缺陷，为后续的详细设计和实施奠定坚实基础。总体设计阶段验证的主要对象是装备系统层级，目的是确保 PHM 系统的整体架构设计能够满足装备健康管理的需求，并与装备其他系统实现良好的集成。通过验证评估 PHM 系统初始设计方案的科学性、合理性和可行性，识别其中的风险点并提出规避措施。

6.2.1 PHM 系统架构验证

系统架构作为 PHM 系统设计的核心，包括功能架构、逻辑架构和物理架构三个密切相关的方面。架构验证的主要目的是评估 PHM 系统的整体结构是否满足预期的功能和性能要求，是否具备良好的可扩展性和可维护性，以及是否能够与装备的其他系统实现有效集成。本节将重点介绍 PHM 功能、逻辑与物理架构验证的方法和主要流程。

功能与逻辑架构验证是 PHM 系统架构验证的首要任务，其核心是确保系统功能的完整性、合理性和可实现性。这一过程主要包括三个方面：验证功能模块划分的合理性、评估功能模块之间的接口和数据流，以及验证功能架构是否覆盖了所有关键需求。

1）验证功能模块划分的合理性

功能模块划分的合理性直接影响 PHM 系统的整体性能和可维护性。验证过程主要包括如下几个方面。

（1）功能完整性验证：确保所有必要的 PHM 功能都被纳入系统架构中，包括但不限于数据采集、信号处理、特征提取、健康状态评估、故障诊断、寿命预测等核心功能。验证人员需要对照系统需求文档，逐一核实每个功能是否都有相应的模块负责实现。

（2）功能独立性验证：评估各功能模块之间的耦合度，确保每个模块都具有相对独立的功能，避免出现功能重叠或职责不清的情况。这有助于提高系统的可维护性和可扩展性。验证人员可以通过构建功能依赖图，分析模块间的关系，识别潜在的高耦合区域。例如，确保状态监测模块和数据传输模块能够独立、同时运行，但又能共享必要的数据和结果。

（3）功能粒度合理性验证：检查功能模块的划分粒度是否适当。过细的划分可能导致增加系统复杂度，而过粗的划分则可能影响系统的灵活性。验证人员需要结合系统规模、复杂度和未来扩展需求，评估当前的功能划分是否合理。例如，对于复杂的发动机 PHM，可能需要将故障诊断功能细分为多个子模块，如振动分析、油液分析、性能参数分析等；而对于较简单的机电执行器 PHM，可能只需要一个综合的故障诊断模块即可。

（4）功能层次结构验证：检查功能模块的层次结构是否清晰合理。一个良好的层次结构有助于系统的理解和管理。验证人员可以通过绘制功能层次图，分析各层次间的关系是否符合逻辑，是否存在不合理的跨层调用。例如，确保装备状态数据采集和数据预处理位于底层，特征提取和故障诊断位于中层，而健康评估和决策支持位于顶层，形成一个清晰的 PHM 功能层次结构。

2）评估功能模块之间的接口和数据流

功能模块间的接口和数据流是确保 PHM 系统各部分协调工作的关键。这一验证过程主要包括如下几个方面。

（1）接口定义完整性验证：检查 PHM 系统每个功能模块的输入和输出接口是否明确定

义，包括数据类型、格式、单位等。验证人员需要审查接口文档，确保所有接口都有详细的说明，避免出现模糊不清或遗漏的情况。例如，检查故障诊断模块的输入接口是否明确定义了所需的特征向量格式，输出接口是否明确定义了故障类型、置信度等信息。

（2）数据流一致性验证：分析 PHM 系统中的数据流向，确保数据在各模块间的传递是连贯和一致的。验证人员可以通过绘制数据流图，追踪关键数据从产生到最终使用的整个过程，检查是否存在数据断点或冗余传输。例如，追踪振动传感器数据从采集、预处理、特征提取到故障诊断的完整流程，确保数据格式和内容在各个环节保持一致。

（3）接口兼容性验证：评估 PHM 不同功能模块间接口的兼容性，特别是在涉及不同开发团队或第三方组件时。验证人员需要检查接口参数的一致性，确保数据格式、精度等方面的要求能够得到满足。例如，确保寿命预测模块能够正确解析和使用数据预处理模块输出的状态信息和健康指标。

（4）数据流效率验证：分析 PHM 系统数据流的效率，识别潜在的性能瓶颈。验证人员可以通过模拟或原型测试，评估大数据量情况下系统的响应性能，确保数据流设计能够满足实时性要求。例如，评估在高频采样率下，系统是否能够及时处理和分析来自多个传感器的数据流，而不会造成数据分析响应时间过慢，或数据积压/丢失。

（5）错误处理和异常情况验证：检查 PHM 系统在面对异常数据或接口故障时的处理机制。验证人员需要审查错误处理策略，确保系统具备足够的稳健性，能够优雅地处理各种异常情况。例如，验证系统在传感器失效、数据传输中断或算法异常等情况下的响应机制，确保系统能够及时报告异常并采取适当的降级措施。

3）验证功能架构是否覆盖了所有关键需求

确保功能架构全面覆盖系统需求是架构验证的重要环节，这一过程主要包括如下几个方面。

（1）需求追溯性验证：建立 PHM 功能架构与系统需求之间的映射关系，确保每个关键需求都有相应的功能模块负责实现。验证人员需要构建需求追溯矩阵，明确每个需求与功能模块的对应关系。

（2）功能覆盖度分析：评估 PHM 功能架构对系统需求的覆盖程度，识别可能存在的功能缺失或冗余。验证人员可以通过统计分析，计算需求覆盖率，重点关注那些未被完全覆盖的需求。例如，检查所有规定的故障模式是否都能被当前的诊断算法覆盖，所有关键部件的剩余使用寿命是否都能被预测。

（3）关键性能指标（KPI）验证：检查 PHM 功能架构是否支持系统关键性能指标的实现。验证人员需要分析每个 KPI 所依赖的功能模块，综合运用专家经验评估当前架构是否能够满足性能要求。例如，验证功能架构是否能支持实现"故障诊断准确率不低于 80%""寿命预测误差不超过 10 飞行小时"等性能指标。

（4）运行模式和场景覆盖验证：评估 PHM 功能架构是否能够支持系统在各种运行模式和应用场景下的正常工作。验证人员可以通过构建典型场景，检查系统在不同条件下的工作流程，检查功能架构的适应性。例如，验证 PHM 系统的工作模式是否涵盖飞机起飞、巡航、着陆等不同飞行阶段，是否考虑适应不同的环境条件（如高温、高湿、强电磁冲击等）。

（5）未来扩展需求验证：考虑 PHM 系统的长期演化，评估功能架构是否具备足够的灵活性以适应未来可能的需求变化。验证人员需要结合行业发展趋势和技术路线图，分析架构的可扩展性。例如，评估当前架构是否能够方便地集成新的传感技术、诊断算法或人工智能技术，以应对未来的技术发展和需求变化。

6.2.2 专家评审验证

专家评审验证是 PHM 系统总体设计阶段的一项重要的验证方法，是对 PHM 系统设计方案进行全面评估的有效手段。它是指组织相关领域的专家，对 PHM 系统的总体设计方案、系统架构、功能模块划分等进行系统性的审查和评估，以确保设计方案的科学性、合理性和可行性。在 PHM 系统的总体设计阶段，由于系统的复杂性和创新性，许多设计决策和方案难以通过定量分析或仿真验证来完全评估其合理性。此时，依靠专家的知识和经验进行定性评估就显得尤为重要。专家评审通常采用结构化的方法，如德尔菲法，通过多轮的意见征集与反馈，最终形成对 PHM 系统设计的综合评判。

1. 专家评审的优势与作用

专家评审验证方法具有多方面的优势和好处。首先，它具有较强的灵活性和适应性，可以针对 PHM 系统设计中的各种复杂问题进行评估，不受具体技术细节的限制。其次，专家评审的成本相对较低，不需要搭建复杂的试验平台或开发详细的仿真模型，就可以对设计方案进行全面评估。再次，专家评审可以综合考虑技术、经济、管理等多方面因素，给出全面的评估意见，这是其他单一验证方法难以做到的。此外，专家评审可以充分利用专家的知识和经验，特别是在处理一些难以量化的设计决策时，专家的直觉和判断往往能够提供宝贵的参考意见。最后，通过组织不同背景的专家参与评审，可以从多个角度审视 PHM 系统设计，有助于发现潜在的问题和风险。

专家评审在 PHM 系统总体设计阶段的验证中发挥着重要作用。首先，它可以有效弥补其他验证方法的不足。在总体设计阶段，许多设计细节尚未确定，难以进行详细的定量分析或仿真验证，而专家评审可以基于经验对设计方案的合理性进行判断，尤其是在面对那些难以通过实验或仿真准确评估的非技术性因素时，如系统的人机交互界面设计、用户培训需求、维护策略的制定等。专家评审通过汇集不同领域专家的观点，能够从更广阔的视角审视系统设计，确保其在实际应用中的实用性和可接受性。其次，专家评审可以从宏观角度评估 PHM 系统的整体架构和功能划分是否合理，是否符合系统工程的原则。再次，专家评审促进了知识共享与创新，通过专家之间的互动，可以激发新的想法和解决方案，有助于克服设计中的盲点和固有偏见，有助于降低系统开发的风险，通过早期的专家介入，能够在设计阶段就发现并修正潜在的问题，避免后期昂贵的修改成本。最后，专家评审还有助于建立行业标准和最佳实践，通过专家评审过程中的讨论与共识，可以评估 PHM 系统的创新点和技术难点，判断其可行性和潜在价值，提炼出适用于同类系统的通用原则，为后续的 PHM 系统设计提供有价值的参考。

2．德尔菲法

德尔菲法（Delphi Method）是一种系统化的专家意见征询技术，通过多轮匿名问卷调查和反馈，以获得专家群体对特定问题的一致性意见。该方法最初由兰德公司（RAND Corporation）在 20 世纪 50 年代开发，旨在解决复杂问题和进行前瞻性预测。近年来，德尔菲法在多个领域得到广泛应用，包括技术预测、政策制定、医疗卫生和教育研究等。

德尔菲法的基本原理包括 5 个核心要素：匿名性、迭代反馈、统计分析、控制反馈和群体判断。匿名性确保专家通过问卷或在线平台进行交流，避免面对面讨论中可能出现的从众心理和权威影响，使专家能自由表达真实观点。迭代反馈是指采用多轮调查方式，每轮调查结束后向专家反馈汇总结果，促进意见收敛。统计分析则是结合定量和定性方法，客观反映专家意见的一致性水平，并提炼关键信息。控制反馈是指由组织者对专家意见进行汇总和提炼后再反馈，帮助专家聚焦关键问题。群体判断是基于集体智慧优于个体判断的假设，通过汇集多位专家的知识和经验，对复杂问题做出更准确的判断和预测。

德尔菲法通过这 5 个原理的有机结合，形成了一套科学合理、优势显著的专家评审方法。其主要优势在于能够有效消除专家之间的直接影响，保证每位专家意见的独立性和真实性；通过多轮迭代过程，不断凝聚专家共识，提高预测或决策的准确性；采用统计分析方法，既保证了结果的客观性，又能充分利用专家的定性判断；通过控制反馈，避免了信息过载，提高了评审效率；最终实现了对复杂问题的群体智慧决策。这种方法特别适用于缺乏精确数据、需要依靠专家判断的复杂问题，如技术预测、政策制定、建设方案评估等领域。它克服了传统面对面专家讨论中可能出现的弊端，如少数人主导讨论、从众心理等，同时又保留了集思广益的优点。德尔菲法的科学性和合理性还体现在它能够系统化、结构化地组织专家意见，通过严格的程序控制，最大限度地减少主观偏差，提高结果的可靠性和有效性，为解决复杂决策问题提供了一种兼具科学性和实用性的有效工具。

基于德尔菲法进行 PHM 总体设计方案评审的一般流程如图 6.1 所示。

1）确定评审目标和范围

明确界定 PHM 系统总体设计方案的评审目标，包括系统架构、功能模块划分、接口设计等关键方面。评审目标应具体、明确、可操作，如评估 PHM 系统架构是否合理、功能模块是否覆盖所有关键需求、接口设计是否满足系统集成需求等。

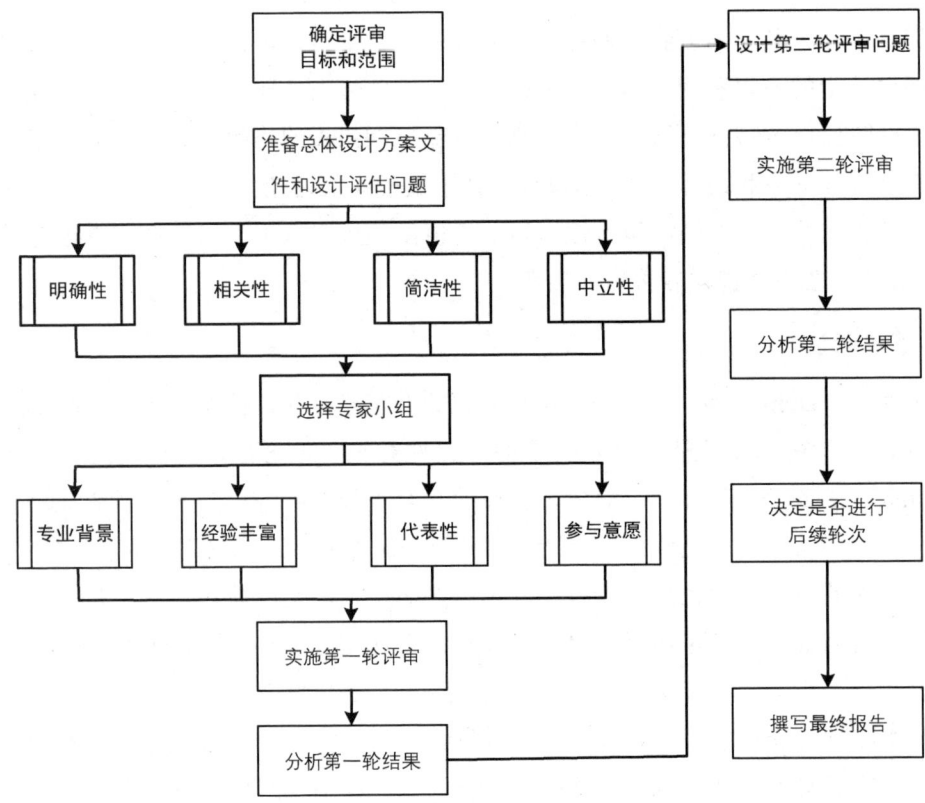

图 6.1　基于德尔菲法进行 PHM 总体设计方案评审的一般流程

2）准备总体设计方案文件和设计评估问题

整理 PHM 系统的总体设计方案文档，包括系统架构图、功能模块说明、接口定义等内容。同时设计评估问题，引导专家对总体设计方案的各个方面进行有效验证和评估。评估问题应涵盖 PHM 系统的核心功能，如故障检测、诊断、预测等能力的实现方案。问题设计应遵循以下原则。

（1）明确性：表述清晰，避免歧义。

（2）相关性：与研究目标密切相关。

（3）简洁性：避免冗长复杂的问题。

（4）中立性：避免诱导性语言。

3）选择专家小组

根据 PHM 系统的特点，选择在系统工程、健康管理、故障诊断、寿命预测等相关领域具有丰富经验的专家。确保专家组具有多样性和代表性，包括学术界、工业界和用户代表。专家人数通常为 10~50 人，取决于 PHM 系统的复杂程度和评审范围，选择标准如下。

（1）专业背景：与研究主题相关的领域专家。

（2）经验丰富：在相关领域有丰富的实践经验或研究经验。

(3)代表性:来自不同机构、地区,观点具有多样性。

(4)参与意愿:愿意投入时间和精力参与多轮验证。

4)实施第一轮评审

向专家发送 PHM 系统总体设计方案文档和评估问题。请专家对系统架构的合理性、功能模块划分的完整性、接口设计的可行性等进行评估,并提供详细的意见和建议。给予专家充分的答复时间(通常 2~3 周)。确保评审过程的匿名性,避免专家间的直接影响。

5)分析第一轮结果

汇总专家意见,对系统架构、功能模块、接口设计等方面的评分进行统计分析。采用定量和定性相结合的方法,计算各项指标的集中趋势(如中位数、众数)和离散程度(如四分位距、标准差)。同时,归纳总结专家提出的问题和建议,提炼关键观点。

6)设计第二轮评审问题

根据第一轮专家意见,对 PHM 系统总体设计方案进行修改和完善。针对存在分歧的问题,设计第二轮评审问题。修订后的问题应聚焦于未达成共识的方面,并反馈第一轮的统计结果和关键观点。

7)实施第二轮评审

向专家发送修订后的 PHM 系统总体设计方案和新的评估问题。请专家重点关注修改部分,并对仍存在争议的问题给出进一步的意见。要求专家在与多数意见不同时,提供详细的理由说明。

8)分析第二轮结果

再次汇总专家意见,评估修改后的设计方案是否得到专家认可,分析仍存在分歧的问题。重点关注专家意见的变化趋势、共识程度的提高情况,以及仍存在争议的关键问题。

9)决定是否进行后续轮次

根据第二轮结果,判断是否需要进行第三轮评审。如果关键问题已达成共识,那么可以结束评审过程;否则,继续进行后续轮次,直到取得满意的评审结果。通常评审不超过 4 轮,以避免专家疲劳和流失。

10)撰写最终报告

综合所有轮次的评审结果,编写 PHM 系统总体设计方案的专家评审报告。报告应包括如下内容。

(1)评审背景和目标描述。

(2)专家选择标准和小组构成。

(3)每轮评审的过程和结果详细介绍。

（4）专家意见的收敛过程分析。

（5）达成共识的观点总结。

（6）仍存在分歧的问题说明。

（7）对 PHM 系统总体设计方案的优缺点评估。

（8）改进建议和优化方案。

（9）研究的局限性和未来方向讨论。

在实施德尔菲法评审 PHM 总体方案时，需要考虑到某些内容因敏感性和保密性原因无法在互联网上进行线上评审。对于这类情况，有必要召集专家至线下集中评审。在这个过程中，可以将集中保密评审和德尔菲法进行有机结合，根据评审内容的性质、专家反馈意见的分散程度及评审意见的收敛性来灵活选择不同的评审方式。

具体而言，对于不涉及敏感信息的内容，可以采用线上德尔菲法，通过多轮匿名问卷调查收集专家意见。对于涉及保密内容的部分，可以安排线下集中评审会议，让专家分小组讨论并达成共识。在线下评审过程中，仍可借鉴德尔菲法的一些原则，如保持专家意见的匿名性、进行多轮迭代等。例如，可以在每轮讨论后让专家匿名填写意见表，然后由组织者汇总反馈，再进行下一轮讨论。对于专家意见分歧较大的问题，可以增加讨论轮次；对于意见趋于一致的内容，则可以较快结束讨论。这种方法既保证了敏感信息的安全性，又保留了德尔菲法收集多元化专家意见的优势。

此外，评审过程中还可以根据不同内容的特点，灵活调整评审方式。对于技术性较强、需要深入讨论的内容，可以安排更多的面对面交流时间；对于相对简单的内容，可以采用问卷形式快速收集意见。同时，可以根据每轮评审后专家意见的收敛程度，动态调整后续轮次的评审方式。如果某些问题在线下讨论后仍难以达成共识，那么可以考虑在会后进行一轮线上匿名评分，以求得最终的统计结果。这种灵活组合的方法，既能确保评审过程的保密性和有效性，又能充分发挥德尔菲法在凝聚专家共识方面的优势，从而为 PHM 总体方案的验证提供更全面、可靠的依据。

6.3 工程研制阶段验证

PHM 系统工程研制阶段验证是确保 PHM 系统设计合理性和有效性的关键环节，主要包括 FMECA 验证、系统测试性模型验证、功能性能验证等内容，验证层级为 PHM 系统中的分系统级和部件级，也涵盖了从硬件到软件的全方位验证。分系统级验证聚焦于各个功能模块的性能指标，如故障检测模块的检测率、诊断模块的准确率等。部件级验证主要针对关键传感器、处理器等硬件的性能和可靠性进行评估。硬件层面着重于验证传感器、执行器等物理部件的可靠性和互操作性；软件层面则聚焦于算法的有效性、数据处理能力及与硬件的协同工作情况。

工程研制阶段验证的主要目的是在 PHM 系统集成测试之前，全面评估系统的功能实现情况与性能指标达成度。常用的验证方法包括仿真验证、半实物仿真、故障注入试验和试验台验证等。仿真验证通过建立 PHM 系统的数学模型，在虚拟环境中评估系统性能；半实物仿真结合了实际硬件和软件模型，能更真实地反映系统行为；故障注入试验是对特定的故障模式进行模拟注入，通过观测 PHM 系统对故障注入信号的响应来验证其有效性；试验台验证则通过构建专门的测试平台，对 PHM 系统的各项功能和性能进行全面测试。此外，FMECA 验证和系统测试性模型验证也是这一阶段的重要内容，前者用于评估 FMECA 的完成质量，确保 PHM 系统能够得到正确有效的信息输入，后者用于评估系统的可测试性和可维护性。

6.3.1 FMECA 验证

FMECA 验证是 PHM 系统工程研制阶段的关键环节，旨在确保 FMECA 分析的质量和有效性。通过系统化的验证过程，可以全面评估 FMECA 分析的完整性、准确性和一致性，为 PHM 系统的设计优化和风险控制提供可靠依据。通过系统化的验证过程，可以全面评估 FMECA 分析的完整性、准确性和一致性，识别潜在的问题和风险，并为改进提供方向。

FMECA 验证的具体目标包括如下几个方面。

（1）验证 FMECA 分析的完整性。确保 FMECA 分析覆盖了所有关键的故障模式和影响，不存在遗漏或疏忽。这包括检查是否考虑了系统的所有组件、功能和运行模式，以及是否分析了已知的各种故障情况和影响。完整性验证有助于确保 PHM 系统能够全面监测和管理潜在的故障风险。

（2）验证 FMECA 分析的准确性。确保故障模式、影响和严重度的评估是合理和准确的。这涉及检查故障模式的描述是否准确，影响分析是否合理，严重度评级是否恰当。准确性验证可以提高 PHM 系统对故障的识别和预测能力，减少误报和漏报的可能性。

（3）验证 FMECA 分析结果的一致性。确保不同分析人员或团队之间的结果具有可比性和一致性。这包括检查使用的评估标准、评分方法和判断依据是否统一，以及结果是否存在显著差异。一致性验证有助于确保 FMECA 分析结果的可靠性和可信度。

（4）验证 FMECA 分析方法的规范性。确保分析过程符合相关标准和规范的要求。这涉及检查 FMECA 分析是否遵循了行业标准（如 ARP4761、MIL-STD-1629A 等），是否使用了规范的分析方法和工具。规范性验证可以确保 FMECA 分析的科学性和可重复性。

通过实现这些目标，FMECA 验证可以显著提高 PHM 系统的设计质量和可靠性，为系统的长期有效运行奠定基础。同时，FMECA 验证还能够促进设计团队对系统潜在风险的深入理解，推动持续 PHM 的设计迭代优化。

1. FMECA 验证的主要方法

FMECA 验证采用多种方法相结合的策略,以全面评估 FMECA 分析的质量和有效性。这些方法各有特点,能够从不同角度验证 FMECA 分析的各个方面。实际工程中需要通过综合运用这些方法,在经费与时间的约束下实现验证效用的最大化。

(1)文档审查。对 FMECA 分析报告和工作表进行详细审查,检查分析的完整性、一致性和规范性。这是 FMECA 验证的基础方法,通过系统化的文档审查,可以全面评估 FMECA 分析的质量。审查内容包括故障模式的描述、影响分析的合理性、严重度评级的准确性、改进建议的可行性等。文档审查还可以检查 FMECA 分析是否遵循了规定的格式和标准,是否包含了所有必要的信息。

(2)专家评审。组织相关领域的专家对 FMECA 分析结果进行评审,提供专业意见和建议。专家评审可以利用专家的知识和经验,对 FMECA 分析的合理性和完整性进行深入评估。通常采用德尔菲法等结构化方法组织实施,通过多轮匿名评审和反馈,形成对 FMECA 分析的综合评判。专家评审特别适用于评估复杂系统的 FMECA 分析,可以发现常规方法难以识别的问题和风险。

(3)交叉验证。不同的分析团队对同一对象进行独立的 FMECA 分析,比较结果,找出差异并分析原因。这种方法可以有效识别 FMECA 分析中的主观性和不一致性,提高分析结果的可靠性。通过比较不同团队的分析结果,可以发现潜在的分析盲点和偏差,促进分析方法的改进和标准化。

(4)试验验证。对于系统中的关键或高风险的故障模式,可以通过实际试验或模拟测试,验证 FMECA 分析中预测的故障模式和影响,可直接验证 FMECA 分析结果的准确性。试验验证可以包括故障注入试验、加速寿命试验、环境应力筛选等,通过模拟实际故障情况,验证 FMECA 分析的预测是否准确。

(5)历史数据对比。将 FMECA 分析结果与历史故障数据进行对比,验证分析的准确性。这种方法特别适用于已有运行历史的系统或类似系统的 FMECA 验证。通过对比分析预测的故障模式和实际发生的故障,可以评估 FMECA 分析的预测能力和准确性,并识别可能被忽视的故障模式。

这些验证方法各有优势,应根据 PHM 系统的特点和验证需求,选择合适的方法或多种方法组合使用。例如,对于新开发的 PHM 系统,可能更依赖专家评审和试验验证;而对于成熟系统的 FMECA 更新,历史数据对比可能更有价值。

2. FMECA 验证的流程

FMECA 验证是一个系统化、结构化的过程,需要按照一定的流程进行,以确保验证的全面性和有效性。FMECA 验证流程通常包括准备阶段、实施阶段和总结阶段,每个阶段都有特定的任务和目标。通过严格遵循这一流程,可以确保 FMECA 验证的质量和可靠性,为 PHM 系统的设计和优化提供有力支持。FMECA 验证的一般流程包括以下步骤。

（1）制订验证计划。明确验证目标、范围、方法和时间安排。验证计划应详细说明验证的对象（如特定系统或分系统的 FMECA）、验证的重点（如完整性、准确性、一致性等）、采用的验证方法（如文档审查、专家评审、试验验证等），以及验证的时间节点和资源需求。制订详细的验证计划有助于确保验证过程的系统性和可控性。

（2）准备验证材料。收集 FMECA 分析报告、工作表和相关支持文档。这包括系统描述文档、功能分析结果、故障树分析（FTA）结果、可靠性数据等。

（3）组织验证团队。选择具有相关专业背景和经验的人员组成验证团队。团队成员应包括系统工程师、可靠性专家、领域专家等，以确保验证过程能够从多个角度全面评估 FMECA 分析。对于复杂系统，可能需要组建跨学科的验证团队。

（4）实施验证。按照计划采用不同的验证方法实施验证。

（5）分析验证结果。对验证过程中发现的问题和差异进行分析。这包括识别 FMECA 分析中的不足之处，如遗漏的故障模式、不准确的影响评估、不一致的严重度评级等。分析应该不仅指出问题，还要探讨问题的根源，为后续改进提供方向。

（6）提出改进建议。针对验证中发现的问题，提出 FMECA 分析的改进建议。这可能包括补充遗漏的故障模式、修正不准确的影响评估、统一评级标准、完善分析方法等。改进建议应该具体、可操作，并与 PHM 系统的设计目标相一致。

（7）编制验证报告。总结验证过程、结果和改进建议。验证报告应包括验证的背景和目的、采用的方法、发现的主要问题、改进建议、验证结论等。报告应该清晰、结构化，便于决策者和设计团队理解和使用，并将本次验证报告纳入 FMECA 历史数据库，便于后续的分析复用。

（8）跟踪改进实施。确保验证中发现的问题得到有效解决，改进建议得到落实。这可能需要与 FMECA 分析团队和 PHM 系统设计团队密切合作，确保改进措施的实施和效果评估。

6.3.2 系统测试性模型验证

系统测试性模型是 PHM 系统的基础和核心，与状态监测、故障诊断与预测模型有明确的界线。系统测试性模型是一种描述和分析测试与装备故障关联关系的模型，主要在测试性设计中帮助理解和优化系统的测试策略和诊断策略。系统测试性模型通常包括故障与测试信号之间的逻辑对应关系，以及测试性信息与测试方案之间的关联关系。一个科学合理、准确的系统测试性模型对 PHM 系统的性能有决定性影响，准确的系统测试性模型能够优化传感器布局和数据采集策略，在保证监测覆盖面的同时，可以最大限度地减少冗余和成本。这不仅提高了 PHM 系统的经济性，也简化了数据处理和分析的复杂度。而系统测试性模型验证的重要性在于确保系统测试性模型能够真正发挥其作用，并去除不合理和冗余的部分。通过严格的验证，可以检验模型在实际环境中的表现，发现潜在的问题和不足。这个过程不仅能够提高模型的准确性和可靠性，还能优化 PHM 系统的整体性能，减少不必要的复杂性和资源浪费。

1. 系统测试性模型验证考虑要素

严格意义上讲，测试性是指产品能及时、准确地确定其状态（可工作、不可工作或性能下降）并隔离内部故障的设计及特性。测试性是产品设计时赋予的一种固有属性。需要注意的是，测试性区别于测试，测试是确定产品某种特性的技术操作过程；测试性是产品为故障诊断提供方便的特性。测试性设计的根本目的在于提高产品自诊断和外部诊断能力，能方便有效地确定产品状态和隔离故障。因此，从 PHM 的角度出发，系统和设备的高测试性主要标志如下。

1）自诊断能力强

（1）本身有自检用的硬件和软件或自检系统。

（2）能够检测本身的工作状况。

（3）检测和隔离故障的比例高。

（4）有问题能给出指示或报警，假报和错报极少。

2）检查维修方便

（1）人-机接口好，便于使用和维修人员检查和维修。

（2）可自动记录和存储故障信息，便于查询。

（3）可按需要检查系统各部分的健康状况。

3）便于使用外部测试设备进行诊断测试

（1）设有足够的测试点，用于信号测量、激励输入和测试控制。

（2）与外部测试设备（自动的和非自动的）接口简单方便，兼容性好，需要的接口装置少。

（3）测试程序简单、易行、有效。

（4）尽可能选用通用测试设备，需要的专用测试设备少。

为充分验证系统测试性模型的效用，需要从故障诊断的有效性和经济性两个角度衡量，有效性主要包括故障检测率、隔离率、虚警率等指标，经济性主要包括故障隔离的时间、资源与资金消耗，有效性与经济性指标具体可参照 3.2.2 节的内容。

2. 系统测试性模型验证主要方法

1）故障注入验证试验

故障注入验证试验（Fault Injection Testing，FIT）是一种典型的测试技术，常用于评估系统在故障条件下的行为和健壮性，以及作为系统测试性模型验证的主要手段之一。故障注入验证试验在广泛的应用领域中都是至关重要的，特别是在需要高可靠性和高可用性的系统中，如航空航天、汽车电子、医疗器械和金融系统。

故障注入的一种常见方法是硬件层面的故障注入。例如，可以通过使电路短路、断路，或者使用辐射等物理方式直接引入硬件故障。这种方法非常有效，可以真实地模拟硬件故障对系统的影响。然而，由于硬件故障注入的复杂性和潜在的风险，因此它通常成本较高，且时间耗费较大。

相比之下，软件层面的故障注入则是一种更为灵活和低成本的手段。软件故障注入测试可以通过修改程序代码、注入错误数据或者模拟系统调用失败等方式实现。这种方法允许测试人员在不对硬件进行物理改动的情况下，模拟广泛的故障情景。

2）系统测试性模型理论分析

系统测试性模型具备系统测试相关元素分析的能力，包含对故障模式、测点及故障-测点之间相关性的描述。目前，工程上常用的系统测试性模型主要包括相关性矩阵模型（D 矩阵）、故障树模型和有向图模型，通过对这些系统测试性模型的定量分析，亦可实现部分系统的测试性验证。

例如，以 D 矩阵为例，通过对矩阵中元素的分析，也就是故障与测点之间的关系，可以初步判定故障是否可检测，具体如表 6.2 所示。

表 6.2 基于 D 矩阵的故障可检测性判断

名称	内容及计算方法
不可探测故障	不可被任何测试探知的故障，对应 D 矩阵中的全零行
模糊组	模糊组是具有完全相同征兆的故障组，同一模糊组中故障模式对应的 D 矩阵行完全相同
冗余测试	依赖于相同故障组的测试，同一冗余测试集中各测试对应的 D 矩阵列完全相同
遮盖故障	某故障 F 的遮盖故障是指其征兆集被 F 的征兆集所覆盖的故障

3. 系统测试性模型验证流程

PHM 系统测试性模型验证是确保故障预测与健康管理系统有效性和可靠性的关键环节。本章节系统地阐述了系统测试性模型验证的全过程，该过程从验证方案设计到试验结果报告，为 PHM 系统的实际应用提供了科学严谨的方法论指导。系统测试性模型验证的核心过程可以分为 4 个主要阶段：验证方案设计、验证试验准备、验证试验实施和验证试验结果报告。每个阶段都有其特定的任务和技术要点，共同构成了一个完整的验证体系[57]。

1）验证方案设计阶段

（1）故障模式筛选。首先在参照前续章节 FMECA 验证的基础上，通过分析 FMECA 报告，筛选出符合要求的故障模式，作为验证系统测试性模型的依据，筛选出的故障首先考虑对被测对象功能和性能的影响程度高，其次尽量覆盖被测对象涉及的所有测点。

（2）试验大纲编制。试验开始前，应由试验单位按照装备研制要求进行试验大纲的编写，大纲中应包含试验目的、适用范围、任务来源、受试装备说明、试验条件等相关内容，并且需要经过参试单位和使用方监督部门的评审，通过后方可执行。

（3）试验方案设计。依照试验大纲的相关试验规范，设计验证试验的具体方案，应包括试验故障样本量大小、故障样本量分配结果、备选样本库和故障样本选取等内容。

在本阶段，除前续章节涉及的 FMECA 分析技术用于梳理和分析故障典型性、危害性之外，还涉及故障样本选取方法。故障模式筛选完毕后，需要从被测试单元的故障模式集中选取一定数量故障模式构成故障样本集，常见的故障样本选取方法有经验值方法、基于二项分布的故障样本选取方法和基于多元组故障特征模型的故障样本选取方法等。经验值方法一般取决于个人经验和装备可靠性水平等，具有较强的主观性；基于二项分布的故障样本选取方法利用二项分布抽样特性函数，确定故障样本量和允许的检测/隔离失败次数，又称标准抽样方案。

2）验证试验准备阶段

（1）试验程序编制。试验实施开始前，试验单位应依照受试装备的试验大纲编制受试装备的测试性试验程序，并在试验前的检查工作中进行评审，通过后才可进行试验的具体操作。试验程序主要包括适用范围、受试装备和技术状态说明等内容。

（2）试验用例编制。编制试验用例主要用于指导试验的开展，一般以表格的形式呈现，内容主要包括用例编号、试验条件和故障样本相关信息等。

（3）试验设备准备和工作环境搭建。试验开始前，应按照试验大纲相关要求，由试验单位负责试验设备准备和环境搭建，主要包括非标设备研制、测试设备校准和试验系统搭建及调试等工作，通过检查后方可进行试验实施。

在本阶段，主要运用到的相关技术知识是试验程序和用例编制方法。编制试验程序及用例是指导试验人员进行试验实施的依据，一旦通过就必须严格按照其规定的程序和要求执行，所以在编制时应充分考虑试验单位的技术条件和试验环境，结合受试装备自身技术状况和具体情况具体分析，通过评审后方可执行。

3）验证试验实施阶段

（1）故障注入。故障注入试验是测试性验证试验的核心环节，根据前期编制的试验程序，选择试验用例后，通过人为手段将故障注入装备系统中，模拟装备在实际环境中出现的故障，加速装备的失效过程，注入规定数量的故障样本后停止试验。

（2）试验监测。在实施故障注入的过程中，应全程保持监测状态，避免出现异常情况影响试验。一是对试验设备进行监测，随时监视其工作状态，如有异常，应立即暂停试验设备，分析原因并确定是否对受试装备造成影响；二是对受试装备进行监测，避免其因故障注入而对自身性能状态造成不利影响。

(3) 试验记录。按照试验大纲的试验记录要求，应在试验实施阶段做好试验数据的相关记录，包括注入故障数据、自然故障数据、试验设备和受试装备运转情况等。

该阶段主要运用到的相关技术知识是故障注入技术。故障注入是指通过人为的手段直接将故障（硬件、软件或仿真）引入被验证目标装备系统中，从而缩短了故障的潜伏期，加速了系统的失效过程。通过这种方法，使目标系统在故障下运行，并对目标系统的运行情况等进行观察、记录和分析，是装备测试性验证试验的核心技术。

4）验证试验结果报告阶段

（1）试验数据汇总分析。对试验过程中得到的试验数据（如注入故障数据、不可注入故障数据、受试装备监测数据和自然故障数据等）进行汇总，并加以分析，统计出故障检测和隔离成功的样本数量。

（2）指标评估。根据试验相关数据，计算测试性设计指标，给出相关技术指标评价结果和测试性改进意见。故障注入试验指标评估是测试性增长试验的重点工作，其评估结果将指导下一阶段测试性增长试验的工作方向。

（3）编写试验报告及验收评审。试验结束后，应由试验单位依据试验实施情况、整理确认后的试验相关数据来编制试验报告，试验报告内容包括适用范围、试验目的、试验结论等，经过各参试单位和使用方监督部门会签和评审，通过后提交受试装备研制单位。

综上，PHM 系统测试性模型验证是一项系统性、科学性和实践性都很强的工作，它要求工程师具备全面的理论知识、丰富的实践经验和严谨的工作态度。系统测试性模型验证为 PHM 系统的性能评估提供了客观依据，通过准确量化系统的故障检测率、故障隔离率等关键指标，为系统的 PHM 设计持续改进提供明确方向。再者，验证过程本身就是一次深入理解系统行为的机会。通过故障注入和系统响应分析，工程师可以更深入地了解系统的工作机理和潜在弱点，这对于优化系统设计、提高系统稳健性具有重要价值。

6.3.3 功能性能验证

功能性能验证是 PHM 系统工程研制阶段的核心环节，旨在全面评估 PHM 系统核心功能的实现情况和性能指标的达成度，确保系统满足设计要求并能够在实际环境中有效运行。这一阶段的验证工作覆盖了 PHM 系统的多个层级维度，包括系统级、分系统级和部件级。在系统级，验证工作主要关注 PHM 系统层级的功能实现情况，如全机状态监测、自检、数据通信等。分系统级验证则聚焦于各个功能模块的性能指标，如各个分系统故障检测模块的检测率、诊断模块的准确率等。部件级验证主要针对关键传感器、处理器等硬件的性能和可靠性进行评估。

功能性能验证常用的方法包括仿真验证、半实物仿真和试验台验证等。仿真验证通过建立 PHM 系统的数学模型，在虚拟环境中评估系统性能；半实物仿真结合了实际硬件和软件模型，能更真实地反映系统行为；试验台验证则通过构建专门的测试平台，对PHM系统的各项功能和性能进行全面测试。通过这些多样化的验证方法，可以全面评估PHM系统的性能，及早发现并解决潜在问题，为后续的系统优化和实际应用奠定坚实基础。

1. 功能性能仿真验证

仿真验证是PHM系统功能性能验证的重要方法之一，可用于验证PHM系统的多项关键功能和性能指标，包括故障检测与诊断能力、剩余使用寿命预测精度、系统响应时间、算法的稳健性和适应性及系统集成性能等。与前面提到的仿真方法不同，在PHM性能验证中，仿真的对象主要是PHM分系统和部件，旨在用较高的颗粒度模拟分系统和部件的运行，以及故障信号被捕获分析的过程。

仿真验证具有多方面的优势：①成本较低，可以在实际系统开发前进行验证；②灵活性高，能够模拟各种复杂场景和故障模式；③具有良好的可重复性，便于进行参数敏感性分析；④安全性高，可以模拟危险工况而不影响实际系统。

然而，仿真验证也存在一些局限性：①仿真模型的准确性直接影响验证结果的可靠性；②难以完全模拟实际系统的复杂性和不确定性；③可能忽略一些实际系统中的非线性因素或耦合效应。因此，仿真验证通常需要与其他验证方法相结合，以全面评估PHM系统的性能。

在功能性能验证时，仿真验证方法可用于各类PHM算法优化和参数调整，仿真可以提供一个高效的平台，用于测试不同算法和参数组合的效果，从而优化算法性能。对于一些极端工况或难以在实际环境中进行测试的情况，仿真验证尤其有价值，可以安全地评估PHM系统在这些条件下的表现。此外，仿真验证还适用于PHM系统的长期性能和可靠性评估，通过模拟系统在不同时间尺度上的行为，预测其长期性能趋势。对于一些关键的安全相关功能或需要高度精确性的验证任务，仿真验证可能需要与其他验证方法（如实物试验）结合使用，以确保验证结果的可靠性和完整性。

本节以某型航空发动机PHM仿真验证为例，简要说明仿真验证的主要流程。

建立航空发动机的数学模型。以某型涡扇发动机为例，可采用基于部件级的非线性模型：

$$\begin{cases} \dot{x} = f(x, u, v, w) \\ y = g(x, u, v) \end{cases}$$

式中，x为状态变量（如转速、温度等）；u为控制输入；v为环境参数；w为健康参数；y为测量输出；f和g为非线性函数，可通过热力学和气动模型推导得到。健康参数w反映了发动机性能的退化程度，通常包括效率和流量系数等。

针对典型故障建立数学模型，以压气机叶片裂纹为例，可用以下模型描述[58-59]：

$$a(t) = a_0 + C(\Delta K)^m N$$

式中，$a(t)$ 为裂纹长度；a_0 为初始裂纹长度；C 和 m 为材料常数；ΔK 为应力强度因子范围；N 为循环次数。传感器建模考虑传感器噪声和故障，建立测量模型：

$$z = h(y) + v$$

式中，z 为传感器输出；h 为传感器特性函数；v 为测量噪声。

以粒子滤波为例实现故障诊断和预测算法，其状态估计过程[60]为

$$x_k^i \sim p(x_k | x_{k-1}^i)$$
$$w_k^i = w_{k-1}^i \cdot p(z_k | x_k^i)$$
$$\hat{x}_k = \sum_{i=1}^{N} w_k^i x_k^i$$

式中，x_k^i 为第 i 个粒子；w_k^i 为权重；z_k 为观测值；p 为概率密度函数；$\hat{x}_k$ 为算法估计的裂纹长度。

设置好以上仿真模型后即可定义仿真场景并生成相关数据，并通过蒙特卡洛方法统计仿真过程数据，得到系统观测值：

$$x_i \sim p(x)$$
$$y_i = g(x_i, u, v)$$
$$\mu_y = \frac{1}{N} \sum_{i=1}^{N} y_i$$
$$\sigma_y^2 = \frac{1}{N-1} \sum_{i=1}^{N} (y_i - \mu_y)^2$$

式中，μ_y 和 σ_y^2 分别为仿真估计的观测参数的均值和方差。通过对比仿真结果与试验数据，验证 PHM 系统的有效性。一般采用统计检验方法，如 t 检验：

$$t = \frac{\bar{x} - \mu_0}{s / \sqrt{n}}$$

式中，$\bar{x}$ 为样本均值；μ_0 为真实测量值；s 为样本标准差；n 为样本数。若 $|t| < t_{\alpha/2}$，则认为仿真结果与实际数据无显著差异，PHM 系统通过验证。

2. 半实物与试验台验证

半实物仿真和试验台验证是 PHM 系统功能性能验证的两种重要方法。

半实物仿真的核心是将实际的物理组件与仿真环境相融合，创造出一个介于完全虚拟和全物理测试之间的环境，其基本流程包括：①构建被测系统的半实物仿真平台，包括实际硬件部分和软件仿真模型部分；②设计仿真场景和测试用例，覆盖正常工况和各种故障工况；③运行仿真，采集 PHM 系统的输出结果；④分析仿真结果，评估 PHM 系统性能。

试验台验证的核心是在专门设计的测试平台上对实际 PHM 系统进行测试，其基本流程包括：①设计并搭建 PHM 系统试验台，包括被测设备、传感器网络、数据采集系统等；②制定详细的试验方案，包括正常工况和故障工况测试；③执行试验，采集 PHM 系统的输

出数据；④分析试验结果，评估 PHM 系统性能指标。可以看出，两种方法都强调设计合理的测试场景，全面覆盖 PHM 系统的功能和性能指标，并通过数据分析来评估系统性能。

半实物仿真结合了实物试验和仿真试验的优点，通过将部分实际硬件与软件模型相结合，在接近实际工作环境的条件下对 PHM 系统进行全面测试。其优势在于可以模拟复杂的工作环境和故障场景，比纯软件仿真更接近实际系统行为，成本低于全实物试验，可重复性好。但其局限性在于仿真模型的精度会影响验证结果的可靠性，难以完全模拟实际系统的所有复杂性。试验台验证则是通过构建专门的测试平台，对 PHM 系统的各项功能和性能进行全面测试。其优势在于可以进行真实设备的测试，结果更可靠，可以注入实际故障，验证 PHM 系统的实际效果，还可以进行长期运行测试，评估系统稳定性。但其劣势在于成本较高，需要专门的试验设备，难以模拟所有可能的工况和故障场景，试验周期较长。半实物仿真特别适用于 PHM 系统的故障检测、诊断和预测功能验证，系统在各种工况下的性能评估，以及算法优化和参数调整。它可以在系统开发的早期阶段进行，有助于及早发现和解决潜在问题。试验台验证则更适用于 PHM 系统的实际工程应用验证，关键算法和模型的实际效果验证，以及系统长期运行性能和可靠性验证。它通常在系统开发的后期阶段进行，用于最终确认系统性能是否满足要求。

本节以某型齿轮箱 PHM 性能验证为例，简要说明半实物试验台验证的主要流程。

1）半实物试验台搭建

建立齿轮箱 PHM 半实物试验台，如图 6.2 所示，试验台主要包括以下部分。

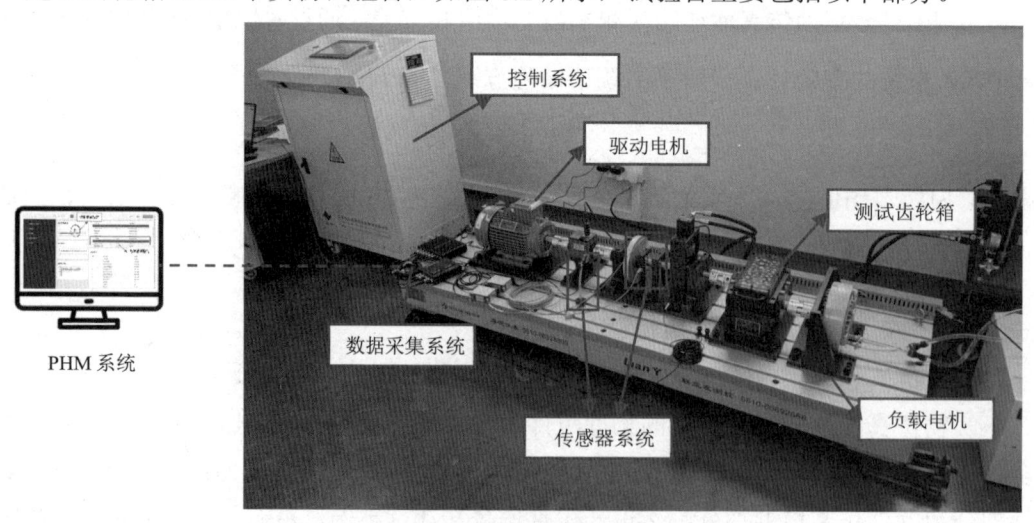

图 6.2　齿轮箱 PHM 半实物试验台示意图[61]

（1）测试齿轮箱：作为被测对象，安装有各种传感器。

（2）驱动电机：模拟外部驱动动力输入转矩和转速。

（3）负载电机：模拟外部负载特性。

(4) 传感器系统：包括振动、温度、位移、电流等传感器。

(5) 数据采集系统：采集各传感器的信号。

(6) 控制系统：控制电机转速、负载等。

(7) PHM 系统：运行故障诊断和预测算法。

2）故障注入试验

为验证 PHM 系统性能，需要进行如下故障注入试验。

(1) 齿轮断齿：在齿轮上人为加工缺口，模拟断齿故障。

(2) 轴承内圈故障：在内圈上加工凹坑，模拟点蚀。

(3) 齿轮箱润滑不良：调整润滑油量，模拟润滑不良。

(4) 齿轮箱不对中：调整齿轮箱安装位置，模拟不对中。

轴承和齿轮箱典型故障示意图如图 6.3 所示。

图 6.3　轴承和齿轮箱典型故障示意图[61]

3）试验方案设计

设计典型工况下的试验方案。

(1) 正常工况：额定转速和负载下运行。

(2) 变速工况：模拟外部系统变速运行。

(3) 变载工况：模拟外部系统负载变化。

(4) 启停工况：模拟外部系统在每种工况下频繁启停，分别进行无故障和有故障（注入不同类型故障）试验。

4）数据采集与处理

(1) 采样频率：根据齿轮箱特征频率确定，通常为 10kHz～20kHz。

(2) 数据预处理：滤波、去噪、分段等。

(3) 特征提取：时域特征（均值、方差等）、频域特征（频谱分析）、时频域特征（小波分析）。

5）结果分析与评估

根据获取的数据，计算诊断准确率、故障检测率、诊断精度、诊断一致性、相对准确度、预测范围、预测稳定度等指标，通过统计显著性检验，测试指标是否通过验证。

6.4 综合集成和试验阶段验证

PHM 系统综合集成和试验阶段验证旨在确保 PHM 系统能够与装备的其他系统有效集成,并在实际或模拟环境下验证其整体性能。这一阶段的验证工作涵盖了从系统级到部件级的多个层面,包括 PHM 系统与动力系统、控制系统、保障系统等的接口验证,以及跨系统功能的验证。验证的核心目标是确保 PHM 系统能够准确地监测、诊断和预测装备的健康状态,并能够及时向相关人员提供有效的决策支持信息。

PHM 系统综合集成和试验阶段验证不仅聚焦于 PHM 系统本身的性能,更强调其在装备全系统环境下的兼容性、协同工作能力和通用质量特性。首先,功能验证是核心内容,包括对 PHM 系统各项预定功能的全面测试,如状态监测、故障诊断、寿命预测等关键功能的准确性和可靠性验证。其次,性能验证侧重于系统的响应时间、数据处理能力、预测精度等关键性能指标的评估。接口兼容性验证则确保 PHM 系统能够与装备的其他系统实现无缝集成,包括硬件接口和软件接口的验证。通用质量特性验证则涉及 PHM 系统的可靠性、维修性、测试性、保障性、环境适应性等,重点验证评估 PHM 系统在各种极端环境条件下(如高温、低温、高湿、振动等)的工作稳定性。此外,还包括数据综合管理能力验证、人机交互验证等。这一阶段主要使用的验证方法主要包括仿真模拟试验、试验台验证和实装试验验证,并辅以故障注入试验、加速寿命试验等专门针对 PHM 系统特性的验证方法,旨在评估 PHM 系统在复杂服役环境下的综合性能表现。考虑到这个阶段 PHM 系统的很多验证工作会与装备系统其他验证工作合并开展,本节聚焦于 PHM 系统专有的验证工作介绍,主要包括接口兼容性验证、PHM 跨分系统功能集成验证、PHM 综合试验台等内容。

6.4.1 接口兼容性验证

接口兼容性验证是 PHM 系统综合集成和试验阶段的关键环节,旨在确保 PHM 系统能够与航空装备的其他系统实现有效集成和无缝协作。其主要目的是验证 PHM 系统与动力系统、航电系统、机电系统等其他系统之间的接口是否符合设计规范,数据交换是否正确、有效。通过全面的接口兼容性验证,可以及早发现并解决潜在的集成问题,确保 PHM 系统能够准确获取所需的监测数据,并将健康状态信息及时传递给相关系统。这一验证过程主要包括硬件接口验证和软件接口验证两个方面。

硬件接口验证主要关注 PHM 系统与装备中其他硬件组件之间的物理连接和电气信号交互。以航空装备为例,PHM 系统需要与发动机控制单元、各类传感器、BIT 测试电路、各类数据总线等硬件进行直接连接。在验证过程中,需要仔细核查接口的物理特性,如插头和插座的匹配度、连接器的耐用性,以及信号线的布局和屏蔽效果。电气特性也是验证的重点,包括信号的电压电平、电流强度、频率响应和噪声抑制能力。例如,在航空发动机PHM系统中,硬件接口验证会测试传感器信号的准确性和稳定性,确保即使在高振动和电磁干扰的环境下,数据传输也不会受到显著影响。此外,还会验证控制信号的响应速度,确保PHM系统能够及时响应发动机状态的变化,提供实时的健康评估和故障预警。

软件接口验证主要关注数据交换格式、通信协议、数据帧结构等是否符合系统间集成的要求。在航空装备PHM系统中,软件接口验证通常包括通信协议的兼容性测试、数据格式的一致性检查及软件API(应用程序编程接口)的稳定性验证。以某型运输机机载设备PHM系统为例,其软件接口验证可能包括以下几个方面:首先,验证PHM系统能否正确解析来自飞控系统的飞行参数数据,如高度、速度、姿态等,这些数据通常通过ARINC 429总线传输,需要验证PHM系统是否能正确识别和处理ARINC 429数据帧。其次,检查PHM系统生成的健康状态信息和告警信息是否能被机载维护系统(OMS)正确接收和解析,这可能涉及自定义的数据协议,需要验证数据包的格式、字段定义是否一致。再次,验证PHM系统与飞行管理系统(FMS)之间的数据交互,确保PHM系统能够根据飞行阶段调整其监测策略。此外,还需要验证PHM系统与地面支持系统之间的数据上传/下载接口,确保维护数据能够正确传输。在软件接口验证过程中,通常需要使用协议分析仪、数据总线模拟器等工具,模拟各种正常和异常情况下的数据交互,确保PHM系统能够正确处理各种可能的数据场景。

接口兼容性验证通常采用多种方法相结合的策略。首先,可以通过文档审查,仔细核对接口控制文件,确保PHM系统的接口设计符合整机系统的要求。其次,使用接口模拟器或测试台模拟其他系统的接口特性,验证PHM系统的接口设计是否满足要求。在实际的集成环境中,逐步增加连接的系统数量,验证在多系统协同工作的情况下,接口是否仍能保持稳定和可靠。在验证过程中,以下问题需要特别关注:①充分考虑电-磁兼容性问题,确保PHM系统的接口在各种电磁环境下都能正常工作;②验证接口的容错能力,模拟各种异常情况(如数据中断、噪声干扰等),检查PHM系统的响应是否合适;③考虑接口的性能指标,如数据传输速率、延迟时间等是否满足要求;④考虑未来系统升级的可能性,验证接口的可扩展性和向后兼容性。最后,在整个验证过程中,应当建立详细的测试记录,包括测试用例、测试结果和问题跟踪,为后续的系统优化和认证提供依据。

6.4.2 跨分系统功能集成验证

跨分系统功能集成验证是PHM系统验证过程中的关键环节,旨在确保PHM系统能够与航空装备的其他系统实现功能上的协同和互补,形成一个有机的整体。这一验证过程不仅关注单个系统的功能实现,更重要的是验证多个系统之间的协作能力。跨分系统功能集成验证的主要目的包括:①确保PHM系统能够准确获取其他系统的运行状态信息,并将这些信息正确地纳入健康评估和预测模型中；②验证 PHM 系统生成的健康状态信息和预测结果能否被其他系统有效利用；③评估在不同的工作模式和故障场景下，PHM 系统与其他系统的协同响应是否正确。通过全面的跨分系统功能集成验证，可以及早发现并解决系统间接口和功能协作的潜在问题，确保 PHM 系统在实际运行环境中能够发挥最大效能。

1. 与被监测分系统相关的功能验证

与被监测分系统的功能验证是 PHM 系统跨系统集成验证的核心环节，旨在确保 PHM 系统能够与航空装备中的各个分系统，如发动机、航电、机电、结构和控制系统进行有效通信，实现对装备状态的全面监测、关键故障的精准诊断及关键零部件的寿命预测。这一验证过程不仅检验 PHM 系统的独立功能，更重要的是评估其在复杂系统环境中的协同工作能力，确保其在实际操作中能够为装备安全和任务执行提供关键支持。

1）验证 PHM 系统是否能准确监测工作参数

这项验证工作的主要目的是确保 PHM 系统能够准确、实时地获取和处理被监测系统的关键工作参数。验证内容包括参数采集的完整性、准确性和实时性。在验证过程中，需要特别注意以下几点。

（1）覆盖被监测系统的全部关键参数。

（2）考虑各种可能的工作状态和环境条件。

（3）验证数据采集的抗干扰能力。

（4）评估数据采集对被监测系统正常工作的影响。

以飞机 PHM 系统中发动机、航电、机电分系统为例，对于发动机 PHM 系统，需要验证其能否实时获取发动机控制系统提供的关键参数，如转速、温度、压力等，并将这些参数准确纳入健康评估模型。可以通过在地面试车台上模拟不同的飞行工况，验证 PHM 系统是否能够准确接收和处理发动机参数。对于航电系统，需要验证 PHM 系统能否准确监测各分系统的电源状态、数据通信状态、环境参数（如温度、湿度）等。可以通过在航电综合测试台上模拟不同工作模式，验证 PHM 系统的监测能力。对于机电系统，需要验证 PHM 系统能否准确监测各机电系统的工作参数，如液压压力、电源电压、空调温度等。可以通过在机电系统集成试验台上模拟不同工作条件，验证 PHM 系统的数据采集和处理能力。

2）通过模拟故障验证各个系统的检测和诊断能力

这项验证工作旨在评估 PHM 系统对各类故障的检测和诊断能力。主要验证内容包括故障检测率、虚警率、诊断准确率和诊断时间等指标。在验证过程中，需要注意考虑如下内容。

（1）故障类型要全面，包括高保障代价故障、间歇故障、关键故障等。

（2）考虑故障的不同程度和发展阶段。

(3) 评估 PHM 系统对多重故障的处理能力。

(4) 通过改变工况或工作环境，验证 PHM 系统的自适应能力，即对未知环境或对新出现的故障模式的识别能力。

对于发动机 PHM 系统，可以模拟压气机效率下降、涡轮叶片损伤、燃油系统故障等常见故障模式，验证 PHM 系统是否能够及时检测并准确诊断这些故障。对于航电系统，可以模拟通信中断、显示系统故障、导航系统误差等常见航电故障，评估 PHM 系统的响应时间和诊断准确率。特别需要关注 PHM 系统对间歇性故障和软故障的识别能力。对于机电系统，可以模拟液压泄漏、电源波动、空调制冷效率下降等故障，评估 PHM 系统的故障识别率和诊断准确性。特别需要关注 PHM 系统对渐变故障和多重故障的处理能力。

3) 验证剩余使用寿命预测的能力

这项验证工作的目的是评估 PHM 系统对关键部件或系统剩余使用寿命的预测能力。主要验证内容包括预测精度、预测置信度、预测时间范围等。主要验证方法包括加速寿命试验和历史数据分析，分别通过加速试验和历史失效数据获得实际寿命数据，与 PHM 系统预测结果对比。在验证过程中，需要注意以下几点。

(1) 考虑不同工作条件和环境因素对寿命预测的影响。

(2) 评估 PHM 系统对突发事件导致的寿命变化的响应能力。

(3) 验证预测模型的可解释性和可信度。

(4) 评估预测结果的不确定性表征是否合理。

例如，对于发动机关键部件（如高压涡轮叶片）的剩余使用寿命预测功能，可以通过长期运行试验或加速寿命试验来实现。需要比较 PHM 系统预测的寿命与实际寿命，评估预测误差和置信区间。对于机电系统中的易损件，如液压泵、电机、阀门等，可以通过加速寿命试验或历史数据分析来验证预测模型的可靠性，评估预测结果的精度和置信度。

4) 验证基于健康度来优化控制或任务重构方面的功能

这项验证工作旨在评估 PHM 系统基于健康状态信息对系统控制策略或任务分配进行优化的能力。主要验证内容包括优化决策的合理性、实时性和对系统性能的影响。由于这方面的功能往往涉及系统安全，因此可通过仿真与试验台验证的方式，辅助以实装验证的方式进行，在验证过程中，需要注意以下几点。

(1) 考虑各种可能的健康状态和工作场景。

(2) 评估优化决策对系统安全性、可靠性和性能的影响。

(3) 验证 PHM 系统与其他系统的控制响应时间。

(4) 评估优化策略的稳健性和自适应能力。

对于发动机 PHM 系统，需要验证在检测到发动机性能轻微下降时，PHM 系统是否能够正确地向飞行控制系统提供建议，调整飞行包线以确保安全。这可以通过综合仿真平台，模拟不同发动机的健康状态和飞行任务，评估PHM系统的决策建议是否合理。对于航电系统，需要验证PHM系统与航电系统的集成性能，特别是在信息融合和决策支持方面。例如，当检测到某个航空电子系统性能下降时，PHM系统是否能够提供合理的重构建议，如切换到备份系统或调整系统配置。对于机电系统，需要验证PHM系统在机电系统性能优化方面的功能。例如，基于健康状态信息，PHM系统是否能够为机电系统的能量管理提供优化建议，如调整电力分配策略或优化环控系统工作模式。

2. 与保障系统相关的功能验证

与保障系统相关的功能验证旨在确认PHM系统是否能有效支撑装备的使用过程管理，发挥降本增效提质的作用。PHM系统与保障系统的功能验证主要包括以下几个方面。

（1）任务指派支持验证：评估PHM系统能否为任务规划和分配提供有效的决策支持。验证PHM系统生成的健康状态报告和预测信息是否能够被任务指派系统正确接收和解析，并用于优化任务分配决策。例如，验证系统是否能够根据装备的健康状态，合理分配任务，避免将可能发生故障的装备分配到关键任务。

（2）维修计划支持验证：评估PHM系统的预测信息能否有效支持维修规划系统制定最优维修策略。验证PHM系统是否能够准确预测装备的故障和剩余使用寿命，并为维修规划提供及时、可靠的信息。例如，验证系统是否能够根据预测的故障时间，提前安排维修，避免意外停机。

（3）资源调度支持验证：评估PHM系统能否为备件管理、人力资源分配和维修设备调度提供有效的决策支持。验证PHM系统的预测信息如何提高资源利用效率和降低保障成本。例如，验证系统是否能够根据预测的故障类型和时间，提前准备所需的备件和维修人员，优化库存管理和人力资源调度。

验证过程不仅要求PHM系统能够基于实时健康数据做出精准预测，还要能够智能决策，优化任务分配、维护活动和物资调配，以最小化运营成本、最大化任务完成率，并确保装备使用安全。此验证环节采用模拟与实装相结合的方式，通过模拟设定一系列装备日常使用的场景，评估PHM系统在保障系统中的集成效果与优化能力。

在PHM系统综合集成和试验阶段，由于装备尚处于交付前，因此缺乏现场运维数据支持，历史相关运维数据也仅能作为辅助参考。为了充分验证PHM系统对保障系统的支持效果，必须通过仿真分析的方式来实现。仿真分析可以模拟装配了PHM系统后进行任务指派、维修计划和资源调度等工作的效果，并通过评估任务成功率、使用可用度、维修保障成本等指标来验证PHM系统对运维保障效率的提升。

建立仿真模型的方法可参考3.3节，主要包括以下几个步骤。

（1）建立装备PHM系统仿真模型。根据PHM系统的功能设计，建立包括状态监测、故障诊断、健康评估、寿命预测等模块的仿真模型。模型应能够模拟PHM系统对装备健康状态的实时监测和评估过程。

（2）构建装备任务-保障仿真环境。建立包括任务生成、任务分配、装备使用、故障产生、维修保障等环节的仿真环境，以模拟装备的实际使用和保障过程。

（3）设计 PHM 系统对保障决策的支持逻辑。根据 PHM 系统提供的健康状态信息和预测结果，设计任务指派、维修计划制订和资源调度的决策逻辑，以实现基于健康状态的保障决策。

（4）进行对比仿真分析。分别模拟有无 PHM 系统支持的两种情况下的装备使用和保障过程，对比分析 PHM 系统对保障效率的影响。

（5）设置多种使用场景进行仿真。设置不同的任务强度、故障模式、保障资源约束等场景，全面评估 PHM 系统在各种情况下的表现。

（6）进行敏感性分析。通过调整 PHM 系统的性能参数，分析其对保障效率的影响程度，找出关键影响因素。

（7）评估关键指标。重点评估任务成功率、使用可用度、维修保障成本等指标，量化分析 PHM 系统带来的效益。

（8）进行长期效益分析。通过长周期仿真，评估 PHM 系统在装备全寿命周期内带来的累积效益。

通过上述仿真分析方法，可以在装备交付使用前，全面评估 PHM 系统对保障系统的支持效果，为 PHM 系统的优化设计和工程应用提供依据。需要注意的是，仿真分析结果的可靠性很大程度上依赖于模型的准确性和仿真参数的合理性。因此在建模过程中，应充分利用设计数据、试验数据和专家经验，提高模型的可信度。同时，仿真结果的解释也应当谨慎，将其作为 PHM 系统效能的预估和参考，而非绝对准确的评判。在条件允许的情况下，仍然需要通过实际运行数据来进一步验证和优化 PHM 系统的性能。

6.4.3　PHM 综合试验台

为了完成接口兼容性与跨分系统功能集成验证，通常需要建设一个功能全面的 PHM 综合试验台，旨在为 PHM 系统提供全面、系统的功能验证和性能评估环境。作为 PHM 系统研发过程中的关键基础设施，PHM 综合试验台的核心任务是模拟装备全寿命周期中可能遇到的各种工况和故障场景，验证 PHM 系统的状态监测、故障诊断、健康评估、寿命预测等核心功能，评估 PHM 系统与装备其他分系统的集成性能，并为 PHM 算法优化和系统改进提供依据，其主要功能包括以下几个方面。

（1）装备运行状态模拟：通过高保真度的仿真模型和硬件在环技术，模拟装备在不同工况下的运行状态，为 PHM 系统提供真实的监测数据源。

（2）故障注入与模拟：能够按需注入各种预设的故障模式，模拟装备各分系统、部件的退化过程和故障表现。

（3）PHM系统功能验证：验证PHM系统的状态监测、故障检测与诊断、健康评估、寿命预测等核心功能的准确性和实时性。

（4）跨系统集成性能评估：评估PHM系统与装备其他分系统的数据交互和协同工作能力。

（5）算法优化与系统改进：通过对比分析不同算法和系统配置的性能，为PHM系统的持续优化提供数据支撑。

（6）验证数据管理：对试验过程中产生的大量数据进行采集、存储、处理和分析，为PHM系统的长期改进提供数据基础。

PHM综合试验台的构建是一项复杂的系统工程，需要综合考虑装备特性、PHM系统架构、验证需求等多方面因素。随着仿真、大数据与人工智能技术的发展，PHM综合试验台也在不断演进，向着更高保真度、更强集成性、更智能化的方向发展。

1. PHM综合试验台通用架构

PHM综合试验台是一个复杂的集成验证平台，其核心架构包括装备仿真系统、硬件在环仿真平台等要素，它们通过设计好的数据总线连接（与装备上的总线系统保持一致）紧密相连，形成了一个闭环的验证体系，旨在全面模拟装备全寿命周期中可能遇到的各种工况和故障场景，其具体的组成要素如下。

（1）装备仿真系统：作为PHM综合试验台的核心，用于模拟装备在各种工况下的运行状态，具体包括高保真度动力学模型（用于模拟装备整体及各分系统的动力学特性）、环境模拟模块（用于模拟温度、湿度、振动等环境因素对装备的影响）和故障模拟模块（用于模拟各种预设故障模式的发生和发展过程）。

（2）硬件在环仿真平台：将装备上实际的硬件设备与装备仿真系统融合的仿真平台，主要包括关键部件实物（一般为装备系统中的关键零部件）、信号调理与接口模块（用于实现实物设备与仿真系统的信号交互）和负载模拟装置（用于模拟装备实际工作时的负载情况）。

（3）PHM系统硬件平台：被验证的PHM系统的硬件载体，包括数据采集模块（用于采集装备运行状态数据和环境参数）、数据处理单元（作为执行PHM算法的计算平台）、存储设备（用于存储历史数据和PHM分析结果）和通信接口（实现与其他系统的数据交互）。

（4）PHM算法与软件平台：PHM系统的核心，包括各种状态监测、故障诊断、健康评估和寿命预测算法，以及相应的软件应用。该平台需要具备灵活的配置和扩展能力，以适应不同的验证需求。

（5）人机交互界面：用于试验控制、参数设置、结果显示和分析的交互平台。应具备直观、友好的操作界面，支持多种数据可视化方式，便于验证人员快速了解系统状态和分析结果。

（6）数据管理系统：负责试验数据的采集、存储、处理和管理，通常采用分布式数据库架构。需要具备高效的数据存取能力和强大的数据分析功能，支持海量数据的实时处理和历史数据的快速检索。

PHM 综合试验台示意图如图 6.4 所示。

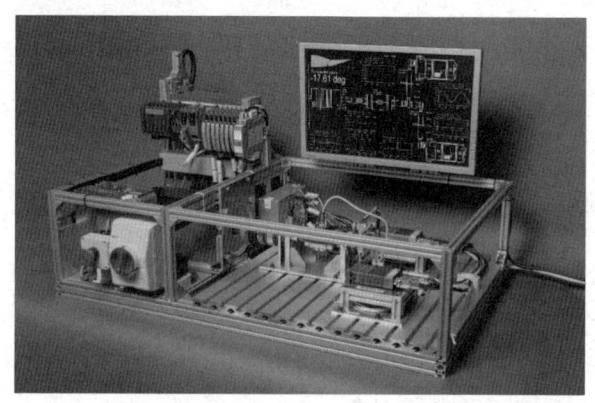

图 6.4　PHM 综合试验台示意图

这些组成部分通过预设好的工作逻辑互相协作，形成一个闭环验证环境。装备仿真系统和硬件在环平台模拟装备运行状态，为 PHM 系统提供输入数据；PHM 系统对这些数据进行处理和分析，输出诊断预测结果；结果通过人机交互界面呈现，并被数据管理系统记录。同时，诊断预测结果可能反馈给装备仿真系统，影响其后续状态演化。这种闭环设计使得 PHM 系统的验证过程更加接近实际应用场景，能够全面评估系统在各种条件下的性能和可靠性。通过调整不同模块的参数和配置，可以灵活模拟各种工况和故障场景，支持 PHM 系统的优化和改进。PHM 综合试验台架构示意图如图 6.5 所示。

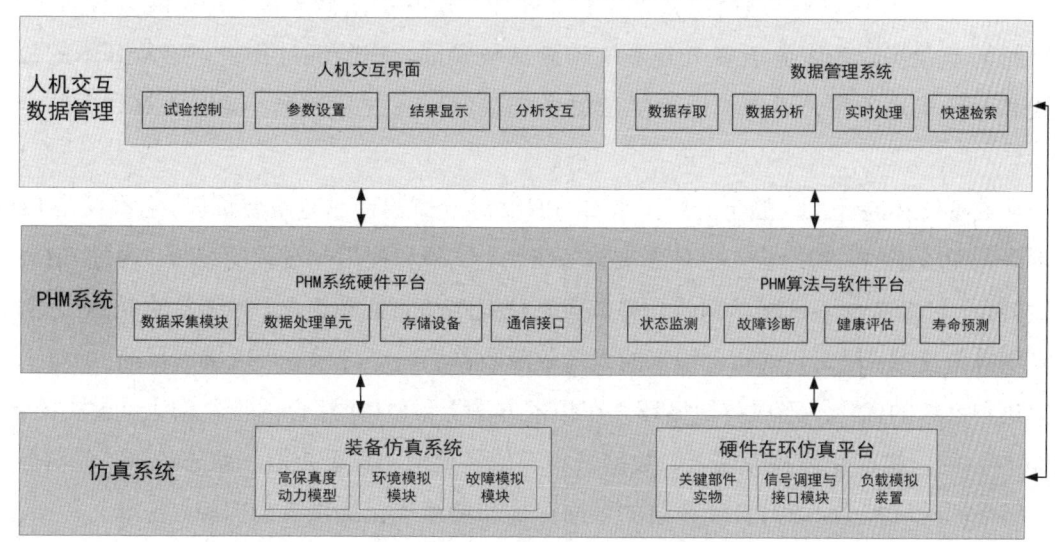

图 6.5　PHM 综合试验台架构示意图

2. PHM 综合试验台建设策略

PHM 综合试验台的建设面临着技术复杂性高、前期资源投入大、跨学科知识需求广等诸多挑战。针对这些困难，必须制定务实可行的建设策略，确保试验台功能完整性，同时实现资源的高效利用和能力的稳步提升。总体而言，PHM 综合试验台的建设应遵循"顶层设计、分步实施、资源整合、能力递进"的原则，通过科学规划和有序推进，逐步构建起全面、高效的 PHM 验证环境。作者总结了多型装备综合试验台的建设经验，提出以下三点建设策略。

（1）"框架一步到位，能力逐步提升。"在试验台的初始设计阶段，就应确立完整的功能架构和接口规范，为后续扩展奠定基础。但在实际建设过程中，可采取由简到繁、由虚到实的渐进式路径，先从仿真验证平台起步，再逐步发展到半实物仿真平台，最终实现全实物综合验证平台。这种方法既能快速形成初步验证能力，又能根据实际需求和资源情况灵活调整建设进度，有效控制风险和成本。

（2）"技术复用与资源共享。"PHM 综合试验台的许多基础技术与传统的装备分系统试验验证技术具有相通性。因此，可以现有的发动机、航电、机电等分系统试验台为基础，通过增加 PHM 相关的传感、采集、分析模块，实现向 PHM 综合试验台的升级改造。这不仅可以大幅降低建设成本，缩短建设周期，还能充分利用已有的试验经验和数据积累，提高 PHM 验证的效率和可信度。

（3）"突出通用特性，弱化专业界限。"PHM 综合试验台采取自下而上的验证思路。PHM 技术虽然应用于不同的装备分系统，但其核心原理和方法具有普适性。因此，在设计试验台时，应着重构建通用的数据采集、处理、分析和预测平台，并提供灵活的接口，能够跨越专业界限，服务于多个分系统的测试与验证。在验证过程中，可从基本的故障模式和退化机理入手，逐步扩展到复杂的系统级健康评估和预测，实现由点到面的全面验证。

从装备整体验证工作的全局层面来看，PHM 综合试验台具有重要价值。它不仅是 PHM 技术研发和验证的关键平台，也是连接装备研制、试验和使用全过程的纽带。通过 PHM 综合试验台，可以在装备研制早期就开展健康管理策略的验证和优化，为装备的 PHM 总体设计提供有力支撑。同时，试验台积累的大量故障数据和验证经验，可以持续反哺 PHM 算法的改进和系统的优化，形成良性循环。在技术方法上，PHM 综合试验台应注重虚实结合、软/硬件协同，构建涵盖故障注入、数据采集、信号处理、特征提取、状态识别、趋势预测等全链条的验证能力，为 PHM 系统的全面评估和持续优化提供有力保障。

6.5 部署使用阶段验证

PHM 系统部署使用阶段是 PHM 技术从实验室走向工程实践的关键阶段。与研制阶段相比，在这一阶段，PHM 系统面临的是真实复杂的工作环境，各种不确定因素增多，系统性能可能与实验室条件下存在差异，其稳定性、可靠性和环境适应性面临更大挑战。此外，PHM 系统产生的健康状态信息和预测结果直接影响维修决策和任务规划，其准确性和可靠性要求更高。因此，在部署使用阶段对 PHM 系统进行持续验证十分必要，这不仅是确保 PHM 系统发挥预期效能的关键，也是 PHM 技术不断完善和发展的重要途径。

在部署使用阶段，对 PHM 系统开展持续验证的另一个重要原因是装备 PHM 一般具有能力渐进提升的特点，这主要体现在以下几个方面：①随着运行时间的增加，PHM 系统积累的数据量不断增加，为算法模型的优化提供了更丰富的样本；②通过实际运行数据的反馈，PHM 系统可以不断调整和完善其故障模式库，提高故障识别的准确性，PHM 系统也可以通过学习新出现的故障模式，增强其对未知故障的适应能力；③通过与保障系统的协同反馈，PHM 系统可以不断优化其决策优化算法，进一步提升运维决策优化能力。鉴于 PHM 系统能力渐进提升的特点，在部署使用阶段进行持续迭代的验证工作十分必要。持续迭代验证可以更准确地把握 PHM 系统性能的上下界，为系统优化提供方向，验证的结果可以为 PHM 技术的发展提供宝贵的实践数据，推动 PHM 理论和方法的进步。因此，建立系统化、规范化的持续迭代验证机制，是确保 PHM 系统长期有效运行的关键保障。

需要指出的是，为确保 PHM 性能的持续提升，必须建立相应的法规机制来约束规范部署使用阶段的验证工作。通过建立关键性能指标（KPI）的持续跟踪、运维数据收集与分析、验证结果的反馈与改进机制，以及 PHM 系统的版本管理与更新等机制，可以确保 PHM 系统在保障部署使用阶段的实际效果，并实现其长期有效跟踪。

6.5.1 PHM 使用全历程数据集构建

开展 PHM 系统部署使用阶段的验证工作，确实需要收集和分析大量的装备实际使用历程数据。这些真实使用历程数据不仅是验证工作的基础，也是反映装备真实性能的直接信息源。然而，这些数据的收集和利用面临着诸多挑战。

（1）数据分散性：PHM 相关数据分散在多个信息系统中，如监测系统、维修系统、任务管理系统、资源管理系统等，数据整合难度大。

（2）数据异构性：不同系统采集的数据格式、结构各异，包括结构化、半结构化和非结构化数据，难以统一处理。

（3）数据质量参差不齐：由于采集条件、记录方式、管理规范等因素的影响，因此数据中存在噪声、缺失、异常等问题。

（4）数据量不平衡：正常运行数据充足，而关键故障数据往往稀缺。

（5）数据安全与隐私：涉及敏感信息的数据难以共享和充分利用。

（6）缺乏统一标准：不同系统、不同时期采用的数据标准不一致，影响数据的互操作性。

为了解决这些问题，支持PHM部署使用阶段的验证工作，需要提出数据统一的结构与分析框架。作者根据调研分析结果提出了装备使用全历程数据的概念。全历程数据涵盖装备部署使用阶段的核心数据，包括在线监测数据、任务指派数据、外界环境数据、故障记录数据、维修记录数据、备件资源使用数据、供应链储供调度数据等。构建和管理这样的全历程数据集面临诸多挑战，需要采用数据科学的思想理念，研究跨多模态信息载体与模型的实时交互机制，多模态异构数据的深度融合方法，以及不同异构模型的自由组合方法。这不仅要解决数据的采集、存储和处理问题，还需要打通不同模态数据之间的关联关系，便于数据的有效整合和利用。全历程数据的构建可为PHM系统部署使用阶段验证提供坚实基础，它使得验证工作能够基于更全面、更真实的数据进行，有助于准确评估PHM系统的实际性能，发现潜在问题，并持续优化系统。同时，全历程数据也为PHM算法和模型的迭代升级提供了丰富的训练样本，有助于提升PHM系统的预测精度和适应性。

1. 全历程数据的时间与事件维度信息

为了整合多源异构的全历程数据，时间与事件维度的信息可以提供关系的纽带。时间和事件这两个维度可以作为线索，将多源异构数据之间的关联关系建立起来。通过时间和事件信息，我们可以将一系列相关的事件关联起来，再利用它们的时序信息进行整合梳理，形成一个时间与事件逻辑前后闭环的关系链。这种方法为多源异构数据的整合提供了一个有效的思路。时间维度和事件维度之间存在密切的关联性，每个事件都发生在特定的时间点或时间段内，时间为事件提供了发生的背景。同时，事件的发生也为时间轴赋予了具体的物理意义，具体的概念如表6.3所示。通过将时间和事件维度结合，我们可以构建出一个既包含时序关系，又包含具体活动内容的数据结构。

表6.3 全历程数据中时间与事件维度的概念

类型	定义	特征	数据源
时间维度	数据在时间轴上的分布和变化特征。 ➢ 时间点：表示某一具体时刻，如2023年10月1日 14:30:00。 ➢ 时间段：表示一段时间区间，如2023年10月1日至2023年10月7日。 ➢ 时间周期：表示循环出现的时间模式，如每天、每周、每月等	➢ 连续性：时间是连续变化的。 ➢ 单向性：时间只能向前流动，不可逆转。 ➢ 可度量性：时间可以被精确测量和记录	➢ 系统时间：来自计算机系统的时钟，提供基础的时间戳信息。 ➢ 传感器时间：来自各种传感器的采集时间，反映数据产生的实际时刻。 ➢ 业务时间：来自业务系统记录的各种时间信息，如订单时间、交易时间等。 ➢ 相对时间：表示相对于某个基准点的时间间隔，如设备运行时间、故障持续时间等

续表

类型	定义	特征	数据源
事件维度	在时间轴上发生的具有特定意义的活动或状态变化。 ➢ 事件类型：表示事件的性质，如故障事件、维修事件、任务事件等。 ➢ 事件属性：描述事件的特征，如事件发生的位置、涉及的对象、事件的严重程度等。 ➢ 事件状态：表示事件的进展情况，如开始、进行中、结束等。	➢ 离散性：事件是在特定时间点上发生的离散活动。 ➢ 多样性：事件可以有多种不同的类型和属性。 ➢ 关联性：事件之间可能存在因果、顺序等关系。 ➢ 可追溯性：事件通常可以被记录和追溯。	➢ 系统事件：来自计算机系统和网络设备的各种日志记录，如登录事件、错误事件等。 ➢ 业务事件：来自业务系统的各种操作和状态变化记录，如订单创建、支付完成等。 ➢ 设备事件：来自各种设备的状态变化和告警信息，如设备启动、故障报警等。 ➢ 人为事件：由人工记录的各种活动信息，如维修记录、检查记录等。 ➢ 环境事件：来自环境监测系统的各种异常事件记录，如温度超限、湿度异常等。

基于时间与事件维度的数据关联方法可以有效整合和分析多源异构数据，该方法的核心思路是以故障事件为起点，通过提取、关联和整合相关的时序信息和事件，构建一个闭环关系链，其统一的流程步骤如下。

1）故障事件识别与相关事件提取

（1）从全历程数据中识别关键故障事件。

（2）以故障事件为中心，从不同数据源提取相关事件。

（3）确定数据源及类型，包括在线监测系统、维修管理系统等。

2）时序关系与因果关系分析

（1）时间标准化，统一不同系统的时间信息。

（2）时间对齐，处理数据源间的时间偏差。

（3）分析事件发生的先后顺序，提取时序模式。

（4）结合领域知识和数据挖掘技术，推断因果关系。

3）事件链构建与闭环关系形成

（1）串联相关事件，构建以故障为核心的初步事件链。

（2）通过迭代补充信息，修正关联关系，形成闭环关系链。

（3）将闭环关系链整合到全历程数据集中。

（4）验证事件链的准确性和完整性，进行优化调整。

以一架军用飞机在执行任务期间遭遇发动机故障的案例为例，首先，从任务指派系统中获取了此次任务的基本信息，包括任务类型为巡逻任务，以及任务的起止时间，即从3月2日13:00开始至15:21结束。其次，在飞机的飞行记录仪数据中，我们发现了15:11发动机发生了爆燃事件，这是事件时间线上的第一个关键点。再次，从故障记录系统检索更详细的故障信息，查找与 15:11 发动机爆燃事件相对应的故障报告，其中记录了故障的报故代码为 ZBK232，并记录了故障原因为加力燃油流量调节器的故障。为了完整地描述事件的全历程，我们还需要从维修管理系统中提取后续的维修信息，调取与本次故障相关的维修记录，显示飞机因故障更换了发动机，且故障被分类为 I 类故障。最后，将这些来自不同系统的信息碎片整合在一起，我们成功构建了一个详细的全历程数据样本："3 月 2 日 13:00—15:21，巡逻任务，15:11 记录发动机爆燃，经飞行后检查报故代码 ZBK232，发现加力燃油流量调节器故障，更换发动机，I 类故障。"这个数据样本不仅包含了事件发生的时间、任务背景、故障的具体情况，还包含了故障的诊断和维修措施。这一样本不仅为验证 PHM 系统性能提供了宝贵的信息，也为我们提供了深入分析故障模式、优化维修策略和提升系统预测能力的数据基础。

2．基于智能体的 PHM 全历程数据集构建方法

基于智能体的 PHM 全历程数据集构建方法是一种基于多模态大模型的数据处理和分析方法，旨在利用多个专门的智能体协同工作，实现装备多源异构数据的高效整合。该方法的核心是故障记录智能体、多个数据收集智能体和样本生成智能体的构建。故障记录智能体负责从文本信息中提取故障基本信息，数据收集智能体从不同信息系统中提取相关数据，样本生成智能体则整合所有信息，生成最终的数据样本，其主要步骤如下。

（1）故障记录提取：故障记录智能体从文本格式的故障记录中提取关键信息，包括故障 ID、发生时间、故障类型、涉及设备等，形成结构化的故障基本信息。

（2）多源数据收集：多个数据收集智能体根据故障基本信息，从不同的系统（如监测系统、维修系统、任务管理系统等）中提取相关数据，包括故障前后的传感器数据、维修记录、任务信息等。

（3）高价值样本生成：样本生成智能体接收来自故障记录智能体和所有数据收集智能体的信息，将这些多源异构数据进行整合和关联，生成包含故障描述、相关监测数据、维修记录、任务影响和资源消耗等完整信息的高价值数据样本。

PHM 全历程数据集构建智能体信息如表 6.4 所示。

表6.4　PHM 全历程数据集构建智能体信息

智能体名称	输入数据	核心指令	输出数据
故障记录智能体	文本格式的故障记录	仔细阅读以下故障记录，并提取关键信息：①故障 ID；②故障发生时间；③故障类型；④涉及的设备或系统；⑤故障位置；⑥故障严重程度（如果提及）。请以 JSON 格式输出提取的信息	结构化的故障基本信息（JSON 格式）
数据收集智能体（监测系统）	地面 PHM 系统数据库导出的原始监测数据	基于以下故障信息，从监测系统数据库中提取相关数据：①故障发生前 2 小时到故障发生后 1 小时的所有相关传感器数据；②同期的系统状态日志；③任何异常警报记录请以 CSV 格式输出数据，包括时间戳、传感器 ID、读数值、状态标识等列	与故障相关的监测数据（CSV 格式）

续表

智能体名称	输入数据	核心指令	输出数据
数据收集智能体（维修系统）	维修系统数据库导出的维修记录表单	基于以下故障信息，从维修系统数据库中提取相关数据：①与该故障相关的所有维修记录；②维修操作的详细描述；③更换的部件信息；④维修开始和结束时间；⑤维修人员信息请以 JSON 格式输出提取的信息	与故障相关的维修记录（JSON 格式）
数据收集智能体（任务管理系统）	维修系统数据库导出的任务派遣单	基于以下故障信息，从任务管理系统数据库中提取相关数据：①故障发生时正在执行的任务详情；②故障发生后的任务调整情况；③受影响的后续任务安排请以表格形式输出数据，包括任务 ID、任务类型、开始时间、结束时间、任务状态等	与故障相关的任务信息（JSON 格式）

基于智能体的 PHM 全历程数据集构建方法通过多个专门的智能体协同工作，实现了从多个异构数据源自动化提取、整合和生成高质量数据样本的过程。这种方法不仅提高了数据处理的效率，还通过智能化的数据提取和整合，提升了数据的质量和完整性。这种方法展示了在大数据、大模型时代，智能体技术在装备健康管理领域的巨大潜力。通过使用上述方法，可以快速生成大量如表 6.5 所示的全历程数据样本。

表 6.5 PHM 全历程数据样本

发生时间	专业	故障部位	所属系统	故障现象描述	诊断方法	严酷度	代码	故障排除方式	恢复时间	消耗配件类型	配件调货周期
4月1日 8:00—10:00	电子	导航系统	飞行控制及导航	导航屏幕上的 GPS 信号丢失	信号追踪分析	II类	ZDH456	检查天线连接，更新软件版本	2 小时	导航天线	3～5 天
4月2日 14:00—16:00	机械	起落架	起落装置	起落架无法正常收放	液压系统检查	III类	ZJK123	更换液压泵，调整收放机制	3 小时	液压泵	1～3 天
4月3日 9:30—12:00	电气	电气系统	电源系统	电池电量快速下降	电池性能测试	I类	ZDL789	更换电池，检查充电系统	1 小时	电池	2～4 天
4月4日 13:00—15:30	航电	通信系统	通信设备	无线电通信不稳定	通信设备检测	IV类	ZTG234	调整频率，更新通信模块	2 小时	通信模块	4～6 天
4月5日 11:00—13:30	机械	螺旋桨	推进系统	螺旋桨转速异常	动平衡测试	II类	ZJR567	调整桨叶平衡，更换损坏叶片	10 小时	螺旋桨叶片	30～50 天
4月6日 16:00—18:30	电子	飞控计算机	飞行控制及导航	飞控计算机响应延迟	系统性能检测	III类	ZFE890	升级飞控软件，检查硬件接口	3 小时	飞控计算机	30～50 天

通过整合生成全面、结构化的故障样本，可为 PHM 系统的训练和优化提供宝贵的数据支持，进而更高质量地完成部署使用阶段的 PHM 系统性能验证工作。

6.5.2 部署使用阶段的主要验证工作

PHM 系统部署使用阶段的验证工作主要包括两个方面：①PHM 系统实际性能的评估，包括故障诊断、寿命预测、运维决策支持等关键指标在实际使用场景下的水平，并基于实际运行数据对模型参数进行更新，提升算法性能，并验证优化效果；②PHM 系统与装备整体运维效益的协同验证，评估PHM对装备任务能力的影响、维修策略优化效果及PHM的经济性分析。

1. PHM系统实际性能评估

在PHM系统的寿命周期内，从工程研制阶段至综合集成和试验阶段，其性能评估往往依赖于受控环境下的试验数据或高度仿真的模拟数据。这些数据虽然能够提供一定的预测和验证基础，但它们受限于实验室条件，难以完全反映复杂多变的实际使用场景。相比之下，部署使用阶段的全历程数据则具备无可比拟的真实性和全面性，能够涵盖装备从投入运行之后的所有运行状态和环境变化，包括但不限于操作条件、维护记录、故障历史、性能退化趋势等，此外，验证过程是动态持续的，可以随着数据的不断积累而持续进行，及时发现PHM系统性能的变化趋势。基于PHM全历程数据的验证基本流程如下。

（1）全历程数据收集与预处理：按照6.5.1节介绍的方法，将在线监测数据、任务指派数据、外界环境数据、故障记录数据、维修记录数据、备件资源使用数据、供应链储供调度数据等进行智能化收集整理。

（2）被验证的PHM性能指标筛选：选择根据装备PHM系统的功能特点，按照3.2.2节的介绍，视情选择最符合的PHM性能指标，通常包括故障检测率、诊断准确率、诊断一致性、剩余使用寿命预测相对准确度、预测置信度等。

（3）数据分析与性能评估：基于全历程数据的PHM系统性能验证是一个系统化、全面的过程，要充分利用全历程数据的多源异构、时空分布广、数据量大等特点，从多个角度对PHM系统的性能进行深入分析。具体可以从以下几个维度展开。

① 趋势分析：利用全历程数据的时间连续性特征，研究PHM系统性能指标随时间的变化趋势。这包括对故障检测率、诊断准确率、预测相对准确度等关键指标在不同时间段的表现进行分析，识别系统性能的改进或退化趋势。例如，可以通过分析近几年的故障检测率数据，发现PHM系统对某些新型故障的检测能力是否有所提升。这种分析有助于及时发现PHM系统性能的长期变化，为系统优化提供方向。

② 对比分析：利用全历程数据中包含的设计指标和历史运行数据，将PHM系统的实际性能与设计指标或同类系统进行对比。这种分析可以清晰地展示出系统性能与预期目标之间的差距，有助于识别需要重点改进的领域。例如，可以比较当前PHM系统的预测精度与设计目标之间的差异，或者与其他同类PHM系统的性能进行横向对比，找出优势和不足。

③ 相关性分析：充分利用全历程数据的多维度特性，研究不同性能指标之间的相关关系。通过数据挖掘和统计分析技术，可以发现潜在的影响因素。例如，可能会发现故障检测率与某些特定的环境因素或操作模式之间存在显著相关性。这种分析有助于全面理解PHM系统的性能特征，为进一步优化提供依据。

④ 因果分析：基于相关性分析的结果，进一步深入研究影响PHM系统性能的关键因

素。这需要结合领域知识和先进的数据分析技术，如机器学习算法，来识别和量化各种因素对系统性能的影响。例如，可能会发现某些特定的传感器数据质量对预测精度有显著影响，或者某些算法参数的设置对诊断准确率起关键作用。这种分析为 PHM 系统的针对性优化提供了明确的方向。

2．PHM 系统与装备运维效益的协同验证

装备全历程数据不仅可以验证 PHM 的综合性能，也可以对装备整体的运维效益进行协同验证。装备整体运维效益是衡量装备在其寿命周期内，从任务执行能力、保障效能到经济性等多个维度的综合表现。它反映了装备在执行任务时的可靠性、可用性、保障效率及成本效益。具体来说，装备整体运维效益包括以下三个方面。

（1）任务能力：装备在执行任务时的能力和表现，主要指标包括能执行任务率、使用可用度、任务成功率等。

（2）保障能力：装备在保障任务执行过程中所表现出的支持能力，主要通过任务准备时间、故障修复时间、保障延迟时间、备件满足率与使用率等指标来衡量。

（3）经济效益：装备在运维过程中所产生的经济价值和成本效益，主要通过任务收益和综合运维成本等指标来衡量。

上述指标在之前的章节中都有介绍，本节重点强调的是运用全历程数据计算这些指标时需要特别注意的事项。在 PHM 论证、总体设计、研制与集成验证阶段，运维效益的评估和计算可以通过多方面的数据源来获得，如仿真、理论计算等，然而若要使用全历程数据进行评估验证，则会增添很多数据处理和分析上的特殊要求。与仿真数据和理论计算相比，全历程数据具有以下独特性。

（1）真实性：全历程数据来自装备实际运行过程，能够真实反映 PHM 系统在实际应用中的表现。这种真实性体现在如下几个方面。

① 数据包含了实际工作环境中的各种变量和干扰因素。

② 反映了设备在不同工况、负载和环境条件下的性能变化。

③ 蕴含难以通过仿真模拟的复杂系统交互和故障模式。

（2）复杂性：实际运行环境复杂多变，全历程数据往往包含大量噪声和干扰因素，增加了数据处理和分析的难度。具体表现为如下几个方面。

① 数据中包含多种类型的传感器信号，需要进行多源数据融合。

② 存在各种非线性关系和时变特性，难以用简单模型描述。

③ 包含了设备正常磨损、环境变化等引起的性能漂移。

④ 可能存在未知或难以识别的异常模式。

（3）不完整性：在各种原因（如传感器故障、数据传输中断等）的影响下，全历程数据可能存在缺失或不连续的情况。主要体现在如下几个方面。

① 某些时间段或工况下的数据可能完全缺失。
② 部分传感器数据可能存在间歇性丢失。
③ 数据采样频率可能不一致，导致时间序列不连续。
④ 某些重要参数可能未被采集或记录。

（4）时间跨度大：全历程数据通常覆盖装备的较长的使用周期，数据量庞大，时间跨度长，对数据存储和处理能力提出了更高要求。具体挑战包括如下几个方面。
① 需要处理 TB 甚至 PB 级别的海量数据。
② 数据跨越多年甚至数十年，需要考虑长期趋势和周期性变化。
③ 数据格式和采集方式可能随时间发生变化，需要进行标准化处理。
④ 长期数据存储和快速检索对数据基础设施提出了高要求。

鉴于以上特点与挑战，在进行运维效益评估时，需要特别考虑以下因素。

（1）考虑数据代表性：评估所用数据是否能代表 PHM 系统的典型应用场景。需要关注如下内容。
① 数据是否覆盖了设备的各种运行模式和工况。
② 数据是否包含了足够多的故障案例和异常事件。
③ 数据的时间跨度是否足够长，能反映设备的长期性能变化。
④ 数据是否来自多个相同类型的设备，具有统计意义。

（2）识别影响因素：分析可能影响评估结果的外部因素，如环境条件、操作方式等。需要考虑如下内容。
① 环境因素：温度、湿度、振动等对设备性能的影响。
② 操作因素：不同操作员的操作习惯、维护保养方式的差异。
③ 工况因素：负载变化、启停频率等对设备状态的影响。
④ 系统因素：其他相关系统或部件的状态变化对目标系统的影响。

（3）合理归因：准确区分 PHM 系统性能与其他因素（如设备本身性能改进）对评估指标的影响。需要考虑如下内容。
① 建立基准模型，量化 PHM 系统带来的增量效益。
② 考虑设备升级、维修更换等因素对性能的影响。
③ 分析 PHM 系统介入前后的性能变化趋势。
④ 结合专家知识，对异常或意料之外的性能提升进行合理解释。

综上，在运用全历程数据评估 PHM 系统效能与综合运维效益时，其独特性与挑战不容忽视。虽然全历程数据的真实性提供了接近实战的评估依据，但由于实际运行环境的复杂性，数据中包含的噪声、干扰及不完整性要求采用高级数据处理技术，加之时间跨度长、数据量庞大的特点，对数据存储与处理能力提出了严苛要求。因此，在评估过程中，需要特别注意数据的代表性,识别并量化外部影响因素,以及合理归因 PHM 系统效能提升的原因,区分系统贡献与设备固有性能变化的影响。通过综合考量这些因素,客观评估验证结果的准确性和全面性,方能为 PHM 系统的持续优化和装备运维效率提升提供有效支持。

6.5.3 PHM 性能的持续熟化

在 PHM 系统的部署使用阶段,持续的熟化过程是确保系统性能和适应性的重要环节。PHM 系统的熟化主要依赖于在实际使用过程中收集的各类数据与用户反馈。这一过程不仅能够不断优化和改进 PHM 系统的性能和算法,还能显著提高系统对实际工况的适应能力,增强其故障预测和健康管理的准确性。通过对装备在真实操作环境中的表现进行深入分析,PHM 系统能够实现自我调整和持续改进,从而更好地满足用户需求与实际应用场景。

1. PHM 熟化的基本机理

在装备健康管理(PHM)系统的部署使用阶段,PHM 系统的熟化过程是确保其长期有效性和适应性的关键环节。PHM 熟化不仅仅是对系统性能的优化,更是一个动态的、自我调整的过程,依赖于实际使用过程中收集的数据和反馈。

在 PHM 系统的研制阶段,由于对装备实际使用场景不可能考虑完全,且缺乏真实反馈数据,因此往往难以研发出功能全面、性能良好的 PHM 模型。这种局限性使得在初期阶段所建立的模型可能无法充分反映装备在实际运行中的复杂性和多变性。许多装备在投入使用后,尤其是在初始阶段,会经历一个适应期。在这一过程中,装备的可靠性、测试性和维修性等基础性能会随着使用时间的延长而逐渐提升。这种磨合过程不仅有助于消除初期的不稳定因素,还能通过实际操作数据的积累,为 PHM 系统提供宝贵的信息支持。PHM 系统自身同样需要经历一个磨合过程。在这一过程中,通过不断地进行数据反馈与算法优化,PHM 能够逐步适应不同的工作环境与操作条件。这个熟化过程是动态且持续的,它要求工程师不断监测、评估并调整系统,以确保其长期有效性和可靠性。

综上,PHM 熟化是一个复杂而动态的过程,它依赖于实际使用中的数据收集与反馈机制。在研制阶段,由于对真实使用场景考虑不足,因此导致初始模型存在局限性;而在装备适应期内,通过磨合与优化,不断提升系统性能和可靠性。因此,在 PHM 系统的部署使用阶段,持续进行熟化是确保其有效性的关键。

2. PHM 熟化的主要工作项目

1)用户反馈整合

在 PHM 系统的部署使用阶段,用户反馈整合是确保系统持续改进和优化的重要环节,旨在通过收集用户在实际使用中遇到的问题和建议,来指导 PHM 系统的调整与优化。为了有效收集用户反馈，可以采用多种方法，包括定期的用户满意度调查、现场访谈、使用日志分析等。这些方法不仅能够捕捉到用户对系统功能的直接反馈，还能揭示潜在的使用问题。除了收集反馈，用户培训与知识传递也是提升 PHM 系统有效性的重要组成部分。通过定期组织培训，帮助用户深入理解 PHM 系统的功能和操作，可以显著提高用户对系统的使用效率和满意度。在培训过程中，可以结合实际案例，展示 PHM 系统如何在不同场景下发挥作用，从而增强用户对系统的信任感和依赖性。此外，为了确保培训效果，建议建立知识库，将培训资料、使用手册和常见问题解答集中整理，以便于用户随时查阅。

2）模型算法持续迭代

模型算法的持续迭代是 PHM 系统优化的重要环节，它涉及对现有模型和算法的评估、更新与改进。PHM 系统的算法设计应具备自我更新和迭代能力，使其能够根据最新的实际使用数据进行动态调整。这一过程可以通过建立反馈机制来实现。当装备在实际使用中运行时，系统会实时收集各种状态数据，包括温度、压力、振动等参数，以及故障发生的历史记录。通过引入在线学习算法，模型能够在每次运行后自动更新其参数，以适应新的运行条件。这种自我适应能力使得 PHM 系统能够在面对复杂和变化多端的工作环境时，保持较高的故障检测和预测准确性。此外，为了确保算法具备良好的自我适应能力，开发团队还需要设计合适的指标来评估模型性能。例如，可以设置阈值，当模型输出的故障检测率或预测准确率低于某一标准时，系统会自动触发再训练机制。

除了自我更新与迭代能力，PHM 系统还需要实现对各类算法的实时监控，以确保其在运行过程中的稳定性与可靠性。通过实施性能监控，可以及时发现算法在特定条件下可能出现的问题并及时进行人工干预调整。此时，一线使用人员可以根据实际操作经验，对算法模型进行适应性修改。例如，他们可能会调整故障检测算法中的参数设置，以更好地适应当前操作环境。这种灵活性不仅提高了 PHM 系统对个性化需求的响应能力，也使得一线操作人员能够参与到模型优化过程中，从而增强他们对 PHM 系统的信任感和满意度。同时，将一线使用人员赋予一定的系统权限，使他们能够根据个性化需求对算法模型进行修改，这也是实现高效反馈的重要手段。在此过程中，应建立一个反馈机制，将用户所做的修改记录并反馈至研制单位，以便后续迭代熟化。这种信息流动不仅有助于改进当前模型，还能为未来版本的开发提供重要参考数据。

3）跨学科协作

跨学科协作是 PHM 熟化过程中不可或缺的一部分。为了实现 PHM 系统的有效研制与优化，需要建立一个由不同领域专家组成的联合团队。这一团队应包括来自装备研制部门、软件开发团队、数据分析团队的专家及运维人员等多方专业人士。通过整合不同专业背景的知识与经验，团队能够更全面地理解装备运行中的复杂性，从而为 PHM 系统提供更具针对性的解决方案。在协同设计方面，各团队之间必须保持良好的沟通与协调，以确保工作的统一性。定期召开跨学科会议，可以为各专业团队提供一个交流平台，使得每个团队都能分享自己的进展与面临的挑战。在这个过程中，项目经理或 PHM 总师起着至关重要的协调作用，他们需要具备较强的管理能力和跨学科沟通能力，以确保各方目标一致，共同推进 PHM 熟化工作。

6.6 小结

本章全面阐述了 PHM 系统的综合验证框架、方法和流程。首先从阶段维度和层级维度构建了验证体系，提出了全面覆盖、重点突出、分级实施、持续优化的实施原则。这种多维度的验证框架不仅确保了验证工作的系统性和全面性，还为不同阶段和层级的验证工作提供了明确的指导。总体设计阶段验证重点关注系统架构验证，包括功能、逻辑和物理架构验证，以及专家评审方法。这一阶段的验证工作为后续的详细设计和实施奠定了坚实基础。工程研制阶段验证则涵盖了 FMECA 验证、系统测试性模型验证和功能性能验证，采用仿真、半实物和试验台等方法，全面评估了 PHM 系统的各项功能和性能指标。综合集成和试验阶段验证重点强调了接口兼容性验证、跨分系统功能集成验证，并介绍了 PHM 综合试验台的构建策略。这一阶段的验证工作确保了 PHM 系统能够与装备的其他系统实现有效集成，并在实际或模拟环境下验证其整体性能。在部署使用阶段验证中，本章提出了全历程数据集构建方法，基于智能体技术实现多源异构数据整合，为 PHM 系统的长期性能评估和优化提供了数据支撑。

需要指出的是，尽管 PHM 验证在理论方法上已基本成熟，但在实际应用中仍面临诸多挑战和难点。根据作者的工程经验，验证工作在许多工程实践中仍属于比较薄弱的环节，PHM 系统涉及庞杂的功能和复杂的算法，不同验证方法和工具的有效性存在较大差异，许多 PHM 系统的验证过程缺乏深度，不能全面覆盖系统的功能和工作环境，导致难以及时发现在实际应用中出现的问题。此外，验证时效性问题也是一个重要挑战，验证过程往往耗时较长，无法在系统部署前及时提供可靠的验证结果。进一步的难点在于 PHM 系统的性能在部署使用后仍有持续上升空间，许多验证工作需要依赖实际使用中的反馈数据进行深度验证和摸底，并通过后续的数据进行持续验证，这种特点要求验证工作在规划中充分考虑系统的动态性和持续改进需求。因此，PHM 综合验证应贯穿系统全寿命周期，并注重信息累积，将前一阶段的验证结果作为后续验证的先验信息，以确保系统在各种条件下的可靠性和有效性。未来的 PHM 验证工作应更加注重动态性和持续改进，建立完善的验证机制，以适应 PHM 系统的不断发展和优化。

第 7 章 总结与展望

装备 PHM 技术自 20 世纪 90 年代初期萌芽以来，经历了近三十年的蓬勃发展，已成为保障装备可靠性、安全性和经济性的重要技术手段。回顾 PHM 技术的发展历程，我们可以清晰地看到其在理论、方法和应用等方面取得的显著进展。从最初的 BIT 测试电路，逐渐发展至全机状态监测和故障诊断，到如今的智能预测和自主决策，PHM 技术的演进反映了人类对复杂工程系统认知的不断深化。然而，我们也应该认识到，PHM 技术的发展并非一帆风顺。在实际应用中，我们仍面临着诸如需求不清、性能不稳、支持不够等挑战难点。这些问题的根源在于我们对复杂系统的认知仍有局限，需要在未来的研究中不断突破。

为了系统地总结提炼 PHM 技术的精髓，本书在总结大量前期 PHM 优秀成果的基础上，以基于模型的系统工程为指导思想，提出 PHM 全寿命周期 10 类关键模型的概念。这些模型涵盖了从需求分析、系统设计到验证确认的全过程，力求用简洁易懂的语言将每个模型的本质问题和解决方法介绍清楚，为 PHM 系统的论证、设计、研制与部署使用提供了全面的方法支撑。这种基于模型的方法不仅提高了 PHM 系统的设计效率和质量，还为不同领域、不同复杂度的 PHM 系统研制提供了统一的方法论框架。相信这套方法能够为学习 PHM 理论方法的学生和从事 PHM 设计与运维的各类工程人员提供有效的参考与指导。

展望未来 PHM 技术的发展，人工智能、虚拟现实、机器人等新兴技术不仅会赋能 PHM 的性能提升，还可能会颠覆 PHM 的研发与应用模式。可以预见，未来的 PHM 系统将不再局限于单一装备，而是形成覆盖整个装备群的智能感知和决策网络。PHM 技术的应用范围也将从传统的机械、电子系统扩展到更广泛的领域，如生物医疗、环境监测等。然而，我们也应该清醒地认识到，技术的发展并非我们的最终目的。在追求技术创新的同时，我们更应该思考如何将 PHM 技术与具体应用场景深度融合，真正实现"技术为生产力所用"的理念。只有这样，PHM 技术才能在提高系统可用度、降低维护成本、优化资源配置等方面发挥更大的作用。本章在总结全书内容精华的基础上，对未来 PHM 的技术形态、商业模式、研发策略，以及其所带来的模式变革与交叉研究做了探讨展望。

7.1 本书的核心内容与主要贡献

本书围绕装备 PHM 系统的全寿命周期工作，提出并系统阐述了 10 类关键模型，为 PHM 系统的需求论证、总体设计、工程研制和综合验证提供了全面的理论指导和方法支撑。这 10 类模型涵盖了 PHM 系统研制的各个关键环节，包括运行概念模型，能力需求模型，费用评估与优化模型，组织架构模型，功能-逻辑-物理架构模型，故障模式、机理、影响与危害性分析模型，系统测试性模型，状态监测、故障诊断与预测模型，基于诊断/预测信息的使用保障优化模型及效能验证模型。这些模型相互关联、相互支撑，构成了一个完整的 PHM 系统工程方法论体系，为 PHM 系统的成功研制和有效应用提供了系统化、结构化的解决方案。在需求论证阶段，PHM 运行概念模型、能力需求模型和费用评估与优化模型是核心。它们为 PHM 系统的需求论证提供了总体框架、能力结构和费用约束，也是 PHM 系统成功研发的基础；在总体设计阶段，PHM 组织架构模型、功能-逻辑-物理架构模型是关键，它们定义了 PHM 系统研制过程中的组织分工、职责边界和协作机制，明确了 PHM 系统的功能结构、逻辑结构和物理结构之间的映射关系，为后续的软/硬件开发和测试提供了支持；在工程研制阶段，故障模式、机理、影响与危害性分析模型、系统测试性模型、状态监测、故障诊断与预测模型和基于诊断/预测信息的使用保障优化模型代表了研发的主要工作，它们的有效设计与实现直接决定了 PHM 系统的性能和效能；而效能验证模型贯穿于 PHM 系统的整个研制和使用过程，是验证 PHM 系统是否满足设计要求和性能指标的关键依据，也为 PHM 系统的持续改进和能力提升提供了重要的反馈和依据。PHM 全寿命周期 10 类关键模型概览如表 7.1 所示。

表 7.1　PHM 全寿命周期 10 类关键模型概览

模型名称	核心功能	包含的子模型
运行概念模型	描述 PHM 系统的整体概念和运行机制，为后续设计提供框架和标准化描述方法	场景视图、运行视图、系统视图等
能力需求模型	明确 PHM 系统需要具备的关键能力及其性能水平，为功能分解和设计提供依据	能力依赖模型、能力分类模型、能力阶段模型等
费用评估与优化模型	评估 PHM 系统在全寿命周期内的成本投入与效益产出，为项目立项提供科学依据	全寿命周期成本分析模型、效益评估模型等
组织架构模型	定义 PHM 系统研制过程中的分工、责任与协作关系，为复杂系统的研制提供组织保障	PHM 组织架构模型

续表

模型名称	核心功能	包含的子模型
功能-逻辑-物理架构模型	确定PHM系统的功能结构、逻辑结构和物理结构之间的映射关系，是后续开发和测试的基础	功能架构模型、逻辑架构模型、物理架构模型
故障模式、机理、影响与危害性分析模型	识别和筛选故障模式，分析故障发生的根本机理，为后续诊断和预测提供依据	EFMMECA模型
系统测试性模型	优化测试策略，以获取高质量的输入数据，确保PHM系统的有效性	故障-测试依赖矩阵、测试性能评估模型等
状态监测、故障诊断与预测模型	实现对装备状态的实时监测和故障诊断，支持剩余使用寿命预测	状态监测算法、故障诊断算法、寿命预测算法等
基于诊断/预测信息的使用保障优化模型	将PHM输出结果应用于装备使用保障实践，指导运维决策	决策优化算法、多目标约束优化等
效能验证模型	验证PHM系统是否满足设计需求和性能要求，是系统验收的重要依据	验证活动、确认活动、需求一致性分析模型等

在这10类模型的基础上，本书对PHM全寿命周期各个阶段进行了详细阐述，它们的核心内容与关联关系如图7.1所示。

需求论证阶段是PHM系统研制的起点和基础。本书详细阐述了如何从装备全寿命周期管理的角度出发，系统分析和定义PHM系统的需求。这个阶段的核心工作包括明确PHM系统的目标和边界，分析装备的使用场景和保障模式，识别关键的监测对象和参数，定义PHM系统的功能和性能指标。特别强调了需求的可追溯性和一致性，提出了基于模型的需求分析方法，通过建立运行概念模型、能力需求模型等，实现需求的形式化描述和分析。此外，本书还介绍了基于仿真的PHM能力需求论证方法，通过建立PHM运行仿真模型，评估PHM系统的在不同PHM性能水平下的总体运维效益，为PHM系统的立项决策提供依据。通过这些方法和工具，可以确保PHM系统的需求是全面、务实、明确、可验证的，为后续的设计和实现奠定坚实基础。

总体设计阶段是将PHM系统需求转化为具体设计方案的关键环节。本书提出了一套系统化的PHM总体设计方法，包括功能、逻辑和物理架构设计。在功能架构设计中，介绍了如何基于需求分析结果，构建PHM系统的功能分解表，明确各功能模块的输入输出和相互关系。逻辑架构设计部分重点讨论了PHM系统的数据流、控制流和算法流的设计方法，以及如何实现各功能模块之间的协同。物理架构设计则关注PHM系统的硬件配置和软件部署方案，包括传感器网络设计、数据采集与处理单元设计、通信网络设计等。本书以F-35飞机、波音787民航客机为案例，介绍了几种典型PHM逻辑与物理架构，为PHM的总体设计提供了有效参考。

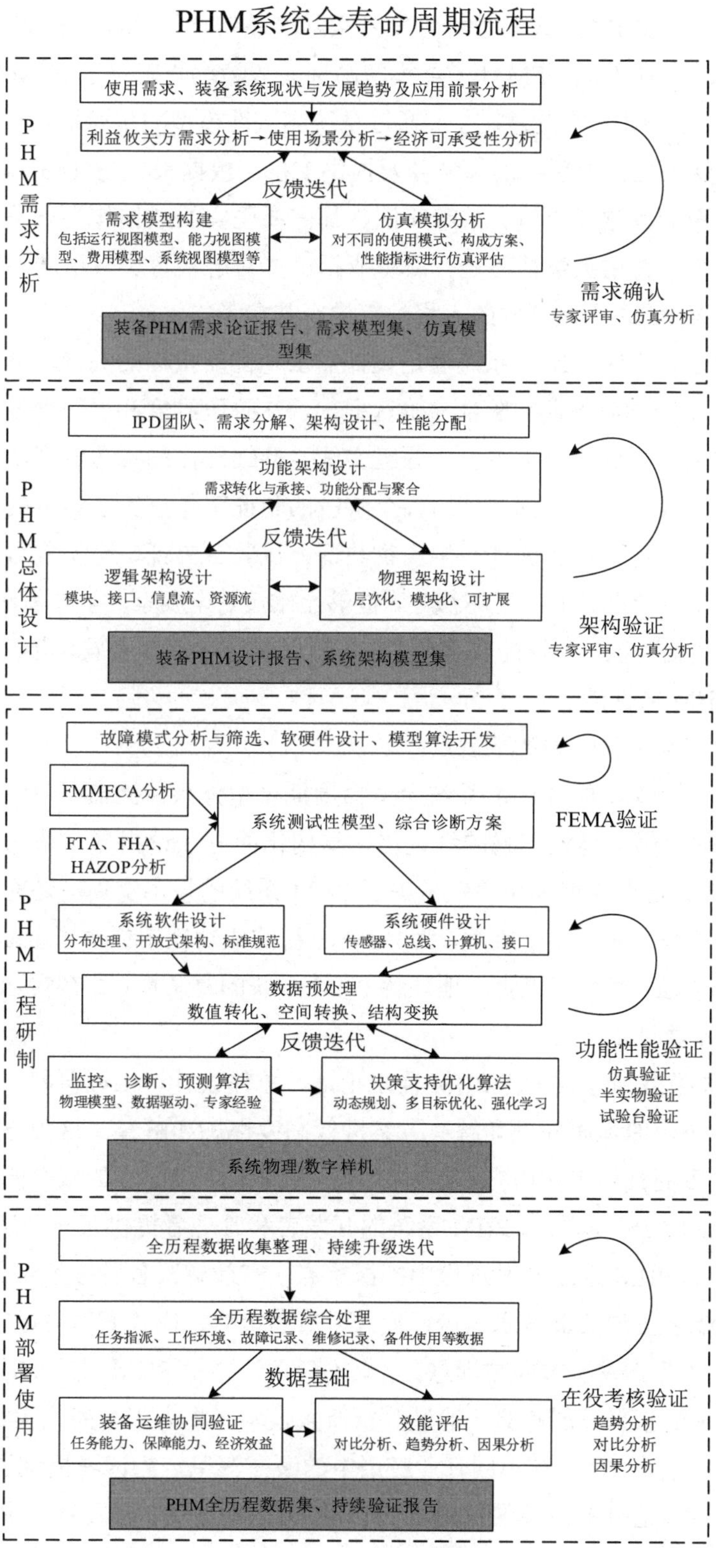

第7章 总结与展望

PHM系统全寿命周期流程

图 7.1　PHM 全寿命周期各个阶段的核心工作

工程研制阶段是 PHM 系统从设计方案到实际产品的转化过程。本书详细讨论了 PHM 工程研制的关键技术和方法。FMMECA 模型筛选的故障模式确定了 PHM 的处理对象，也决定了 PHM 性能的下限，在此基础上，通过系统测试性模型与传感器布局的优化，可以确保获取足够的监测数据，为后续的算法开发提供支持。数据采集与处理、状态监测/异常检测、故障诊断、寿命预测、决策支持等算法，都需要坚实的数据作为研发基础，本书阐述了这些算法的本质，并用数学语言进行凝练概括，并对解决每类算法的不同方法路径进行综述，能够为从事 PHM 算法开发的工程师提供有效参考。

综合验证阶段是确保 PHM 系统满足设计需求和性能指标的关键环节。本书提出了一个贯穿 PHM 系统全寿命周期的验证与确认框架，从阶段维度和层级维度构建了多维度验证体系，提出了全面覆盖、重点突出、分级实施、持续优化的实施原则，并对总体设计、工程研制、综合集成和试验、部署使用各个阶段的验证工作进行了详细的说明，并总结提出一套由专家评审验证、仿真验证、半实物验证、试验台验证、全历程数据验证等颗粒度逐步提高、可信度逐步提升的验证方法集，能够全维度、全要素、全过程地对 PHM 进行科学合理、经济有效的验证，不仅能够确保 PHM 的预期目标落地生效，也能在验证的过程中持续迭代提升 PHM 的性能。

本书的主要贡献可总结为如下三点。

（1）提出了一个完整的 PHM 系统全寿命周期模型体系，涵盖了 10 类关键模型，为 PHM 系统的研制提供了鸟瞰图式的系统化、结构化的方法论指导，帮助读者快速建立对 PHM 的全域认识。这个模型体系不仅考虑了 PHM 系统的技术实现，还充分考虑了组织管理、经济效益和工程实践等多个维度，为 PHM 系统的成功应用提供了全面的解决方案。通过这种系统化的方法，读者可以更好地理解 PHM 系统的复杂性，并在实际应用中更有效地规划和实施 PHM 项目。

（2）以 10 类模型为线索，将 PHM 需求论证、总体设计、工程研制、综合验证各个阶段的关键活动与对应的本质问题和解决方案进行高度提炼和解释。这种方法不仅能够帮助读者理解每个阶段的具体工作内容，还深入剖析了每个阶段面临的核心问题和解决思路。通过这种系统化的阐述，本书为 PHM 系统的开发者和管理者提供了一个清晰的路线图，使他们能够在复杂的 PHM 系统开发过程中把握重点，有效解决各种技术难点。

（3）对 PHM 涉及的关键技术、运行模式、研发策略、模式变革等进行深度讨论展望，指明了未来可能的重点发展方向与形态。本书不仅关注当前 PHM 技术的应用，还前瞻性地探讨了 PHM 技术的未来发展趋势。通过分析新兴技术（如人工智能、大数据、物联网等）对 PHM 的影响，以及 PHM 在不同行业应用中的潜在变革，为读者提供了 PHM 未来发展趋势的多视角解读。这种前瞻性的讨论对 PHM 领域的研究者、开发者和决策者有重要的参考价值，有助于他们制定长远的技术发展策略。

依据本书介绍的方法，作者将装备 PHM 全寿命周期的核心步骤进行了总结，如图 7.2 所示。

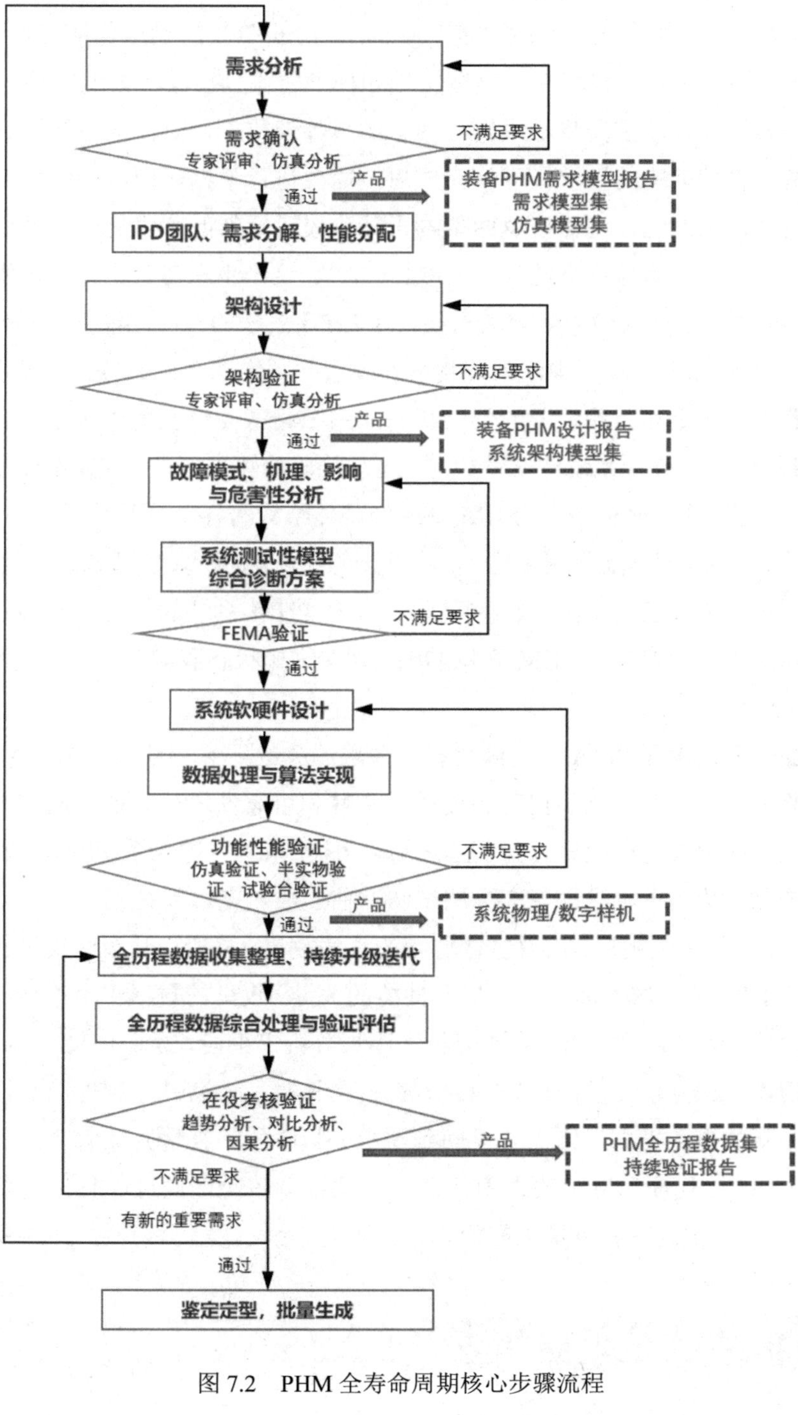

图 7.2 PHM 全寿命周期核心步骤流程

首先，进行需求分析与确认，这包括专家评审和仿真分析。专家评审能够汇集领域内资深专家的经验和见解，而仿真分析则可以通过数值模拟来预测和评估 PHM 系统的潜在效果。若需求确认未通过，则需要返回需求分析阶段重新审视和调整。一旦需求确认通过，IPD 团队将进行需求分解和性能分配。这一步骤旨在将高层次的系统需求分解为具体的功能和性能指标，为后续的设计和实现奠定基础。需求分析阶段的输出包括装备 PHM 需求模型报告、需求模型集和仿真模型集。这些文档和模型将作为后续阶段的重要参考和依据。

接下来是架构设计，需要将需求转化为系统总体架构。此阶段的主要工作包括功能架构、逻辑架构和物理架构的设计。设计完成后，需要进行架构验证，同样包括专家评审和仿真分析。若验证未通过，则需要返回架构设计阶段进行修改和优化。验证通过后，将进行故障模式、机理、影响与危害性分析（FMMEA）。这一步骤对于识别系统潜在的故障模式、分析故障机理及评估故障影响至关重要，为 PHM 系统的核心功能奠定基础。在完成架构设计和 FMMEA 分析后即可构建系统测试性模型并制定综合诊断方案，确保 PHM 系统能够有效地监测、诊断和预测装备的健康状态。系统测试性模型需要通过验证。若验证未通过，则需要返回重新设计系统测试性模型。这一阶段的输出是装备 PHM 设计报告和系统架构模型集，这些文档详细描述了 PHM 系统的整体结构和各个分系统的设计方案。

架构设计完成后，即可开展系统软/硬件设计与实现，此阶段包括系统软/硬件设计和数据处理与算法实现两个主要步骤。软/硬件设计涉及 PHM 系统的物理结构和软件架构，而数据处理与算法实现则聚焦于 PHM 系统的核心功能，如状态监测、故障诊断和寿命预测等算法的开发和优化。

功能性能验证是确保 PHM 系统满足设计要求的关键环节。这包括仿真验证、半实物验证和试验台验证三个层次，逐步提高验证的真实性和可靠性。若验证未通过，则需要返回相应的设计或实现阶段进行调整。验证通过后，PHM 系统将进入系统物理/数字样机阶段，这标志着系统已经达到了可以进行实际测试和评估的成熟度。

在 PHM 系统投入使用后，需要进行持续的数据收集、整理和升级迭代等在役考核的工作。这个过程是 PHM 系统不断优化和提升性能的关键。收集的数据将用于全历程数据综合处理与验证评估，通过趋势分析、对比分析和因果分析等手段，全面评价 PHM 系统在实际运行中的表现，并识别潜在的改进空间。若在役考核验证未通过，则返回验证过程进行整改；若出现了新的重大需求，则需要返回到需求分析阶段，视情开始整个流程。这体现了 PHM 系统研制的迭代性和持续改进的特性。若在役考核验证通过，且没有新的需求，则 PHM 系统将进入鉴定定型和批量生产阶段，标志着系统已经具备了大规模应用的成熟度。

7.2 PHM 技术的发展趋势

未来 PHM 技术将呈现出与装备总体设计深度融合的趋势，体现出设计思维、系统思维和数字思维的有机结合。分布式智能感知、数字孪生技术的深度应用、人工智能算法的深度集成及云-边协同计算架构将成为 PHM 系统的核心特征。这种演进不仅是技术的叠加，更是设计理念的革新。未来的 PHM 将在装备概念设计阶段就被纳入考虑，成为装备整体功能的有机组成部分，而不再是事后添加的独立系统。通过数字孪生技术，PHM 系统将能够实时同步物理装备的运行状态，实现更精确的故障诊断和预测。人工智能算法的深度集成将使 PHM 系统具备自适应学习能力，能够不断优化其性能。云-边协同计算架构则将确保 PHM 系统在保证实时响应的同时，实现复杂算法的在线优化和全局决策优化。这种技术形态的演进将使 PHM 系统成为装备"智慧大脑"的重要组成部分，推动装备向更智能、更可靠、更经济的方向发展。

与此同时，PHM 技术的发展将推动相关产业的商业模式创新，主要表现在基于性能的装备采办模式、PHM 解决方案服务化及跨行业 PHM 解决方案标准化等方面。同时，我们将看到更多的中小型企业参与到 PHM 全寿命周期的各个环节中，提供专业化、精细化的解决方案。这些企业可能专注于 PHM 总体设计、特定算法开发、数据整理分析等细分领域，以其高效率和专业性为复杂装备 PHM 产品研发贡献"小而精"的解决方案。例如，可能会出现专门提供 PHM 系统架构设计服务的公司，他们掌握先进的系统工程方法，能够快速为不同类型的装备制定 PHM 方案。还可能有公司专注于开发特定领域的故障诊断算法，如旋转机械、电子系统等。数据服务公司则可能专门从事 PHM 相关数据的收集、清洗、标注和分析，为 PHM 系统的开发和优化提供高质量的数据支持。这种专业化分工将大大提高 PHM 系统的开发效率和质量，推动整个行业的快速发展。

未来也会存在针对不同类型装备的 PHM 部署研发模式，根据综合考虑新研制的装备、已有装备改造及不同 PHM 能力需求装备的个性化开发等多个方面进行定制化开发。对于新研制的装备，PHM 系统应在装备概念设计阶段就被纳入考虑，与装备总体设计同步进行，实现 PHM 功能与装备功能的深度融合。这种方法可以最大化 PHM 系统的效能，同时最小化对装备性能的影响。对于已有装备的改造，需要考虑如何在不大幅改变装备结构的前提下，实现 PHM 功能的嵌入。这可能涉及传感器的后期安装、数据采集系统的改造及 PHM 算法的定制化开发等。针对不同 PHM 能力需求的装备，需要采取个性化的开发策略。例如，对于高价值、高可靠性要求的装备，可能需要开发全面的 PHM 系统，包括实时监测、故障诊断、寿命预测和决策支持等全方位功能。而对于一些相对简单或成本敏感的装备，可能只需要开发基本的状态监测和故障报警功能。此外，还需要考虑装备的使用环境、任务特性、维护保障模式等因素，制定最适合的 PHM 部署策略。PHM 技术的交付/服务形式会从以硬件为中心向以服务/性能为中心的采办运营模式转移。未来智能化 PHM 解决方案的核心价值体现在对工程系统的架构特征、运行与故障机理、集约高效的软/硬件配置、性能优异的诊断预测算法等要素的综合集成上，客户会为 PHM 产生的装备生产力提升、运营成本下降、安全性提升等量化的真实效益买单，而不是 PHM 的软/硬件等实体产品。

在以上展望的基础上，我们几乎可以确定，PHM 技术的发展将带来装备运维模式的全面变革，并与多项技术进行交叉应用，全面革新下一代装备的研发与使用模式。在数字赋能价值创造方面，PHM 将通过数据驱动的方式，实现装备全寿命周期的价值最大化。大数据环境下，PHM 将推动装备通用质量特性的全面提升，并实现装备群的协同健康管理，优化整体系统性能。智能工厂运维系统和动态可重构装备集群管理将成为 PHM 新的应用场景，通过实时健康状态评估和预测，实现装备集群层面的资源动态优化配置，各类装备与资源将会被"物尽其用"。此外，PHM 还将与材料科学、控制理论、信息科学、管理科学等多学科深度融合，推动跨学科创新研究。例如，PHM 与材料科学的结合可能催生新的智能材料和结构健康监测技术；与控制理论的结合可能产生基于健康状态的自适应控制策略；与信息科学的结合可能带来新的大数据分析和知识发现方法。这些交叉研究将不断拓展 PHM 的应用边界，推动装备管理模式的革新和产业的创新发展。

7.2.1 未来 PHM 技术总体展望

展望 PHM 的未来发展，需要回顾过去，把握现在，方能准确预测未来。本节将从国家顶层需求、技术发展和工程应用三个方面，系统分析 PHM 的发展历程和未来趋势，相信能够为广大 PHM 从业人员提供一个总体发展脉络，并为未来的相关 PHM 研究提供有效参考。PHM 技术总体展望示意图如图 7.3 所示。

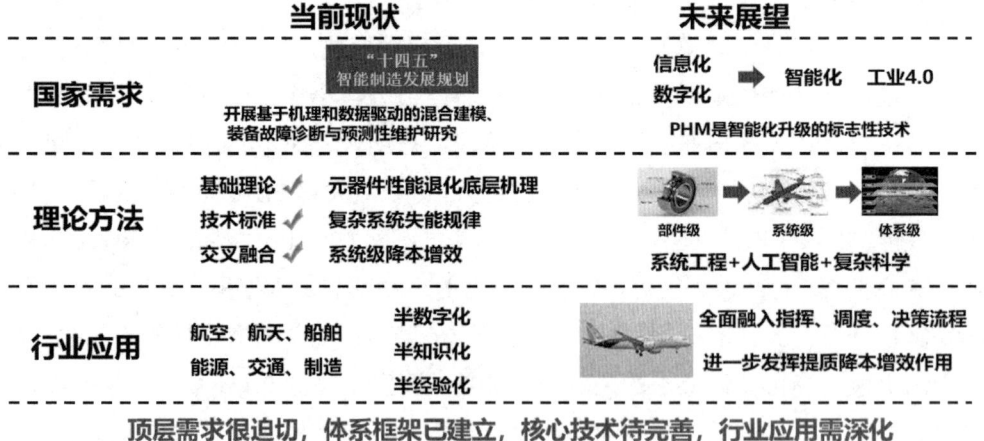

图 7.3 PHM 技术总体展望示意图

1. 国家顶层需求角度

从国家顶层需求角度来看，过去 20 年，装备对状态监测、故障诊断和维修优化的需求经历了从被动监测到主动预测、从单一功能到综合优化的演变。早期 PHM 主要关注单一设备的故障检测和诊断，以减少意外停机和维修成本。随着技术的进步和需求的提升，PHM

逐步向智能监测和主动运维优化方向发展，不仅能够预测潜在故障，还能优化整个装备系统的运维策略。PHM 技术在未来 5~10 年内将迎来重大发展机遇。一系列国家战略性政策文件均明确指出要大力发展 PHM 相关技术。我国现役和未来要研发的高端装备普遍要经历一轮数字化、智能化改造升级，这也会对 PHM 技术提出更高要求，这不仅体现了国家对 PHM 技术重要性的认识，更为 PHM 技术的发展提供了强有力的政策支持、需求牵引与资金保障。这一发展机遇主要体现在以下几个方面。

1）国家政策支持

《"十四五"智能制造发展规划》等一系列国家战略性政策文件均明确指出要大力发展基于机理和数据驱动的混合建模、装备故障诊断与预测性维护等 PHM 相关技术。例如，《"十四五"智能制造发展规划》提出要推进智能制造装备创新发展，重点突破智能感知、人机协作、机器视觉等关键技术，提升装备的智能化水平[62]。这些政策的出台不仅体现了国家对 PHM 相关技术重要性的认识，更为 PHM 技术的发展提供了强有力的政策支持和资金保障。

2）高价值装备领域需求

在重大装备领域，如大飞机、空间站、高铁、大型工程机械等，PHM 技术将成为其智能化升级的核心支撑。以航空领域为例，根据中国商用飞机有限责任公司发布的《2020—2039 年民用飞机市场预测年报》[63]，预计这 20 年中国市场将需要 8725 架新飞机，价值约 1.3 万亿美元。如果能够通过 PHM 技术将飞机的维护成本降低 10%，那么每年就可以为航空业节省数十亿美元的开支。这巨大的经济效益将极大地推动 PHM 技术在航空领域的应用和发展。

3）新兴产业领域应用

在新兴产业领域，如新能源、智能制造等，PHM 技术将发挥关键作用。以风电行业为例，根据全球风能理事会（GWEC）的数据，2020 年中国风电累计装机容量达到 281.5GW，到 2025 年达到 507GW[64]。如果通过 PHM 技术能够将风机的可用率提高 1%，那么每年可以为风电行业创造数十亿元人民币的额外收益。这巨大的市场潜力将推动 PHM 技术在新能源领域的快速发展和应用。

4）与新一代信息技术融合

在国家战略性新兴产业如人工智能、大数据、工业互联网等领域，PHM 技术将与这些技术深度融合，形成新的技术增长点。例如，结合 5G 和边缘计算技术，PHM 系统可以实现更快速、更精准的故障诊断和预测，为工业设备的智能化管理提供强有力的技术支撑。根据中国信息通信研究院的预测，到 2025 年，5G 在工业互联网领域直接创造的经济总量将达到 3.6 万亿元。

5）现役装备数智化改造升级

未来，我国现役的大量高价值装备将经历一轮数字化与智能化升级，PHM 技术将是这轮升级的标志性技术之一。以国防装备为例，根据公开资料，我国正在推进现役主战装备的数智化升级改造，到 2025 年，主要作战平台的数字化率达到 85%以上。PHM 技术在这一过程中将发挥重要作用，提高装备的可靠性、可用性和维护性。

6）新研制装备强劲的需求

对于新研制的装备，PHM 将作为标配技术被纳入装备的整体设计中。例如，我国正在研制的新一代战斗机、大型客机、大型舰船、空间站等，都将全面具备数字化、智能化能力，其中，PHM 系统是核心组成部分。《通用航空发展白皮书（2018）》指出，到 2035 年，我国通用航空网络将初步形成，通用航空年飞行小时将达到 600 万小时，机队规模将达到 2 万架以上，其中智能化系统（包括 PHM）将占据重要份额[65]。总的来说，PHM 技术的发展正处于国家需求与技术创新的双重驱动下，未来将在重大装备、新兴产业、信息技术融合等多个领域发挥重要作用。这不仅将推动我国装备制造业的转型升级，也将为经济高质量发展提供重要支撑。

2. 技术发展角度

从技术发展角度来看，过去 20 年，PHM 技术经历了多轮技术革新，早期的 PHM 主要依赖专家经验和物理模型，而当前的 PHM 技术已经形成了相对完善的理论框架和技术标准，融合了信号处理、性能退化建模、机器学习等多个学科的理论和方法，形成了一套较为完整的技术体系。随着大数据和人工智能技术的发展，基于多模态数据的数据科学方法将逐渐成为 PHM 技术的主流，具体有以下几点趋势。

1）数据处理能力的大幅提升

随着 5G、边缘计算等数据采集与处理技术的发展，PHM 系统将能够处理更大规模、更高维度的数据，实现对数量庞大的装备集群更精准的状态监测和健康管理。以风电健康管理系统为例，一个典型的拥有 100 台风机的风电场，每台风机的综合监测频率可超过 10kHz，包括风速、风向、发电量、振动、温度等参数，每天累积超过 8.6 亿个数据点，在先进的处理算法和云计算平台的加持下，健康管理系统能够实时处理这些海量数据，数据处理时间可达分钟或秒级，这种高效的数据处理能力使得风电场运营商能够及时发现和处理潜在问题，大大提高了风机的可用性和发电效率。

2）智能化水平的持续提高

深度学习、强化学习、迁移学习和元学习等先进 AI 算法正在深度融入 PHM 系统，显著提升其智能化水平。深度学习能够从海量多源异构数据中自动提取特征，实现端到端的故障诊断和寿命预测,大幅提升了 PHM 系统的准确性和稳健性。例如,在轴承故障诊断中,深度学习方法相比传统机器学习方法,诊断准确率提升了 15%～20%。强化学习则使 PHM 系统具备了自适应决策能力,能够在动态复杂环境中优化维护策略,提升了系统的可用度与效益。迁移学习和元学习在一定程度上解决了 PHM 领域普遍存在的故障数据稀缺问题,使得模型能够快速适应新的工作条件和故障模式。例如,通过迁移学习,仅需原有 10%的数据量就能在新设备上达到相同的诊断精度。这些方法的融合应用体现了 PHM 智能化的发展趋势:从被动响应到主动预测,从单一任务到多任务协同,从依赖专家知识到数据驱动的自主学习。未来,随着大规模预训练模型在工业领域的应用,PHM 系统有望实现更强的泛化能力和解释性,能够处理更复杂的故障场景,并提供更可靠的决策支持。

3)多学科知识的深度融合

PHM 技术的发展越来越依赖于多学科知识的融合,材料科学、机械工程、电气工程等学科提供了特定背景知识和物理机理模型。例如,材料科学的疲劳理论和断裂力学为部件寿命预测提供了理论基础;机械工程中的振动分析和热力学为故障诊断提供了重要依据。控制科学、可靠性工程等学科提供了系统分析和优化的理论方法。例如,控制理论中的状态估计方法被广泛应用于 PHM 系统的状态监测;可靠性工程中的加速寿命试验方法为寿命预测提供了重要支撑。信息科学、大数据、人工智能等学科提供了先进的数据处理和分析手段,使得 PHM 系统能够处理海量多源异构数据并具备强大的模式识别和预测能力。例如,在飞机结构健康监测的应用中,需要通过融合材料科学的腐蚀速率模型、机械工程的结构应力分析、电气工程的传感器信号处理技术,以及信息科学的深度学习算法,构建了一个全面的多学科融合 PHM 框架,同时考虑了材料微观结构变化、热力学性能退化和宏观运行参数的变化,这种多学科融合不仅提高了 PHM 系统的性能,还增强了其适应性和可解释性,为 PHM 技术的持续发展提供了新的动力和方向。

尽管 PHM 技术在近年来取得了长足进步,但在一些关键领域仍面临着挑战和机遇。首先,一些重要元器件的底层性能退化机理尚未完全厘清,这限制了我们对其健康状态进行精准评估和预测的能力。未来需要在材料、机械、电子等学科领域进一步开展基础研究,揭示元器件损伤、磨损、疲劳、老化等机理,为 PHM 算法的设计提供理论基础。其次,对于飞机、船舶等复杂工程系统,其故障模式多样、交互作用复杂,全面刻画系统级故障的演化规律难度很大。这需要综合运用系统工程方法,分层分解系统功能,刻画各层级健康状态的相互影响,构建多层次、多粒度的健康评估模型。同时,人工智能技术的引入为解决上述复杂问题提供了新的思路。深度学习、迁移学习、强化学习等数据驱动的方法可以自适应地建模复杂系统,知识图谱、大模型等知识驱动的方法则能更好地利用领域知识,两者的结合将极大提升 PHM 的智能化水平。最后,在装备的全寿命周期管理中,现有 PHM

技术对降本增效的作用还有待进一步挖掘。未来需要开展面向经济性的PHM优化设计，平衡监测能力、算法性能与成本投入，并通过精准的健康预测与维修决策显著提升装备运营效率。总之，未来PHM技术的发展需要进一步融合系统工程、人工智能、复杂科学等学科专业的前沿成果，针对装备全寿命周期的需求，系统性地解决关键基础问题、工程应用问题和经济性问题，真正实现PHM的价值。

3. 工程应用视角

从工程应用视角来看，PHM技术在我国航空航天、船舶、能源、交通等领域已经得到了广泛应用，取得了一定的效益，但整体上PHM技术在我国仍处于起步阶段，很多先进的理论方法尚未完全落地。虽然在一些局部分系统或关键部件上进行了效能验证，但对于装备系统整体的运维效益提升的贡献还比较有限，还有很大的潜力可以挖掘。这主要是因为工程系统的复杂性和不确定性，使得许多新的理论方法难以直接应用，需要大量的工程调优和实践验证，这也是未来一段时间我国PHM应用需要解决的问题。

首先，大部分PHM应用仍处于半数据化、半知识经验化的阶段。虽然已经建立了基本的PHM架构和数据采集系统，但在数据分析和决策支持方面的应用还比较薄弱。例如，在某型号飞机的PHM系统中，虽然已经实现了对关键部件的实时监测，能够监测超过1000个参数，但由于故障模式数量多、机理复杂，基于人工智能的先进诊断方法尚未全面铺开应用，只有不到20%的参数被用于故障诊断，其中90%以上的诊断规则基于简单的阈值判断，预测性维护能力还比较有限。未来需要进一步提升PHM系统的智能化水平，实现从"被动响应"到"主动预测"的转变。这需要在数据质量、算法优化、知识融合等多个方面进行突破。

其次，PHM系统的效能还没有充分发挥出来。一方面，由于缺乏对复杂系统故障机理的深入理解，因此PHM系统的诊断和预测精度还有待提高。例如，在某型号燃气轮机的PHM系统中，对于单一部件的故障诊断准确率可以达到90%以上，但对于多部件耦合故障的诊断准确率仅为60%左右。这主要是因为缺乏对系统级故障机理的深入研究，难以建立准确的多部件耦合故障模型。另一方面，PHM系统与企业的生产管理系统、资源规划系统等还没有实现深度集成，导致PHM系统的输出结果无法有效指导企业的运维决策。例如，在某大型石化企业的应用中，虽然PHM系统能够对设备的健康状态进行实时监测，但由于缺乏与企业ERP系统的集成，无法实现基于健康状态的动态维修计划调整。具体而言，该企业的PHM系统每天可以生成超过100条设备异常警报，但只有不到30%的警报能够及时转化为具体的维修工单。未来需要进一步推动PHM系统与企业其他信息系统的深度融合，实现全流程的智能化运维。这需要在系统架构、数据标准、业务流程等多个层面进行创新和优化。例如，通过构建基于微服务架构的PHM系统，可以实现与企业其他系统的灵活集成；通过建立统一的数据标准和接口规范，可以确保 PHM 系统与其他系统之间的数据互通和信息共享。

最后，PHM 技术的应用还存在"重硬轻软"的问题。目前，大多数企业在 PHM 系统建设中过于注重硬件设施的投入，如传感器网络、数据采集系统等，而忽视了软件算法和决策模型的开发。这导致 PHM 系统虽然能够采集大量数据，但无法从数据中挖掘出有价值的信息。例如，在某型飞机的 PHM 系统中，一个机队每年可产生约 10PB 的海量数据，但实际用于故障诊断和预测的数据不到 1%。这主要是因为还未将更强大的人工智能技术应用落地，尚未开发出针对性的数据处理算法，无法从海量数据中提取有价值的特征和规律。未来需要更加注重 PHM 软件系统的开发，特别是在大数据分析、人工智能算法等方面加大投入。这需要在装备研制方、PHM 技术供应商、高校研究所等组织在算法创新、系统工程、人才培养等多个方面进行系统性布局与协同，建立高效通畅的产学研合作机制，加速 PHM 技术的创新和落地。

7.2.2 未来 PHM 的可能商业模式与研发策略

随着装备对故障预测与健康管理（PHM）的需求日益增长，PHM 技术本身的复杂性也日益凸显。由于 PHM 涉及众多学科和技术领域，很难有单一企业或组织能够全面掌握其研发和关键技术，因此，一个完善的产业链生态圈应运而生，共同推动 PHM 技术的发展和应用。PHM 生态圈是一个由多个成员组成的协作网络，每个成员都在 PHM 研发的全寿命周期中扮演着独特的角色，专注于不同的业务领域，拥有各自的优势和商业模式。PHM 生态圈的概念源于装备健康管理需求的多样性和技术实现的复杂性，在当前国际市场上，主流的 PHM 解决方案供应商如 GE、Honeywell、Bosch 等，无不依赖于一个由多方参与者构成的 PHM 协作网络。

按照 PHM 研制周期的划分和现有市场格局态势，生态圈中大致有论证者、设计者、开发者、运维者 4 个角色。论证者主要负责市场调研、系统建模和仿真分析，为特定装备提供成熟的 PHM 使用模式、能力需求、效能仿真分析、效费比分析等咨询服务，为 PHM 立项决策提供支持。设计者则专注于系统建模、架构设计和布局优化，根据装备个性化需求，提供 PHM 总体架构解决方案，包括采、存、传、算硬件框架，以及开放式软件架构与接口规范。开发者主要承担故障模式分析、试验平台和算法工具的研发任务，根据装备关键分系统或 LRU 的监测、诊断、预测等要求，完成特定故障模式的 PHM 功能开发。运维者则利用数据治理、决策支持和系统开发等技术手段，依托真实运维数据与人工智能技术，不断补充改进 PHM 功能，提高 PHM 的落地价值，这 4 个角色的主要信息如表 7.2 所示。

表 7.2　PHM 主要商业模式简介

角色名称	商业模式	核心竞争力	典型代表
论证者	论证者通常是行业咨询公司或智库研究所，为特定装备提供成熟的 PHM 使用模式、能力需求、效能仿真分析、效费比分析等咨询服务，为 PHM 上马决策提供支持。他们凭借丰富的行业经验和专业知识，深入了解客户需求和痛点，并结合 PHM 技术的最新发展，量身定制 PHM 解决方案。通过市场调研、系统建模和仿真分析等技术手段，对 PHM 方案的可行性和效果进行预测和评估，为客户的决策提供有力支持，从而获取咨询服务收入	1. 深入理解行业和客户需求，提供专业化、个性化的 PHM 咨询服务。 2. 掌握市场调研、需求分析、系统建模等方法，准确把握 PHM 需求。 3. 运用仿真分析、效费比分析等手段，科学评估 PHM 方案的可行性和收益。 4. 沟通协调能力强，能够在 PHM 各利益攸关方之间搭建桥梁，平衡各方诉求	国外：兰德、麦肯锡、波士顿咨询 国内：空军研究院、航空研究院
设计者	设计者通常是装备研发企业或相关的技术服务公司，根据装备个性化需求，提供 PHM 总体架构解决方案，包括存、传、算一体化硬件框架，以及开放式软件架构与接口规范。设计者需要深入理解客户的业务需求和装备特点，综合考虑技术可行性、经济性、可维护性等因素，设计出最优的 PHM 系统架构，并与其他生态圈角色密切协作，从而获取架构设计服务收入	1. 具备强大的系统工程能力，能够进行体系架构设计和优化。 2. 熟悉各类传感器、数据采集与传输、边缘计算等技术，并能够进行集成设计。 3. 精通主流软件架构和接口规范，能够设计开放式、可扩展的 PHM 软件系统。 4. 项目管理经验丰富，能够协调各方资源，控制进度、质量和成本	国外：波音、空客、霍尼韦尔、普惠、SAP 国内：军工集团各主机所、各高端装备研发企业
开发者	开发者通常是系统研发公司，根据装备关键分系统或 LRU 的监测、诊断、预测等要求，完成特定故障模式的 PHM 功能开发。开发者需要根据设计者提供的架构方案，结合装备的故障模式、监测需求等，开发出高效、可靠的 PHM 功能模块，并搭建 PHM 试验平台，对算法模型进行测试和验证，不断优化和完善，并与运维者紧密合作，根据实际运维中发现的问题，对 PHM 系统进行升级和改进，从而获取 PHM 系统开发收入	1. 精通 PHM 相关的信号处理、特征提取、故障诊断、寿命预测等算法。 2. 庞大成熟的故障模式数据库，可快速开展高质量的 FMEA 分析。 3. 熟练掌握 PHM 软/硬件开发技术，能够完成从传感器到云平台的全栈开发。 4. 具备搭建 PHM 测试平台的能力，能够开展实验室和现场试验验证。 5. 快速迭代开发能力强，能够根据反馈持续优化和完善 PHM 系统	国外：通用电气、博世、西门子、斯凯孚 国内：东华测试、容知日新、博华科技
运维者	运维者通常是配套服务公司或"专精特新"小企业，依托真实运维数据与人工智能技术，不断补充改进 PHM 功能，提高 PHM 的落地价值。他们贴近装备使用一线，能够及时发现和解决 PHM 系统在实际运行中遇到的问题。运维者需要建立完善的数据治理体系，不断优化 PHM 算法模型，提高故障诊断和寿命预测的准确性。同时，运维者还可以根据 PHM 系统的输出，为装备的运维决策提供支持，制定最优的维修策略、备件管理方案等，从而通过提供运维服务获得收入	1. 拥有完善的工业大数据采集、存储、管理、分析能力，能够进行数据资产运营。 2. 掌握机器学习、深度学习等人工智能技术，能够优化 PHM 模型。 3. 熟悉装备运维流程和标准，能够制定科学的预防性维修策略	各类"专精特新"中小企业

利用以上的生态环境，可以针对不同装备个性化的 PHM 需求，组建联合团队进行协作研发。作者根据多年对 PHM 行业的观察，总结出三种未来可能的装备 PHM 研发模式，分别对应了老旧装备 PHM 轻量化升级、现役装备 PHM 数智化升级、新研制装备的 PHM 顶层设计。这三种模式对 PHM 的能力有不同的需求，同时也考虑装备现有的能力，按照最优效费比配置的原则进行研发。

1. 老旧装备 PHM 轻量化升级

老旧装备的 PHM 能力补充是我国未来装备体系建设的重要组成部分，这类装备具有以下典型特征。

① 装备已经定型列装多年，使用年限较长，部分装备可能已经接近设计寿命，但由于各种原因仍需要继续使用。

② 装备的系统架构、内部布局等物理特性基本固化，无法进行大规模的硬件改造，加装新的传感器或 PHM 专用设备的成本和技术难度很高。

③ 装备长期服役积累了大量的历史运行与维修数据，这些数据蕴含了装备退化、故障的有价值信息，但缺乏有效的分析利用手段。

针对这类存量老旧装备，实施全面的 PHM 改造代价过高，在许多情况下也并无必要。科学合理的策略是在尽量不改变装备物理架构的前提下，充分利用装备长期服役积累的海量数据，并在局部加装少量新型传感器，以数据驱动的方式实现轻量化的 PHM 能力提升。在实施过程中，论证者需要评估装备的故障模式，筛选关键监测对象，并论证 PHM 改造的可行性和经济性。开发者需要搭建数字孪生平台，建立虚拟传感器模型，并研发相应的诊断和预测算法。运维者需要配合数据采集，并利用 PHM 分析结果指导装备的维修保障工作。

以某型号老旧飞机的 PHM 改造为例。该机型 20 世纪 80 年代设计定型，90 年代列装，目前已服役几十年，预计还将继续服役 10~15 年。由于该机设计之初并未考虑 PHM 理念，其物理架构已经定型，传感器布置有限，机载的传感器、计算设备能力严重不足，且机体结构已经很难改变，因此全面加装 PHM 系统的成本很高。在这种情况下，我们采取的 PHM 升级策略如下。

（1）充分利用飞机长期服役积累的海量历史数据，包括飞行数据、维修记录、故障报告等，利用大数据分析、机器学习等技术，深入挖掘数据中隐含的故障征兆、退化趋势等有价值信息，建立飞机关键部件和系统的退化模型和故障预警模型。

（2）在试验机上进行虚拟传感器研发，在飞机局部区域（如易损件、关键部件等）选择性地加装少量新型传感器，如振动、位移等传感器，获取传统机载设备难以直接测量的状态信息。利用有限的改装，最大限度地提升数据的广度和深度，同时也节省了对大量老旧飞机加装传感器的成本。

（3）重点观察分析试验机上新增传感器与原有机载传感器数据之间的关联关系，研究两类数据反映故障特征的差异和互补性。在充分理解已有数据与新增数据的基础上，构建面向PHM的虚拟传感器数字模型。

（4）利用数字孪生技术，在地面系统中构建飞机的高保真虚拟模型，将机载传感器数据与地面仿真数据相结合，通过模型验证和参数调优，构建能够反映飞机实际健康状态的"虚拟传感器"，实现对未直接测量的状态参数的估计。

（5）在地面系统中，综合利用机载测量数据、虚拟传感器估计数据和历史数据，构建多层次、多粒度的飞机健康评估模型。利用人工智能技术，重点攻关复杂工况下的故障诊断、故障预测和寿命预估等关键算法，实现飞机关键部件和整机的健康状态评估与预警。

（6）在PHM算法的基础上，进一步构建面向飞机管理人员和维修人员的健康管理与决策支持系统。该系统能够直观呈现飞机的健康状态，预警可能的故障风险，并针对性地生成飞机运行策略和维修策略建议，辅助管理人员进行科学决策。

通过上述策略，在不改变飞机物理架构的情况下，综合利用数据驱动、模型驱动和知识驱动的方法，显著提升在役飞机的PHM能力。一方面，数据挖掘和虚拟传感技术的应用，最大限度地开发利用了宝贵的历史数据资源；另一方面，算法模型与决策系统的构建，又将数据转化为切实指导飞机运维的智能化手段。这种"老旧装备PHM轻量化升级"模式，为延长老旧装备的服役寿命、提高其运行可靠性和经济性提供了新的思路。

需要指出的是，这种模式也并非只针对飞机，对于其他同样具有架构定型、数据积累丰富这两大特点的存量装备，如船舶、电力设备、工程机械等，也同样适用。但具体的实施方案需要针对不同的装备特点和应用需求进行个性化设计，以实现"轻量化"和"高效化"的平衡。此外，在实施过程中，装备管理部门、使用部门、维修部门、科研部门等多方主体的协同配合至关重要，需要建立高效的跨部门协作机制。

2. 现役装备PHM数智化升级

相比于"老年期"的老旧装备，现在正处于"壮年期"的主力装备具备更高的PHM改装升级价值，这类装备的典型特征如下。

① 这类装备大多已服役10年以上，立项设计时并未全面考虑PHM的理念和技术，导致装备缺乏必要的传感器接口和PHM信息系统架构，但由于其价值和地位，在未来相当长的一段时间内仍需持续服役。

② 装备长期服役，运维效益不高，运营成本居高不下，面临降本增效的巨大压力，迫切需要通过数字化改造来提升装备的PHM能力，实现状态感知、故障诊断、寿命预测和精准维修等功能。

③ 受限于原有的设计，对装备实施全面的PHM改造代价很高，需要权衡投入产出比，采取针对性的策略，重点对薄弱环节进行升级，并最大限度利用新兴的数字化技术手段。

针对这类存量装备，实施数字化 PHM 升级改造的总体策略是在尽量不改变装备物理架构的前提下，重点对装备的数据采集、传输、处理、应用等数字化基础设施进行升级，以数据驱动的方式实现 PHM 能力的跨越式提升。这种模式可称为"现役装备 PHM 数智化升级"。在这个过程中，论证者需要全面评估生产线的薄弱环节，并论证多源异构传感器升级的必要性和可行性。设计者需要针对性地设计传感器部署方案和数据采集方案，并规划边缘计算和云计算平台。通过构建装备数字孪生体，模拟评估不同传感器布局方案的性能，平衡测点数量、位置与成本。充分考虑装备原有的物理约束，研制轻量化、低成本、即插即用的智能传感终端，并设计开放式、可扩展的数据处理架构。开发者和运维者需要协作研发多源异构数据的融合计算方法，并开发各类监测、诊断、预测和优化算法，持续优化装备的控制策略和维护策略，提升装备运行效率。

以某石化生产线的 PHM 数智化升级为例。该生产线建成于 2012 年，设计之初并未考虑全面的数字化和 PHM 设计，运维成本高昂，生产设备的数据采集手段落后，难以支撑高水平的 PHM 应用。要对其实施全面的 PHM 改造代价较高，但通过数智化升级改造，可以显著提升其 PHM 能力。科学合理的策略是在尽量不改变装备物理架构的前提下，重点对装备的数据采集、传输、处理、应用等数字化基础设施进行升级，以数据驱动的方式实现 PHM 能力的跨越式提升，采用的主要升级策略如下。

（1）在生产线的关键设备、工艺环节等部署多种类型的先进传感器，覆盖声、光、电、液等多领域信号，获取设备运行过程中的多源异构数据。传感器选型时既要考虑采集数据的广度和深度，又要兼顾安装便利性和经济性，尽量采用非侵入式、即插即用的智能传感器。

（2）引入 5G、工业以太网、Wi-Fi 等先进通信技术，构建生产线范围内的高速、可靠、安全的数据传输网络，打通设备层、车间层、企业层的数据壁垒，实现全生产链条的数据互联互通。通过边缘计算技术，可在设备端实现数据的实时处理，减轻网络负荷。

（3）建设云-边-端一体化的工业互联网平台，在云端汇聚生产线的海量数据，运用大数据、机器学习等技术，构建设备健康状态评估、故障诊断、寿命预测等 PHM 算法模型，在设备端实现模型的快速部署和实时推理，实现生产线 PHM 的闭环应用。

（4）针对生产线的特定工艺，研究开发专用的 PHM 算法，如基于深度学习的视觉质检算法、基于迁移学习的设备故障预测算法等，充分利用升级后的数据资源，不断提升 PHM 的准确性和实时性。

（5）将 PHM 的分析结果与生产管理系统、设备管理系统、能源管理系统等集成，建立统一的数字孪生体系，实现设备全寿命周期管理。例如，根据设备的健康状态和订单情况优化生产排程，根据故障预测结果制订预防性维修计划，根据能耗数据优化设备运行参数等。

（6）完善数据治理体系，建立数据采集、传输、存储、分析、应用等全链条的数据标准和管理规范，确保数据的质量和安全。同时，建设数据开放平台，允许第三方参与生产线 PHM 应用的开发，促进产学研用协同创新。

通过上述数智化升级改造，该生产线可以获得全新的数据基础设施，PHM 的感知、分析、决策、执行等数字化能力得到显著提升。一方面，在设备端部署的智能传感器和边缘计算单元可实现数据的实时采集和处理，并能快速对设备异常做出反应。另一方面，云端汇聚的海量数据为 PHM 算法的训练提供了丰富的样本，使生产线具备"智慧大脑"，能够精准感知设备退化趋势，预判故障风险。需要指出的是，生产线的 PHM 数智化升级是一个系统工程，需要从顶层设计入手，统筹规划目标、路径、步骤、节奏，还需要生产、设备、信息、管理等多部门的协同。同时，要立足生产线的实际需求和特点，聚焦关键设备、核心工艺，分阶段、分步骤实施，避免一哄而上、眉毛胡子一把抓。此外，数智化升级后，生产线将产生海量数据，要高度重视数据的分析利用，发挥数据价值，切忌"数据富矿"变"数据垃圾场"。

3. 新研制装备的 PHM 顶层设计

针对正在立项或正在进行总体设计的新研制装备，由于不存在必须要适应旧架构的"包袱"，因此可以全面开展 PHM 规划，这类装备一般具有以下特点。

（1）装备尚处于设计论证或方案设计阶段，整体方案尚未最终确定，对 PHM 系统的设计空间大，可塑性强。

（2）装备研制周期长，投资规模大，且未来将长期服役，对长周期的运行保障效能和经济性有很高的要求。

（3）装备技术复杂，涉及机械、电子、控制、材料、工艺等多个专业领域，对 PHM 的研制难度大，需多专业协同。

针对这类新研制装备，PHM 研制的总体策略是把 PHM 理念嵌入装备设计之初，在装备立项之初即开展 PHM 顶层设计。通过对装备全寿命周期使用需求的分析，结合装备系统特点，在装备总体中预留 PHM 系统的架构和接口，实现 PHM 与装备的同步设计、协同优化。这种模式下，PHM 作为装备不可或缺的有机组成部分，在方案阶段即嵌入装备体系架构，引领装备的智能化发展，并为装备全寿命周期管理提供支撑。PHM 生态圈的各方在这一过程中通力协作：论证者需要系统分析装备的任务剖面、使用环境、保障需求等，论证 PHM 的功能边界、性能需求和效费比；同时分析装备体系特点，探索装备智能化运营的新模式，提出 PHM 的顶层方案。设计者需要在装备总体设计中融入 PHM 理念，预留 PHM 的功能模块和数据接口，并针对性地设计 PHM 的软/硬件架构，实现感知、监测、诊断、预测、决策等功能。开发者需要根据 PHM 顶层设计，研制 PHM 的软/硬件系统，重点攻关智能传感、数据融合、健康评估、寿命预测等关键技术，实现高可靠、高精度的 PHM 能力。

"新研制装备的 PHM 顶层设计"这一模式的具体流程可以按照本书第 3、4 章的方法进行全面规划,这里不再重复描述。

7.2.3 大模型、数字孪生、虚拟现实技术对 PHM 的影响

2020 年以来,人工智能、数字孪生、虚拟现实、区块链、工业互联网、云计算、边缘计算、5G、3D 打印等一系列前沿新兴技术如雨后春笋般涌现,正在深刻影响着 PHM 领域的发展。特别是以 2022 年 OpenAI 发布的 ChatGPT 为代表的大模型技术,将人工智能的影响力带进了各行各业。展望未来,大模型、数字孪生和虚拟现实技术会对 PHM 的研究与应用产生颠覆性的影响。

从 PHM 技术发展演化的角度来看,当前主流的 PHM 方法主要依赖于物理机理建模和数据驱动建模,需要对设备的失效机理有深入理解,或需要大量的历史运行数据作为支撑。这两类方法在实际应用中都面临一定的局限性,如机理建模的普适性不足,数据驱动模型的泛化能力有限等。大模型、数字孪生和虚拟现实技术的出现为克服上述局限提供了新的可能。大模型可以从海量多模态原始数据中自动提取知识,弥补物理机理认知的不足;数字孪生可以构建设备全寿命周期的高保真虚拟模型,为数据驱动建模提供丰富的仿真数据;虚拟现实技术则可将 PHM 分析结果以更直观、沉浸式的方式呈现,提升 PHM 的可解释性和人机交互体验。可以说,这三项技术的引入是对传统 PHM 方法的重要补充和延伸,代表了 PHM 技术发展的必然趋势。

其次,大模型、数字孪生和虚拟现实技术已经开始在 PHM 领域崭露头角,并取得了一系列有益探索。一方面,研究者们正在尝试将预训练语言模型应用于设备日志数据挖掘、技术资料整理、智能排故系统构建等;另一方面,数字孪生在设备健康状态监测、故障诊断、寿命预测等方面的应用也逐渐展开,并与物联网、边缘计算等新兴技术深度融合;虚拟现实技术则更多地被用于 PHM 系统的可视化设计、虚拟样机构建、维修培训仿真等。这些进展表明,业界已经认识到大模型、数字孪生和虚拟现实技术在 PHM 领域的应用前景,并付诸行动开展了诸多有益实践。随着技术成熟度的不断提高,它们必将在 PHM 领域发挥越来越重要的作用。

展望未来,大模型、数字孪生和虚拟现实三项技术的交叉融合有望给 PHM 领域带来全新的研究范式,利用大模型构建的通用 PHM 知识库,可为数字孪生的高保真建模提供重要支撑;数字孪生产生的仿真数据,又可用于大模型和虚拟现实系统的训练优化;虚拟现实技术则可作为大模型和数字孪生的人机交互界面,形成知识、模型、交互的无缝闭环。本节对这三项技术带来的影响与变革进行详细阐述,在总结现有研究成果的基础上,对未来可能出现的 PHM 技术形态进行预测展望。

1. PHM 研究范式变革

大模型、数字孪生和虚拟现实等新兴技术的融合正在为 PHM 领域带来全新的使能工具，催生出一系列全新的研究范式。这些范式不仅改变了 PHM 的研究方法和应用模式，还大大降低了 PHM 技术的应用门槛，为 PHM 在更广泛领域的推广应用奠定了基础。作者针对 2020 年以来发表的多篇 PHM 综述论文的观点，结合部分工程型号的工程经验，总结了三点 PHM 研究范式的转变。

1）端到端 PHM 设计范式

端到端 PHM 设计范式的核心在于利用大模型强大的推理能力，实现 PHM 系统从需求分析到详细设计的全流程自动化。这一范式的本质是将 PHM 系统设计过程中的专家经验、领域知识、算法模型、编程技能等编码到大模型中，使其能够像人类专家一样进行系统性思考，并按照需求自动生成高质量的 PHM 算法代码。传统的 PHM 系统设计高度依赖专家经验，且 PHM 算法开发需要研究人员同时具备深厚的领域知识和娴熟的编程技能，存在设计周期长、效率低下等问题，极大地限制了 PHM 技术的推广应用。

端到端设计范式通过大模型对海量 PHM 设计案例与算法代码的学习，提取出设计过程中的共性规律和算法关键知识点，从而能够针对新的设计需求快速生成合理的 PHM 方案，并借助数字孪生和虚拟现实技术，允许设计人员在虚拟环境中验证和优化 PHM 方案。这一范式极大地降低了 PHM 系统设计的门槛，并将宝贵的 PHM 历史设计经验在最大限度上进行复用。非专业人员只需要提供基本的需求描述，大模型就能生成专业的 PHM 设计方案，包括传感器组合、数据处理流程、诊断算法选择、算法代码生成等关键环节。这使得更多领域的工程师能够参与 PHM 系统的开发，加速 PHM 技术的普及应用。

2）PHM 数据生成范式

PHM 数据生成范式利用大模型强大的生成能力，创建高质量、多样化的模拟数据，可以在很大程度上解决 PHM 领域长期面临的数据稀缺问题。这一范式的本质是通过对物理模型和历史数据的深度学习，使大模型能够准确捕捉设备在各种工况和故障模式下的行为特征，进而生成与真实数据在统计特性上高度一致的模拟数据。数据稀缺一直是制约 PHM 算法开发和验证的关键因素。特别是对于一些高可靠性设备，故障数据极其稀少，难以支撑高性能 PHM 算法的开发。PHM 数据生成范式通过生成大量高质量的模拟数据，为算法开发提供了丰富的训练样本，极大地促进了 PHM 算法的性能提升和泛化能力的增强。更重要的是，这一范式使得研究人员能够模拟各种极端工况和罕见故障场景，为 PHM 算法的稳健性验证提供了可能。

3）PHM 验证与评估范式

PHM 验证与评估范式利用大模型的逻辑推理能力，对 PHM 方法进行全面、系统、多角度、多层次的验证和评估,提高 PHM 方法的可靠性和可信度。PHM 方法的可靠性和有效性评估一直是该领域的重要挑战。传统的评估方法往往依赖有限的测试数据和人工判断,难以全面评估 PHM 方法在各种复杂场景下的性能。PHM 验证与评估范式通过大模型对海量 PHM 案例的学习,提取出评估的关键指标和最佳实践,从而能够针对不同类型的 PHM 方法生成全面、客观的评估报告。这一范式不仅提高了 PHM 方法评估的效率和覆盖面,还能发现传统方法难以识别的潜在问题和改进空间。

此外,大模型对 PHM 方案和算法的评估结果可以反馈给端到端的设计模型,形成迭代反馈的闭环设计。这种闭环设计机制允许 PHM 系统根据评估结果不断优化和调整,从而进一步提升 PHM 的研发质量。例如,大模型可以基于评估结果自动生成改进建议,或者直接调整 PHM 算法的参数,实现 PHM 系统的持续优化。再结合虚拟现实与数字孪生技术,可以打造更为逼真的验证平台,在数字域对 PHM 的方案与算法进行更为充分的验证。例如,在航空发动机 PHM 系统的验证中,可以利用数字孪生技术构建虚拟发动机模型,模拟各种极端工况和罕见故障。工程师可以通过虚拟现实界面实时观察 PHM 系统的诊断和预测结果,并与大模型生成的评估报告进行对比。这种方法不仅能够验证 PHM 系统在常规情况下的性能,还能评估其在极端情况下的表现,从而全面提升 PHM 系统的可靠性和稳健性。

2. PHM 技术形态演进

作者总结了 2020 年以来 PHM 领域发表的多篇综述论文,发现大模型、数字孪生和虚拟现实技术正在与 PHM 加速融合,并从在线智能、广泛适用、多源融合三个维度重塑 PHM 的技术形态。这一变革既是 PHM 领域自身发展的需求,也反过来进一步提高了这些技术的成熟度。

1)从离线走向在线

大模型与数字孪生的结合,使得 PHM 从以"离线分析为主"走向了"全面在线智能"。大模型强大的多模态数据知识提取与推理能力可以支持数字孪生模型的实时更新与在线推理,实现对设备健康状态的动态跟踪。同时,虚拟现实技术提供了直观、沉浸式的人机交互界面,工程师可以在虚拟环境中实时查看设备的健康指标、故障预警等信息,大幅提升了故障诊断和预测的效率。例如,通用电气公司开发了基于数字孪生和虚拟现实的飞机发动机 PHM 系统,可实现发动机健康状态的实时监测和故障预警,并支持虚拟环境下的远程故障诊断和维修指导,将诊断时间缩短了 60%。这些技术的融合应用正在形成一种在线完成 PHM 核心功能的新模式。

2)从人工干预走向自我优化

大模型技术,特别是深度学习和强化学习结合的自主反馈迭代技术,正推动 PHM 系统从依赖人工干预走向自我优化。这一趋势主要体现在两个方面:构建智能数据池和经验库,以及算法的自我优化能力。当前，很多高端装备的 PHM 系统正在从基于经验和规则的检测评估模式，逐步过渡到基于数据与规则相结合的智能评估模式。通过构建大规模、多维度的运维数据池和经验库，PHM 系统能够不断积累和更新设备运行、故障诊断和维修的历史数据和专家知识。这些丰富的数据和知识为 AI 算法提供了强大的学习基础，使得系统能够更准确地识别复杂故障模式，并提出更精准的维护建议。与此同时，智能化的 PHM 算法正在获得自我优化的能力。通过持续学习和适应新的数据模式，AI 驱动的 PHM 系统能够自动调整和优化其诊断和预测模型。这种自我优化能力使得 PHM 系统可以适应设备的老化过程、工作环境的变化，以及新出现的故障模式，而无须频繁地进行人工干预和模型重构。这种从人工干预走向自我优化的趋势，不仅提高了 PHM 系统的精确度和效率，还可逐步减少人为因素的影响，降低迭代升级的成本，增强了系统的可靠性和一致性，能够在复杂多变的工作环境中持续提供稳定的 PHM 服务。

3）从特定走向通用

大模型与数字孪生的引入极大地拓展了 PHM 的应用边界，推动其从特定场景走向广泛适用。传统 PHM 方法多为针对特定设备定制开发，通用性和适应性较差。而大模型具有强大的泛化学习能力，可以将从一个领域学习到的知识迁移到另一个领域，这使得构建面向不同设备、不同工况的通用 PHM 模型成为可能。同时，高保真的数字孪生模型可以灵活适配不同的物理设备，并在虚拟环境中验证 PHM 算法的有效性，大幅降低了实际部署的难度和成本。可以预见，在大模型和数字孪生的加持下，PHM 将从定制化的专用系统，加速走向即插即用的通用平台。

4）从单一模态走向多源融合

大模型与数字孪生技术的发展，使得 PHM 从单一数据模态走向了多源异构数据的融合分析。PHM 涉及工况、振动、温度、图像、文本等多模态数据，传统的 PHM 方法难以有效融合处理。大模型在计算机视觉、语音识别等多模态学习任务上已经展现出卓越的性能，使其具备了多源异构 PHM 数据的融合分析能力。同时，数字孪生可以将设备运行参数、环境因素、历史维修数据等多源异构信息全面汇聚，构建起丰富的知识库，为大模型的学习提供了坚实的数据基础。多模态、多源数据驱动下的 PHM 模型，其全面性和精准度必将得到提升。在可预见的未来，多模态大数据与大模型技术的交叉融合，将引领 PHM 迈向全面感知、精准决策的新阶段。

7.2.4　PHM 与其他领域的交叉研究

PHM 技术作为一门交叉学科，与人工智能、大数据分析、数字孪生、自主控制等技术的结合，为智能制造、智慧交通、智慧能源等领域的交叉带来了很多全新的研究方向，可以预见，未来 PHM 还会继续与多个领域的前沿技术相互融合，催生出更多的研究方向和应用场景。本章选取了 PHM 与动态可重构装备集群、智能保障 OODA 循环及复杂系统演化机理三个方面的交叉研究进行重点阐述。这三个研究方向具有鲜明的特色和重要的应用价值：PHM 与动态可重构装备集群的结合，可以显著提升装备集群的任务执行效能和生存能力；PHM 与智能保障 OODA 循环的融合，旨在加快对装备保障环境变化的感知、决策、行动速度，实现"以快制慢"的保障优势；PHM 为复杂系统演化机理研究提供了海量的部件层面监测数据，为刻画复杂系统的涌现行为、故障机理提供了新视角。

1. PHM 与动态可重构装备集群

动态可重构装备集群是指由多个异构装备动态组成的任务执行群体，具有自主感知、自主决策、自主协同等智能特性。与传统的装备编队相比，动态可重构装备集群能够根据任务需求和装备健康状态实时调整群体构型，具有更强的适应性、稳健性和生存能力。

动态可重构装备集群的一个典型案例是无人艇集群，一般由多艘异构无人艇组成，包括侦察艇、攻击艇、通信中继艇等，可以根据任务需求灵活调整编队构型。例如，在执行情报侦察任务时，集群可部署更多的侦察艇，形成分布式的侦察网络；在执行对海打击任务时，集群可部署更多的攻击艇，形成饱和攻击阵势；在通信受限环境下，集群可部署通信中继艇，构建自组织通信网络，保障集群内部的信息交互。同时，集群具备一定的自主决策能力，能够根据态势变化自主调整任务分工和编队构型，无须人工干预。一般来说，动态可重构装备集群具有以下特点。

（1）装备异构性：集群由不同类型、不同性能的装备组成，异构装备之间优势互补，可应对复杂多变的任务需求。

（2）体系重构性：集群能够根据任务需求和装备状态实时调整内部构型，在不同任务阶段呈现不同的体系架构。

（3）自主智能性：集群具备一定的自主感知、决策、协同能力，能够在动态不确定环境下自主应对，减少人工干预。

在动态可重构装备集群中，每个装备个体都需要具备自主感知和决策的能力，而 PHM 技术恰好能够赋予装备这些能力。通过在装备上部署 PHM 系统，可以实时监测装备的健康状态，预测其未来的性能趋势，并根据诊断和预测结果自主做出任务规划和行动决策。同时，PHM 还可以支持装备集群的自主协同，通过交互共享各个体的健康状态信息，优化集群的任务分配和资源调度，从而在群体层面做出最有利于任务完成的决策。

在装备集群的重构与决策算法设计中，需要将 PHM 提供的装备健康状态信息作为重要的输入。一方面，集群需要根据装备的健康状态合理调整编队构型和任务分工。例如，当某装备故障时，集群需要重构内部架构，由其他装备接替其任务；当装备性能退化、不再适合当前任务时，集群需要调整其任务角色，甚至可能将其暂时移出编队。另一方面，集群的任务规划与调度算法需要充分考虑装备的健康状态，在装备可用能力允许的范围内合理安排任务，避免过度使用而加剧装备损耗，同时兼顾任务完成质量和装备保障需求，在任务收益和装备损耗之间求得平衡，实现整个集群效能的最优化。以下是两个基于 PHM 信息的装备集群重构场景。

装备故障下的集群重构：当集群中某装备发生故障时，PHM 首先诊断故障的类型和严重程度，评估其对装备任务能力的影响。若故障导致装备丧失任务能力，则集群需要重新分配任务，由其他装备接替故障装备的任务；若故障仅导致装备性能降级，则集群可调整其任务强度和角色，充分利用其剩余能力。例如，当侦察无人机的光学载荷故障时，集群可调度另一架备用无人机接替其侦察任务；当无人机的推进系统故障，速度降低时，集群可调整其飞行航线和侦察区域，降低其任务强度。

复杂环境下的集群重构：在复杂环境下作战，装备易受到环境应激、敌方打击等因素的影响，导致装备损伤或战损。PHM 需要评估装备在受损状态下的剩余任务能力，为集群的编队重构提供决策支持。例如，当无人车队在复杂地形中执行任务时，某无人车的悬挂系统受损，PHM 评估其通过能力下降，集群需要重新规划其行进路线，避开恶劣路段；当无人机集群受到敌方电磁干扰，某无人机的通信设备受损时，PHM 评估其数据链路质量下降，集群需要调整编队构型，增派其他无人机作为通信中继，保障集群内部通信。

2．PHM 与智能保障 OODA 循环

OODA 循环是由美国空军上校约翰·博伊德提出的一种描述决策过程的理论模型，包括观察（Observe）、判断（Orient）、决策（Decide）、行动（Act）4 个阶段。智能保障 OODA 循环将该理论应用于装备保障领域，旨在加快保障决策迭代速度，提升保障效能及应对保障环境不确定性的能力。其核心机理是通过加速 OODA 循环，做到"以快制慢"，即在动态不确定的环境中，通过更快的信息获取、分析、决策和行动，占据先机，从而赢得主动权。

在装备保障领域应用智能保障 OODA 循环，就是要在装备使用过程中快速、准确地获取装备状态信息（观察），及时分析装备的健康状态和故障风险（判断），迅速制定最优的保障方案（决策），并高效执行相应的保障作业（行动），形成"观察-判断-决策-行动"的闭环迭代。通过不断缩短智能保障 OODA 循环的周期，可以大幅提升对装备状态变化的感知速度，使保障决策更加实时动态，并最终将决策高效转化为具体的保障行动，从而持续提高装备的任务可靠性和使用效益。

PHM 技术可以为智能保障 OODA 循环提供重要的信息支撑和决策依据。在智能保障 OODA 循环的每个阶段，PHM 都发挥着不可或缺的关键作用。在观察阶段，PHM 通过全面监测装备各关键部件和分系统的工作参数，获取装备运行的第一手数据，为后续分析判断提供客观依据。通过在线监测和数据采集技术，PHM 可以实时跟踪装备的健康状态变化，做到"心中有数"。值得注意的是，PHM 获取的不仅是传统意义上的故障监测数据，还包括反映部件性能退化趋势的各类特征参数。通过对海量多源异构监测数据的分析挖掘，可

以敏锐捕捉装备从健康到故障的全过程信息。

在判断阶段，PHM 利用先进的故障诊断、剩余使用寿命预测等算法，分析装备当前的健康状态和未来一段时间内的故障风险，为保障决策提供依据。通过对监测数据的智能分析，PHM 可以及时发现装备运行中的异常征兆，准确定位故障的类型和位置，预警潜在的功能退化或失效风险。特别地，PHM 还可以预测关键部件的剩余使用寿命，判断其在未来特定时间内能否完成既定任务，这为任务规划和维修时机选择提供了重要参考。

在决策阶段，PHM 可以提供量化的健康指标和风险评估结果，辅助指挥员制定最优的保障策略。例如，在掌握装备健康状态的基础上，PHM 可以评估不同任务方案对装备可靠性的影响，推荐最优的任务分配方案；在获知关键部件剩余使用寿命的情况下，PHM 可以权衡任务收益和维修成本，建议最经济的维修时机和地点；在分析故障征兆时，PHM 还可以推荐应急处置措施，指导现场人员正确应对突发故障。总之，PHM 使保障决策更加科学、精准，避免了凭经验"拍脑袋"式的主观决策。

在行动阶段，PHM 可以指导各类保障作业的优化实施，提高保障效率。保障作业是保障行动的具体表现形式，包括加油、检查、维修、调配等各个方面。PHM 通过对装备健康状态的实时监测，可以精准预测设备的加油需求，制订最优的加油计划；通过对故障模式的深入分析，PHM 可以明确检查的对象和频次，减少不必要的检查作业；通过对故障部位的准确定位，PHM 可以缩短维修时间，提高维修效率；通过对备件消耗的预测，PHM 可以优化备件调配，降低库存压力。可以说，PHM 使保障作业更加精准高效，使有限的保障资源发挥最大效用。

除了对智能保障 OODA 循环中的各个阶段提供支持，PHM 最重要的价值在于它能够显著加快智能保障 OODA 循环的迭代速度。PHM 通过实时监测，使观察行动与装备状态变化同步进行；通过智能分析，使判断决策可在最短时间内完成；通过精准指导，使保障行动可高效执行。PHM 使智能保障 OODA 各阶段环环相扣，信息在各环节间快速流转，形成快速迭代的良性循环。以某型飞机为例，在某次飞行任务过程中，PHM 系统通过机载监测获知某关键部件性能严重退化（观察），判断该部件剩余使用寿命无法支撑下一次飞行任务（判断），立即将故障信息发送到地面 PHM 系统调配所需备件（决策），地面保障人员根据 PHM 系统的指导快速更换部件并做系统联调（行动），整个智能保障 OODA 循环的过程相比常规保障可节约 8 小时以上的时间，使装备保障能够真正做到"察势而动，快速反应"。

3. PHM 与复杂系统演化机理

现代装备系统普遍具有系统规模庞大、层次多、耦合强等复杂性特点，各组成部件的失效模式多样，交互影响复杂，单一尺度的建模分析难以全面刻画其演化规律；且复杂系统的性能退化过程通常涉及多个物理尺度，微观材料的损伤断裂、介观部件的磨损老化和宏观系统的功能退化之间存在错综复杂的跨尺度映射关系，很难用简单的数学模型描述，而这些特征正是复杂性科学研究的核心问题。复杂性科学关注复杂系统内在机理与涌现行为,旨在刻画系统内部组分的相互作用和跨尺度演化规律,揭示从微观个体到宏观群体的涌现机制。近年来,复杂性科学的研究范式和方法论已逐步渗透到系统工程领域,为解决复杂系统的 PHM 问题提供了新的思路,而 PHM 作为复杂系统各个组成部件的"状态显示器",可以提供丰富的系统状态监测数据,这为研究复杂系统的演化机理提供了重要的数据支撑。这些数据蕴含了丰富的系统状态演化信息,是研究复杂系统跨尺度演化机理的"金矿"。具体而言,PHM 为复杂系统演化机理研究提供了以下几个方面的支持。

(1) 揭示系统的多尺度动态行为:通过对不同层级监测数据的分析,PHM 可以刻画系统在材料、部件、分系统和系统等不同尺度上的动态行为,包括材料的微观组织演化、部件的性能退化趋势、分系统的功能退化过程及整机的健康状态变化等。这为研究复杂系统的多尺度动力学行为提供了数据基础。

(2) 建立跨尺度参数关联模型:PHM 不仅关注单一尺度的系统行为,更强调刻画不同尺度之间的关联映射。通过各类数据驱动方法,可以建立材料微观组织参数与部件宏观性能退化之间的关联模型,揭示材料的微观演化如何驱动部件的宏观退化。类似地,还可以建立部件退化参数与分系统功能退化之间的关联,刻画局部退化对整体功能的影响。

(3) 探索涌现行为的生成机制:复杂系统的一个重要特征是涌现,即系统整体展现出了部件个体所不具备的新颖行为。PHM 提供的多尺度监测数据,为研究涌现行为的生成机制提供了可能。例如,通过对系统故障的多尺度溯源分析,可以发现局部微小的性能退化如何通过跨尺度的相互作用,最终导致系统级的功能失效。再如,通过对群体化装备的协同监测,可以发现单个装备很难察觉的群体涌现行为,如舰队/机群的群体磨损规律等。

(4) 重构系统的多尺度网络:复杂系统的行为除了受尺度的影响,还与系统内部的拓扑结构密切相关。PHM 提供的海量监测数据为重构系统的多尺度网络提供了数据支持。例如,通过相关性分析、因果推断等数据驱动方法,可以从监测数据中提取不同尺度的关联网络,刻画系统内部复杂的相互作用关系。在此基础上,还可以进一步分析网络的动态演化特性,刻画系统结构的动态重构过程。

基于上述分析,PHM 与复杂系统演化机理研究可以形成良性互动,共同推动复杂系统的健康管理。一方面,PHM 为复杂系统演化机理研究提供了前所未有的数据支撑,使得许多过去难以刻画的跨尺度动力学行为和涌现机制有了研究的可能;另一方面,对复杂系统演化机理的深入理解,又可反过来指导 PHM 技术的发展,形成更加精准、高效的健康管理方法。展望未来,PHM 驱动的复杂系统演化机理研究或将成为一个新的交叉研究方向,主要研究内容如下。

(1) 复杂系统的多尺度 PHM 建模方法:针对复杂系统的多尺度特性,发展能够跨越材料、部件、分系统和系统等不同尺度的 PHM 建模方法。一方面,要针对不同尺度开展定制化的 PHM 建模,如材料退化的微观组织演化模型、部件磨损的多物理场模型等;另一方面，要重点攻克跨尺度模型的融合方法，实现垂直方向的尺度贯通和水平方向的模型互操作。

（2）复杂系统的 PHM 数据分析方法：针对复杂系统监测数据的高维、异构、噪声大等特点，发展复杂系统 PHM 的数据分析新方法。一是要发展面向复杂系统的数据驱动建模方法，充分挖掘海量监测数据中蕴藏的多尺度退化规律和涌现机制；二是要发展复杂系统的数据融合方法，在原始数据层、特征层和决策层实现不同源、不同模态监测数据的深度融合，提升 PHM 的稳健性和准确性。

（3）复杂系统的 PHM 知识自动化获取：当前 PHM 知识的获取主要依赖领域专家，存在成本高、周期长、更新慢等问题。复杂系统 PHM 的知识自动化获取，旨在利用人工智能技术，从海量的历史监测数据、试验数据、仿真数据等源头自动提取 PHM 知识，形成知识的自动化获取和更新迭代机制。知识形式可以是显式的 PHM 模型、规则、案例等，也可以是隐式的神经网络权重。通过知识自动化获取，可显著提升复杂系统 PHM 知识的获取效率和覆盖广度。

综上，PHM 为研究复杂系统的跨尺度演化机理提供了重要的数据支撑和技术手段。PHM 提供的多源异构监测数据，使得刻画复杂系统的多尺度动态行为、建立跨尺度参数关联、探索涌现行为的生成机制、重构多尺度网络成为可能。反过来，对复杂系统演化机理的深入理解，又可指导发展更加精准、高效的 PHM 方法。未来，PHM 与复杂系统演化机理研究的交叉融合，在多尺度 PHM 建模、复杂系统 PHM 数据分析、PHM 知识自动化获取等方面开展系统性、创新性的研究，将成为推动复杂装备体系健康管理的新方向。

参考文献

反侵权盗版声明

电子工业出版社依法对本作品享有专有出版权。任何未经权利人书面许可，复制、销售或通过信息网络传播本作品的行为；歪曲、篡改、剽窃本作品的行为，均违反《中华人民共和国著作权法》，其行为人应承担相应的民事责任和行政责任，构成犯罪的，将被依法追究刑事责任。

为了维护市场秩序，保护权利人的合法权益，我社将依法查处和打击侵权盗版的单位和个人。欢迎社会各界人士积极举报侵权盗版行为，本社将奖励举报有功人员，并保证举报人的信息不被泄露。

举报电话：（010）88254396；（010）88258888
传　　真：（010）88254397
E-mail：　dbqq@phei.com.cn
通信地址：北京市海淀区万寿路 173 信箱
　　　　　电子工业出版社总编办公室
邮　　编：100036